工程预算实务暨培训教材丛书

新编市政与园林工程预算

（定额计价与工程量清单计价）

（第二版）

许焕兴　黄　梅　主编

中国建材工业出版社

图书在版编目（CIP）数据

新编市政与园林工程预算：定额计价与工程量清单计价/许焕兴，黄梅主编. —2版. —北京：中国建材工业出版社，2013.8（2019.1重印）
ISBN 978-7-5160-0555-2

Ⅰ. ①新… Ⅱ. ①许… ②黄… Ⅲ. ①市政工程-建筑预算定额 ②园林-工程施工-建筑预算定额 Ⅳ. ①TU723.3②TU986.3

中国版本图书馆CIP数据核字（2013）第190398号

内容简介

本书是根据《建设工程工程量清单计价规范》（GB 50500—2013）、《市政工程工程量计算规范》（GB 50857—2013）、《园林工程工程量计算规范》（GB 50858—2013）、《中华人民共和国招标投标法实施条例（2012年版）》、《全国统一市政工程预算定额》、《地区园林工程预算定额》、《中华人民共和国招标投标法》编写。内容包括：市政与园林工程招标投标、市政与园林工程预算编制准备、市政工程预算定额、市政工程定额工程量计算、园林工程预算定额、园林工程定额工程量计算、市政工程主材计算、市政与园林工程工程量清单计价规范、市政与园林工程清单分部分项工程划分划分、市政工程清单工程量计算、园林绿化工程清单工程量计算、市政与园林工程造价、工程预算审核等。

本书可供从事市政、园林工程建设的业主、施工单位、监理单位、咨询单位、审计单位及其相关部门的管理人员、预算人员、审核人员工作和学习参考，也可作为高等院校相关专业的参考用书。

新编市政与园林工程预算（定额计价与工程量清单计价）（第二版）
许焕兴　黄　梅　主编

出版发行：中国建材工业出版社
地　　址：北京市海淀区三里河路1号
邮　　编：100044
经　　销：全国各地新华书店
印　　刷：北京雁林吉兆印刷有限公司
开　　本：787mm×1092mm　1/16
印　　张：19.75
字　　数：488千字
版　　次：2013年8月第2版
印　　次：2019年1月第3次
定　　价：**56.00元**

本社网址：www.jccbs.com.cn
本书如出现印装质量问题，由我社发行部负责调换。联系电话：（010）88386906

本 书 编 委 会

主　编　许焕兴　黄　梅

参　编　白雅君　刘雅梅　许靖坤

　　　　李守巨　上官子昌　李晓绯

第二版前言

本书是根据全国高等院校工程管理学科专业指导委员会的建议大纲，结合工程造价管理体制改革的现状以及未来的发展趋势，按照面向现代化、面向世界、面向未来的指导方针，以培养具有创新思维能力的复合型人才为目的而编写的。

《新编市政与园林工程预算》（定额计价与工程量清单计价）的第一版是以《建设工程工程量清单计价规范》（GB 50500—2003）、《全国统一市政工程预算定额》（GDY-（301～308）—1999）、《地区园林工程预算定额》以及《中华人民共和国招标投标法》为依据，参照当时执行的相关规范编写。自2008年版《建筑工程工程量清单计价规范》取代2003年版《建筑工程工程量清单计价规范》后，为了更加广泛深入地推行工程量清单计价、规范建设工程发承包双方的计量、计价行为，为了适应新技术、新工艺、新材料日益发展的需要，进一步健全我国统一的建设工程计价、计量规范标准体系，住房和城乡建设部标准定额司组织相关单位于2013年颁布实施了《建设工程工程量清单计价规范》（GB 50500—2013）、《市政工程工程量计算规范》（GB 50857—2013）、《园林工程工程量计算规范》（GB 50858—2013）等9本计量规范。为了推进招标采购制度的实施、促进公平竞争、加强反腐败制度建设、节约公共采购资金、保证采购质量，国家发展和改革委员会和国务院法制办于2012年颁布实施了《中华人民共和国招标投标法实施条例》。基于上述原因，作者在本书第一版原稿的基础上进行了修订和补充。

本书既是编者多年从事市政和园林工程概预算和工程量清单计价的实际经验总结，也是归纳总结工程造价管理领域的新知识、新动态，推动工程量清单计价改革的需要，因此具有一定的针对性、适用性和可操作性。本书覆盖面广、内容丰富、深入浅出、循序渐进、通俗易懂，可更好地帮助市政和园林工程造价人员提高自己的工作能力和解决工作中遇到的实际问题，可谓是广大工程造价人员的“良师益友”。

由于作者的学识水平和时间经验所限，书中不当之处，恳请批评指正。

编 者

2013年7月

前　言

加入世界贸易组织（WTO）以后，形势要求我们必须尽快建立起符合我国国情的、与国际惯例接轨的工程造价管理体制和计价模式，必须尽快培养出一批具有扎实的理论基础和较强的实践能力的工程造价管理第一线急需的人才。因此，本书在编写过程中十分注重理论与实际相结合，以现行的最新规范、法规、标准和定额为依据，尤其是以《全国统一市政工程预算定额》、《地区园林工程预算定额》、《建设工程工程量清单计价规范》以及《中华人民共和国招标投标法》为基本依据，按照“政府宏观控制、市场竞争形成价格”的指导思想，全面深入地阐明了定额工程量和清单工程量的计算规则和方法，定额计价和清单计价的原理和方法，为在全国推行和贯彻“工程量清单计价”奠定基础。

《建设工程工程量清单计价规范》的颁布与施行，对我国工程造价管理制度产生了深刻的影响，我国长期以来以政府定价为主的工程造价计价模式必将逐渐被市场定价模式所取代，如何尽快适应两种计价模式的转变，这是我们目前亟待解决的重大课题。

在新的计价模式下，作为市政与园林工程项目的业主方（建设单位、招标人），面临的任务是：在招标文件中，必须按照清单计价规范的要求，正确编制工程量清单；招标工程若需要设标底，则要按当时当地的有关定额和规定，合理确定工程标底，供评标参考。

在新的计价模式下，作为承包方（施工企业、投标人），面临的任务是：按照企业定额的水平，正确计算投标工程的工程量；按照清单计价规范和招标文件的要求，自主确定投标工程的投标报价。

我们希望本书能对从事以上两个方面工作的人员，起到一定的帮助作用。

由于作者的学识水平和实践经验所限，书中不当之处，恳请批评指正。

许焕兴

2005年6月于大连

中国建材工业出版社
China Building Materials Press

目　录

第一章　市政与园林工程招标投标

第一节　市政与园林工程招标

一、招标范围

1. 必须进行招标的项目

根据《招标投标法》以及配套规定，在中华人民共和国境内进行的下列工程项目必须进行招标：

（1）根据工程性质划分

①大型基础设施、公用事业等关系社会公共利益、公众安全的项目。

②全部或部分使用国有资金或国家融资的项目。

③使用国际组织或外国政府资金的项目。

（2）根据工作内容划分

①施工单项合同估算价在200万元人民币以上的。

②重要设备、材料等货物的采购，单项合同估算价在100万元人民币以上的。

③勘察、设计、监理等服务的采购，单项合同估算价在50万元人民币以上的。

④单项合同估算价低于上述规定的标准，但项目总投资在3000万元人民币以上的。

由于我国幅员辽阔、地区经济发展不均衡，各省、直辖市、自治区可以在上述规定的指导下，对当地工程招标的范围做出更具体的规定。

2. 可以不进行招标的范围

根据《招标投标法》以及配套规定，属于下列情形之一的，经县级以上地方人民政府建设行政主管部门批准，可以不进行施工招标：

（1）涉及国家安全、国家秘密的工程。

（2）抢险救灾工程。

（3）利用扶贫资金实行以工代赈、需要使用农民工的特殊情况。

（4）需要采用不可替代的专利或者专有技术。

（5）采购人依法能够自行建设、生产或者提供。

（6）已通过招标方式选定的特许经营项目投资人依法能够自行建设、生产或者提供。

（7）需要向原中标人采购工程、货物或者服务，否则将影响施工或者功能配套要求。

（8）国家规定的其他特殊情形。

二、招标条件

依法必须招标的市政与园林工程，应当具备下列条件才能进行施工招标：

1. 招标单位应具备的条件

（1）必须是法人或依法成立的其他组织。
（2）必须履行报批手续并取得批准。
（3）项目资金或资金来源已经落实。
（4）有与招标工程相适应的经济、技术管理人员。
（5）有组织编制招标文件的能力。
（6）有审查投标单位资质的能力。
（7）有组织开标、评标、定标的能力。

如果招标单位不具备上述（4）~（7）项条件，需委托具有相应资质的咨询、监理等中介服务机构代理招标。

2. 招标项目应具备的条件
（1）项目概算已经批准。
（2）项目已列入国家、部门或地方的年度固定资产投资计划。
（3）建设用地的征用工作已经完成。
（4）有能够满足施工要求的施工图纸及技术资料。
（5）建设资金和主要建筑材料、设备的来源已经落实。
（6）已经项目所在地规划部门批准，施工现场的“三通一平”已经完成或一并列入施工招标范围。

三、招标程序

招标程序如图 1-1 所示。

四、招标方式

市政与园林工程施工招标分为公开招标和邀请招标。

1. 公开招标

公开招标是指招标人以招标公告的方式，邀请不特定的法人或者其他组织参加投标的一种招标方式。也就是招标人在国家指定的报刊、电子网络或其他媒体上发布招标公告，吸引众多的潜在投标人参加投标竞争，招标人按照规定的程序和办法从中择优选择中标人的招标方式。

国务院发展计划部门确定的国家重点建设项目和各省、自治区、直辖市人民政府确定的地方重点建设项目，以及全部使用国有资金投资或者国有资金投资占控股或者主导地位的工程建设项目，应当公开招标。

2. 邀请招标

邀请招标也称选择性招标，是指招标人以投标邀请书的方式，邀请特定的法人或者其他组织参加投标的一种招标方式。

有下列情形之一的，可以邀请招标：
（1）技术复杂、有特殊要求或者受自然环境限制，只有少量潜在投标人可供选择。
（2）采用公开招标方式的费用占项目合同金额的比例过大。

有上述两项所列情形，属于按照国家有关规定需要履行项目审批、核准手续的依法必须进行招标的项目，由项目审批、核准部门在审批、核准项目时作出认定；其他项目由招标人申请有关行政监督部门作出认定。

3. 有下列情况之一者，经批准可以不进行施工招标：

（1）涉及国家安全、国家秘密或者抢险救灾而不适宜招标的。

（2）属于利用扶贫资金实行以工代赈，需要使用农民工的。

（3）施工主要技术采用特定的专利或者专有技术的。

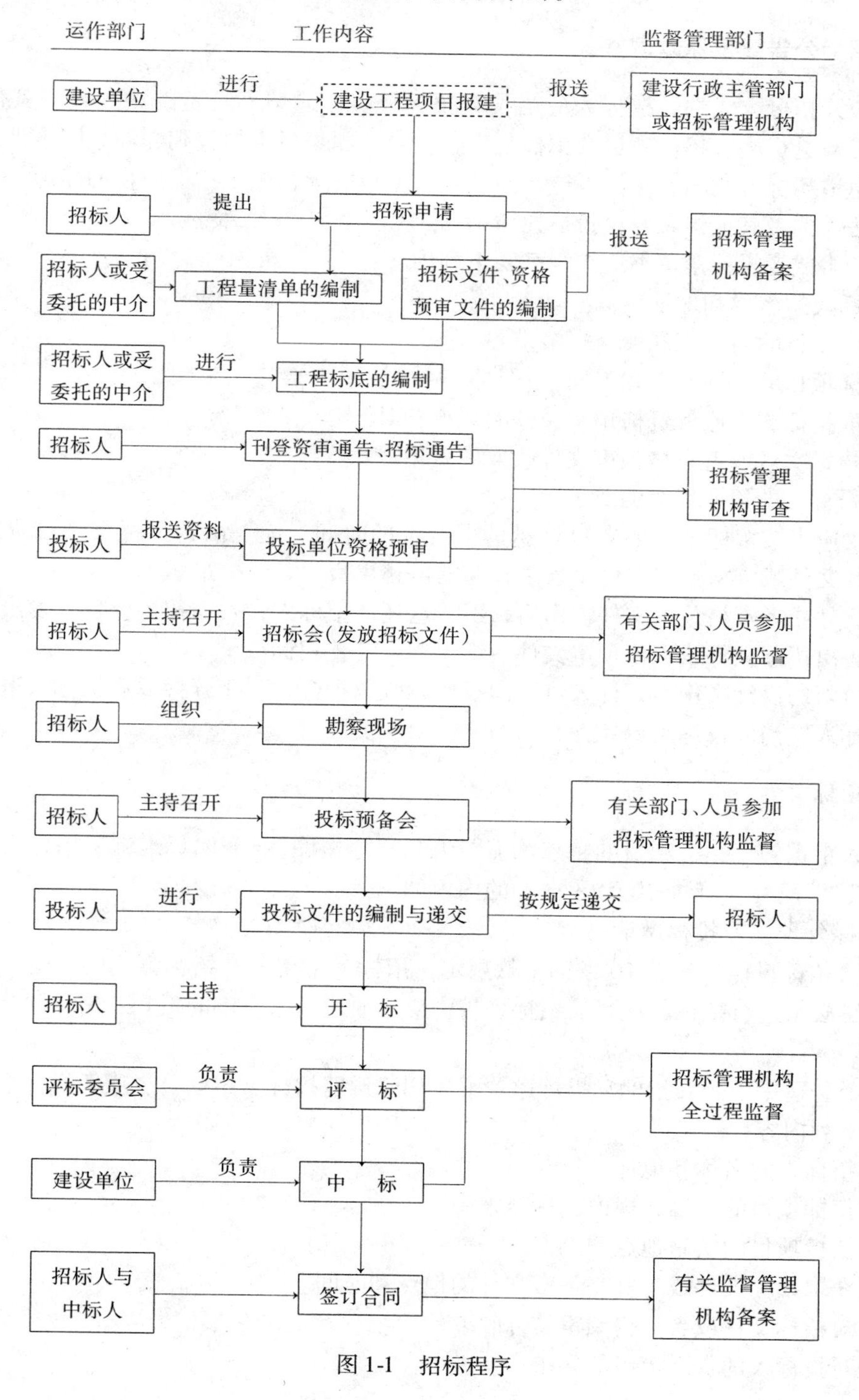

图 1-1　招标程序

（4）施工企业自建自用的工程，且该施工企业资质等级符合工程要求的。
（5）在建工程追加的附属小型工程或者主体加层工程，原中标人仍具备承包能力的。
（6）法律、行政法规规定的其他情形。
（7）不需要审批但依法必须招标的工程建设项目，有前款规定情形之一者。

五、招标公告或投标邀请书

采用公开招标方式的，招标人应当发布招标公告，邀请不特定的法人或者其他组织投标。依法必须进行施工招标项目的招标公告，应当在国家指定的报刊和信息网络上发布。

采用邀请招标方式的，招标人应当向三家以上具备承担施工招标项目的能力、资信良好的特定的法人或者其他组织发出投标邀请书。

招标公告或者投标邀请书应至少载明下列内容：

1. 招标人的名称和地址。
2. 招标项目的内容、规模、资金来源。
3. 招标项目的实施地点和工期。
4. 获取招标文件或者资格预审文件的地点和时间。
5. 对招标文件或者资格预审文件收取的费用。
6. 对投标人的资质等级的要求。

招标人应当按招标公告或者投标邀请书规定的时间、地点出售招标文件或资格预审文件。自招标文件或资格预审文件出售之日起至停止出售之日止，最短不得少于五个工作日。

招标文件或者资格预审文件售出后，不予退还。招标人在发布招标公告、发出投标邀请书后或者售出招标文件或资格预审文件后不得擅自终止招标。

对于所附的设计文件，招标人可以向投标人收取押金，对于开标以后投标人退还设计文件的，招标人应当向投标人退还押金。

六、招标文件

招标人根据施工招标项目的特点和需要编制招标文件。《简明标准施工招标文件（2012年版）》（以下简称《标准招标文件》）的内容如下：

1. 招标公告（或投标邀请书）

按照《招标投标法》第16条第1款规定：招标人采用公开招标方式的，应当发布招标公告。依法必须进行招标的项目的招标公告，应当通过国家指定的报刊、信息网络或者其他媒介发布。

招标公告适用于公开招标，投标邀请书适用于邀请招标。招标公告或者投标邀请书应当至少载明下列内容：

（1）招标人的名称和地址。
（2）招标项目的内容、规模、资金来源。
（3）招标项目的实施地点和工期。
（4）获取招标文件或者资格预审文件的地点和时间。
（5）对招标文件或者资格预审文件收取的费用。
（6）对投标人的资质等级的要求。

2. 投标人须知

投标人须知是招标投标活动应遵循的程序规则和对投标的要求但投标人须知不是合同文件的组成部分。希望有合同约束力的内容应在构成合同文件组成部分的合同条款、技术标准与要求等文件中界定。投标人须知包括投标人须知前附表、正文和附表格式等内容。

3. 评标办法

（1）选择评标方法

评标方法主要包括经评审的最低投标价法、综合评估法。

（2）评审标准

招标文件应针对初步评审和详细评审分别制定相应的评审标准。

（3）评标程序

评标工作一般包括初步评审、详细评审、投标文件的澄清、说明及评标结果等具体程序。

4. 合同条款及格式

内容包括通用合同条款、专用合同条款和合同附件格式。

5. 工程量清单

工程量清单是根据招标文件中包括的、有合同约束力的图纸以及有关工程量清单的国家标准、行业标准、合同条款中约定的工程量计算规则编制。约定计量规则中没有的子目，其工程量按照有合同约束力的图纸所标示尺寸的理论净量计算。计量采用中华人民共和国法定计量单位。

6. 图纸

图纸是合同文件的重要组成部分，是编制工程量清单以及投标报价的主要依据，也是进行施工及验收的依据。通常招标时的图纸并不是工程所需的全部图纸，在投标人中标后还会陆续颁发新的图纸以及对招标时图纸的修改。

7. 技术标准和要求

技术标准和要求也是构成合同文件的组成部分。技术标准的内容主要包括各项工艺指标、施工要求、材料检验标准，以及各分部、分项工程施工成型后的检验手段和验收标准等。

8. 投标文件格式

投标文件格式的主要作用是为投标人编制投标文件提供固定的格式和编排顺序，以规范投标文件的编制，同时便于投标委员会评标。

9. 投标人须知前附表规定的其他材料

招标人根据项目具体特点和实际需要，在前附表中载明需要补充的其他材料。如：工程地质勘察报告。

招标人应当在招标文件规定实质性要求和条件，并用醒目的方式标明。

施工招标项目需要划分标段、确定工期的，招标人应当合理划分标段、确定工期，并在招标文件中载明。在工程技术上紧密相联、不可分割的单位工程不得分割标段。

招标文件应当规定一个适当的投标有效期，以保证招标人有足够的时间完成评标与中标人签订合同。投标有效期从投标人提交投标文件截止之日起计算。在原投标有效期结束前，出现特殊情况的，招标人可以书面形式要求所有投标人延长投标有效期。投标人同意延长的，不得要求或被允许修改其投标文件的实质性内容，但应当相应延长其投标保证金的有效期；投标人拒绝延长的，其投标失效的，但投标人有权收回其投标保证金。

施工招标项目工期超过十二个月的，招标文件中可以规定工程造价指数体系、价格调整因素和调整方法。

招标人应当确定投标人编制投标文件所需要的合理时间。依法必须进行招标的项目，自招标文件开始发出之日起至投标人提交投标文件截止之日止，最短不得少于20日。

七、资格审查

招标人可以根据招标项目本身的特点和需要，要求潜在投标人或者投标人提供满足其资格要求的文件，对潜在投标人或者投标人进行资格审查。

资格审查分为资格预审和资格后审。

资格预审是指在投标前对潜在投标人进行的资格审查。

资格后审是指在开标后对投标人进行的资格审查。如已进行资格预审，一般不再进行资格后审。

采取资格预审的，招标人可以发布资格预审公告。资格预审公告适用于有关招标公告的规定。

采取资格预审的，招标人应当在资格预审文件中载明资格预审的条件、标准和方法；采取资格后审的，招标人应当在招标文件中载明对投标人资格要求的条件、标准和方法。

资格审查应主要审查潜在投标人或者投标人是否符合下列条件：

1. 具有独立订立合同的权利。

2. 具有履行合同的能力，包括专业、技术资格和能力，资金、设备和其他物质设施状况，管理能力、经验、信誉和相应的从业人员。

3. 没有处于被责令停业，投标资格被取消，财产被接管、冻结，破产状态。

4. 在最近三年内没有骗取中标和严重违约及重大工程质量问题。

5. 法律、行政法规规定的其他资格条件。

经资格预审后，招标人应当向资格预审合格的潜在投标人发出资格预审合格通知书，告知获取招标文件的时间、地点和方法，并同时向资格预审不合格的潜在投标人告知资格预审结果。资格预审不合格的潜在投标人不得参加投标。

经资格后审不合格的投标人的投标应作废标处理。

八、现场踏勘

招标人根据招标项目的具体情况，可以组织潜在投标人踏勘项目现场，向其介绍工程场地和相关环境的有关情况。潜在投标人依据招标人介绍的情况作出的判断和决策，由投标人自行负责。

招标人不得单独或者分别组织任何一个投标人进行现场踏勘。

对于潜在投标人在阅读招标文件和现场踏勘中提出的疑问，招标人可以书面形式或召开投标预备会的方式解答，但需同时将解答以书面形式通知所有购买招标文件的潜在投标人。该解答的内容为招标文件的组成部分。

九、编制标底

招标人可以根据工程项目的特点决定是否编制标底。编制标底的，标底编制过程和标底必须保密。

招标项目编制标底的，应根据批准的初步设计、投资概算，依据有关计价办法，参照有关工程定额，结合市场供求状况，综合考虑投资、工期和质量等方面的因素确定。

标底由招标人自行编制或委托中介机构编制。一个工程只能编制一个标底。

任何单位和个人不得强制招标人编制或报审标底，或干预其确定标底。

招标项目可以不设标底，进行无标底招标。

第二节　市政与园林工程投标

一、投标条件

投标人是响应招标、参加投标竞争的法人或其他组织。招标人的任何不具独立法人资格的附属机构（单位），或者为招标项目的前期或者监理工作提供设计、咨询服务的任何法人及其任何附属机构（单位），都无资格参加该招标项目的投标。

两个以上法人或者其他组织可以组成一个联合体，以一个投标人的身份共同投标。联合体各方签订共同投标协议后，不得再以自己的名义单独投标，也不得组成新的联合体或参加其他联合体在同一项目中投标。

联合体各方必须指定牵头人，授权其代表所有联合体成员投标和合同实施阶段的主办、协调工作，并应向招标人提交所有联合体成员法定代表人签署的授权书。

二、投标文件

投标人应当按照招标文件的要求编制投标文件。投标文件应当对招标文件提出的实质性要求和条件做出响应。

投标文件一般包括下列内容：

1. 投标函。
2. 投标报价。
3. 施工组织设计。
4. 商务和技术偏差表。

投标人根据招标文件载明的项目实施情况，拟在中标后将中标项目的部分非主体、非关键性工作进行分包的，应在投标文件中载明。

招标人可以在招标文件中要求投标人提交投标保证金。投标保证金一般不得超过投标总价的2%，但最高不得超过80万元人民币。投标保证金有效期应当超过投标有效期30天。

投标人应当按照招标文件要求的方式和金额，将投标保证金额随投标文件提交给招标人。投标人不按招标文件要求提交投标保证金的，该投标文件将被拒绝，作废标处理。

投标人应当在招标文件要求提交投标文件的截止时间前，将投标文件密封送达投标地点。招标人收到投标文件后，应当向投标人出具标明签收人和签收时间的凭证，在开标前任何单位和个人不得开启投标文件。在招标文件要求提交投标文件的截止时间后送达的投标文件，为无效投标文件，招标人应当拒收。

投标人在招标文件要求提交投标文件的截止时间前，可以补充、修改、替代或者撤回已提交的投标文件，并书面通知招标人。补充、修改的内容为投标文件的组成部分。

在提交投标文件截止时间后到招标文件规定的投标有效期终止之前，投标人不得补充、修改、替代或者撤回其投标文件。投标人补充、修改、替代投标文件的，招标人不予接受；投标人撤回投标文件的，其投标保证金将被没收。

提交投标文件的投标人少于三个的，招标人应当依法重新招标。重新招标后投标人仍少于三个的，属于必须审批的工程建设项目，报经原审批部门批准后可以不再进行招标；其他工程建设项目，招标人可自行决定不再进行招标。

在开标前，招标人应妥善保管好已收的投标文件、修改或撤回通知、备选投标方案等投标资料。

第三节　市政与园林工程开标、评标和定标

一、开标

开标应当在招标文件确定的提交投标文件截止时间公开进行。开标地点应当为招标文件中确定的地点。

投标文件有下列情形之一者，招标人不予受理：

1. 逾期送达的或者未送达指定地点的。
2. 未按招标文件要求密封的。

投标文件有下列情形之一的，由评标委员会初审后按废标处理：

1. 无单位盖章并无法定代表人或法定代表人授权的代理人签字或盖章的。
2. 未按规定的格式填写，内容不全或关键字迹模糊，无法辨认的。
3. 投标人递交两份或多份内容不同的投标文件，或在一份投标文件中对一招标项目有两个或多个报价，且未声明哪一个有效，按招标文件规定提交备选投标方案的除外。
4. 投标人名称或组织结构与资格预审时不一致的。
5. 未按招标文件要求提交投标保证金的。
6. 联合体投标未附联合体各方共同投标协议的。

二、评标

评标由招标人依法组建的评标委员会负责。

评标委员会由招标人的代表和有关技术、经济等方面的专家组成，成员人数为5人以上单数。其中招标人、招标代理机构以外的技术、经济等方面的专家不得少于成员总数的三分之二。评标委员会的专家成员，应当由招标人从建设行政主管部门及其他有关政府部门确定的专家名册或者工程招标代理机构的专家库内相关专业的专家名单中确定。

评标委员会可以书面方式要求投标人对投标文件中含义不明确、对同类问题表达不一致或者有明显文字和计算错误的内容作必要的澄清、说明或补正。评标委员会不得向投标人提

出带暗示性或诱导性的问题，或向其明确投标文件中的遗漏和错误。

评标委员会在对实质上响应招标文件要求的投标进行报价评估时，除招标文件另有约定外，应当按下述原则进行修正：

1. 用数字表示的数额与文字表示的数额不一致时，以文字数额为准。

2. 单价与工程量的乘积与总价之间不一致时，以单价为准。若单价有明显的小数点错位，应以总价为准，并修改单价。

招标人设有标底的，标底在评标中应当作为参考，但不得作为评标的惟一依据。

评标委员会完成评标后，应向招标人提出书面评标报告。评标报告由评标委员会全体成员签字。

评标委员会推荐的中标候选人应当限定一至三人，并标明排列顺序。

三、定标

评标委员会提出书面评标报告后，招标人应当在 15 日内确定中标人，最迟应当在投标有效期结束日 30 个工作日前确定。

招标人应当接受评标委员会推荐的中标候选人，不得在评标委员会推荐的中标候选人之外确定中标人。

招标人应当确定排名第一的中标候选人为中标人。排名第一的中标候选人放弃中标、因不可抗力提出不能履行合同，或者招标文件规定应当提交履约保证金而在规定的期限内未能提交的，招标可以确定排名第二的中标候选人为中标人。排名第二的中标候选人因上述同样原因不能签订合同的，招标人可以确定排名第三的中标候选人为中标人。

招标人可以授权评标委员会直接确定中标人。

中标通知书由招标人发出。

招标人和中标人应当自中标通知书发出之日起 30 日内，按照招标文件和中标人的投标文件订立书面合同。招标人和中标人不得再行订立背离合同实质性内容的其他协议。

招标人与中标人签订合同 5 个工作日内，应当向未中标的投标人退还投标保证金。

招标人应当自发出中标通知书之日起 15 日内，向有关行政监督部门提交招标投标情况的书面报告。书面报告至少应包括下列内容：

1. 招标范围。

2. 招标方式和发布招标公告的媒介。

3. 招标文件中投标人须知、技术条款、评标标准和方法、合同主要条款等内容。

4. 评标委员会的组成和评标报告。

5. 中标结果。

招标人不得直接指定分包人。如发现中标人转包或违法分包时，可要求中标人改正；拒不改正的，可终止合同，并报请有关行政监督部门查处。

第四节　市政与园林工程施工合同

市政与园林工程属于建设工程，市政与园林工程施工合同样本可采用建设工程施工合同样本。

依据《中华人民共和国合同法》、《中华人民共和国建筑法》、《中华人民共和国招标投标法》以及相关法律法规，住房和城乡建设部、国家工商行政管理总局对《建设工程施工合同（示范文本）》（GF-1999-0201）进行了修订，制定了《建设工程施工合同（示范文本）》（GF-2013-0201）。

《建设工程施工合同（示范文本）》（GF-2013-0201）由合同协议书、通用合同条款和专用合同条款三部分组成。

一、协议书

《建设工程施工合同（示范文本）》（GF-2013-0201）合同协议书共计13条，主要包括：工程概况、合同工期、质量标准、签约合同价和合同价格形式、项目经理、合同文件构成、承诺以及合同生效条件等重要内容，集中约定了合同当事人基本的合同权利义务。

第一部分　合同协议书

发包人（全称）：________________________________

承包人（全称）：________________________________

根据《中华人民共和国合同法》、《中华人民共和国建筑法》及有关法律规定，遵循平等、自愿、公平和诚实信用的原则，双方就工程施工及有关事项协商一致，共同达成如下协议：

一、工程概况

1. 工程名称：________________________________。

2. 工程地点：________________________________。

3. 工程立项批准文号：________________________。

4. 资金来源：________________________________。

5. 工程内容：________________________________

____。

群体工程应附《承包人承揽工程项目一览表》。

6. 工程承包范围：____________________________。

二、合同工期

计划开工日期：____年____月____日。

计划竣工日期：____年____月____日。

工期总日历天数：____天。工期总日历天数与根据前述计划开竣工日期计算的工期天数不一致的，以工期总日历天数为准。

三、质量标准

工程质量符合________________________________标准。

四、签约合同价与合同价格形式

1. 签约合同价为：

人民币（大写）________________________（¥____________元）；

其中：

(1) 安全文明施工费：

人民币（大写）________________________________（¥____________元）；

（2）材料和工程设备暂估价金额：

人民币（大写）________________________________（¥____________元）；

（3）专业工程暂估价金额：

人民币（大写）________________________________（¥____________元）；

（4）暂列金额：

人民币（大写）________________________________（¥____________元）。

2. 合同价格形式：____。

五、项目经理

承包人项目经理：____。

六、合同文件构成

本协议书与下列文件一起构成合同文件：

（1）中标通知书（如果有）；

（2）投标函及其附录（如果有）；

（3）专用合同条款及其附件；

（4）通用合同条款；

（5）技术标准和要求；

（6）图纸；

（7）已标价工程量清单或预算书；

（8）其他合同文件。

在合同订立及履行过程中形成的与合同有关的文件均构成合同文件组成部分。

上述各项合同文件包括合同当事人就该项合同文件所作出的补充和修改，属于同一类内容的文件，应以最新签署的为准。专用合同条款及其附件须经合同当事人签字或盖章。

七、承诺

1. 发包人承诺按照法律规定履行项目审批手续、筹集工程建设资金并按照合同约定的期限和方式支付合同价款。

2. 承包人承诺按照法律规定及合同约定组织完成工程施工，确保工程质量和安全，不进行转包及违法分包，并在缺陷责任期及保修期内承担相应的工程维修责任。

3. 发包人和承包人通过招投标形式签订合同的，双方理解并承诺不再就同一工程另行签订与合同实质性内容相背离的协议。

八、词语含义

本协议书中词语含义与第二部分通用合同条款中赋予的含义相同。

九、签订时间

本合同于____年____月____日签订。

十、签订地点

本合同在____签订。

十一、补充协议

合同未尽事宜，合同当事人另行签订补充协议，补充协议是合同的组成部分。

十二、合同生效

本合同自____生效。

十三、合同份数

本合同一式____份，均具有同等法律效力，发包人执____份，承包人执____份。

发包人：（公章）	承包人：（公章）
法定代表人或 其委托代理人：______________ （签字）	法定代表人或 其委托代理人：______________ （签字）
组织机构代码：______________	组织机构代码：______________
地　　　　址：______________	地　　　　址：______________
邮 政 编 码：______________	邮 政 编 码：______________
法 定 代 表 人：______________	法 定 代 表 人：______________
委 托 代 理 人：______________	委 托 代 理 人：______________
电　　　　话：______________	电　　　　话：______________
传　　　　真：______________	传　　　　真：______________
电 子 信 箱：______________	电 子 信 箱：______________
开 户 银 行：______________	开 户 银 行：______________
账　　　　号：______________	账　　　　号：______________

协议书的附件可参见《建设工程施工合同（示范文本）》（GF-2013-0201）。

二、通用合同条款

通用合同条款是合同当事人根据《中华人民共和国建筑法》、《中华人民共和国合同法》等法律法规的规定，就工程建设的实施及相关事项，对合同当事人的权利义务作出的原则性约定。

通用合同条款共计20条，具体条款分别为：

1. 一般约定

（1）词语定义与解释

（2）语言文字

（3）法律

（4）标准和规范

（5）合同文件的优先顺序

（6）图纸和承包人文件

（7）联络

（8）严禁贿赂

（9）化石、文物

（10）交通运输

（11）知识产权

（12）保密

（13）工程量清单错误的修正
2. 发包人
（1）许可或批准
（2）发包人代表
（3）发包人人员
（4）施工现场、施工条件和基础资料的提供
（5）资金来源证明及支付担保
（6）支付合同价款
（7）组织竣工验收
（8）现场统一管理协议
3. 承包人
（1）承包人的一般义务
（2）项目经理
（3）承包人人员
（4）承包人现场查勘
（5）分包
（6）工程照管与成品、半成品保护
（7）履约担保
（8）联合体
4. 监理人
（1）监理人的一般规定
（2）监理人员
（3）监理人的指示
（4）商定或确定
5. 工程质量
（1）质量要求
（2）质量保证措施
（3）隐蔽工程检查
（4）不合格工程的处理
（5）质量争议检测
6. 安全文明施工与环境保护
（1）安全文明施工
（2）职业健康
（3）环境保护
7. 工期和进度
（1）施工组织设计
（2）施工进度计划
（3）开工
（4）测量放线

（5）工期延误
（6）不利物质条件
（7）异常恶劣的气候条件
（8）暂停施工
（9）提前竣工
8. 材料与设备
（1）发包人供应材料与工程设备
（2）承包人采购材料与工程设备
（3）材料与工程设备的接收与拒收
（4）材料与工程设备的保管与使用
（5）禁止使用不合格的材料和工程设备
（6）样品
（7）材料与工程设备的替代
（8）施工设备和临时设施
（9）材料与设备专用要求
9. 试验与检验
（1）试验设备与试验人员
（2）取样
（3）材料、工程设备和工程的试验和检验
（4）现场工艺试验
10. 变更
（1）变更的范围
（2）变更权
（3）变更程序
（4）变更估价
（5）承包人的合理化建议
（6）变更引起的工期调整
（7）暂估价
（8）暂列金额
（9）计日工
11. 价格调整
（1）市场价格波动引起的调整
（2）法律变化引起的调整
12. 合同价格、计量与支付
（1）合同价格形式
（2）预付款
（3）计量
（4）工程进度款支付
（5）支付账户

13. 验收和工程试车

（1）分部分项工程验收

（2）竣工验收

（3）工程试车

（4）提前交付单位工程的验收

（5）施工期运行

（6）竣工退场

14. 竣工结算

（1）竣工结算申请

（2）竣工结算审核

（3）甩项竣工协议

（4）最终结清

15. 缺陷责任与保修

（1）工程保修的原则

（2）缺陷责任期

（3）质量保证金

（4）保修

16. 违约

（1）发包人违约

（2）承包人违约

（3）第三人造成的违约

17. 不可抗力

（1）不可抗力的确认

（2）不可抗力的通知

（3）不可抗力后果的承担

（4）因不可抗力解除合同

18. 保险

（1）工程保险

（2）工伤保险

（3）其他保险

（4）持续保险

（5）保险凭证

（6）未按约定投保的补救

（7）通知义务

19. 索赔

（1）承包人的索赔

（2）对承包人索赔的处理

（3）发包人的索赔

（4）对发包人索赔的处理

（5）提出索赔的期限

20. 争议解决

（1）和解

（2）调解

（3）争议评审

（4）仲裁或诉讼

（5）争议解决条款效力

通用条款原文较长，本书省略，原文可参见《建设工程施工合同（示范文本）》（GF-2013-0201）。

三、专用条款

专用条款是发包人与承包人根据法律、行政法规规定，结合具体工程实际，经协商达成一致意见的条款，是对通用条款的具体化、补充或修改。

专用条款的内容包括：一般约定；发包人；承包人；监理人；工程质量；安全文明施工与环境保护；工期和进度；材料与设备；试验与检验；变更；价格调整；合同价格、计量与支付；验收和工程试车；竣工结算；缺陷责任期与保修；违约；不可抗力；保险；争议解决等。

专用条款全文如下。专用条款中空白处由发包人与承包人协商共同填写。

第三部分　专用合同条款

1. 一般约定

1.1　词语定义

1.1.1　合同

1.1.1.10　其他合同文件包括：____。

1.1.2　合同当事人及其他相关方

1.1.2.4　监理人：

名称：________________________________；

资质类别和等级：________________________________；

联系电话：________________________________；

电子信箱：________________________________；

通信地址：________________________________。

1.1.2.5　设计人：

名 称：________________________________；

资质类别和等级：________________________________；

联系电话：________________________________；

电子信箱：________________________________；

通信地址：________________________________。

1.1.3　工程和设备

1.1.3.7 作为施工现场组成部分的其他场所包括：____
____。

1.1.3.9 永久占地包括：____。

1.1.3.10 临时占地包括：____。

1.3 法律

适用于合同的其他规范性文件：____
____。

1.4 标准和规范

1.4.1 适用于工程的标准规范包括：____
____。

1.4.2 发包人提供国外标准、规范的名称：____
____；

发包人提供国外标准、规范的份数：____；

发包人提供国外标准、规范的名称：____。

1.4.3 发包人对工程的技术标准和功能要求的特殊要求：
____。

1.5 合同文件的优先顺序

合同文件组成及优先顺序为：____
____。

1.6 图纸和承包人文件

1.6.1 图纸的提供

发包人向承包人提供图纸的期限：____；

发包人向承包人提供图纸的数量：____；

发包人向承包人提供图纸的内容：____。

1.6.4 承包人文件

需要由承包人提供的文件，包括：____
____；

承包人提供的文件的期限为：____；

承包人提供的文件的数量为：____；

承包人提供的文件的形式为：____；

发包人审批承包人文件的期限：____。

1.6.5 现场图纸准备

关于现场图纸准备的约定：____。

1.7 联络

1.7.1 发包人和承包人应当在____天内将与合同有关的通知、批准、证明、证书、指示、指令、要求、请求、同意、意见、确定和决定等书面函件送达对方当事人。

1.7.2 发包人接收文件的地点：____；

发包人指定的接收人为：____。

承包人接收文件的地点：____；

承包人指定的接收人为：______________________________。
监理人接收文件的地点：______________________________；
监理人指定的接收人为：______________________________。
1.10 交通运输
1.10.1 出入现场的权利
关于出入现场的权利的约定：______________________________
______________________________。
1.10.3 场内交通
关于场外交通和场内交通的边界的约定：______________________________
______________________________。
关于发包人向承包人免费提供满足工程施工需要的场内道路和交通设施的约定：__________
______________________________。
1.10.4 超大件和超重件的运输
运输超大件或超重件所需的道路和桥梁临时加固改造费用和其他有关费用由__________承担。
1.11 知识产权
1.11.1 关于发包人提供给承包人的图纸、发包人为实施工程自行编制或委托编制的技术规范以及反映发包人关于合同要求或其他类似性质的文件的著作权的归属：__________
______________________________。
关于发包人提供的上述文件的使用限制的要求：______________________________
______________________________。
1.11.2 关于承包人为实施工程所编制文件的著作权的归属：______________________________
______________________________。
关于承包人提供的上述文件的使用限制的要求：______________________________
______________________________。
1.11.4 承包人在施工过程中所采用的专利、专有技术、技术秘密的使用费的承担方式：______________________________
______________________________。
1.13 工程量清单错误的修正
出现工程量清单错误时，是否调整合同价格：______________________________。
允许调整合同价格的工程量偏差范围：______________________________
______________________________。
2. 发包人
2.2 发包人代表
发包人代表：
姓　　名：______________________________；
身份证号：______________________________；
职　　务：______________________________；
联系电话：______________________________；

电子信箱：______；
通信地址：______。
发包人对发包人代表的授权范围如下：______
______。
2.4　施工现场、施工条件和基础资料的提供
2.4.1　提供施工现场
关于发包人移交施工现场的期限要求：______
______。
2.4.2　提供施工条件
关于发包人应负责提供施工所需要的条件，包括：______
______。
2.5　资金来源证明及支付担保
发包人提供资金来源证明的期限要求：______。
发包人是否提供支付担保：______。
发包人提供支付担保的形式：______。
3. 承包人
3.1　承包人的一般义务
(5) 承包人提交的竣工资料的内容：______
______。
承包人需要提交的竣工资料套数：______。
承包人提交的竣工资料的费用承担：______。
承包人提交的竣工资料移交时间：______。
承包人提交的竣工资料形式要求：______。
(6) 承包人应履行的其他义务：______
______。
3.2　项目经理
3.2.1　项目经理：
姓　　名：______；
身份证号：______；
建造师执业资格等级：______；
建造师注册证书号：______；
建造师执业印章号：______；
安全生产考核合格证书号：______；
联系电话：______；
电子信箱：______；
通信地址：______；
承包人对项目经理的授权范围如下：______
______。
关于项目经理每月在施工现场的时间要求：______。

承包人未提交劳动合同，以及没有为项目经理缴纳社会保险证明的违约责任：________。

项目经理未经批准，擅自离开施工现场的违约责任：________。

3.2.3　承包人擅自更换项目经理的违约责任：________。

3.2.4　承包人无正当理由拒绝更换项目经理的违约责任：________。

3.3　承包人人员

3.3.1　承包人提交项目管理机构及施工现场管理人员安排报告的期限：________。

3.3.3　承包人无正当理由拒绝撤换主要施工管理人员的违约责任：________。

3.3.4　承包人主要施工管理人员离开施工现场的批准要求：________。

3.3.5　承包人擅自更换主要施工管理人员的违约责任：________。

承包人主要施工管理人员擅自离开施工现场的违约责任：________。

3.5　分包

3.5.1　分包的一般约定

禁止分包的工程包括：________。

主体结构、关键性工作的范围：________

________。

3.5.2　分包的确定

允许分包的专业工程包括：________。

其他关于分包的约定：________

________。

3.5.4　分包合同价款

关于分包合同价款支付的约定：________

3.6　工程照管与成品、半成品保护

承包人负责照管工程及工程相关的材料、工程设备的起始时间：________

________。

3.7　履约担保

承包人是否提供履约担保：________。

承包人提供履约担保的形式、金额及期限的：________

________。

4. 监理人

4.1　监理人的一般规定

关于监理人的监理内容：________。

关于监理人的监理权限：________。

关于监理人在施工现场的办公场所、生活场所的提供和费用承担的约定：________。

4.2　监理人员

总监理工程师：

姓　　名：________；

职　　务：________；

监理工程师执业资格证书号：________；

联系电话：________；

电子信箱：________________________________；
通信地址：________________________________；
关于监理人的其他约定：________________________________。
4.4 商定或确定
在发包人和承包人不能通过协商达成一致意见时，发包人授权监理人对以下事项进行确定：
（1）________________________________；
（2）________________________________；
（3）________________________________。
5. 工程质量
5.1 质量要求
5.1.1 特殊质量标准和要求：________________________________
________________________________。
关于工程奖项的约定：________________________________
________________________________。
5.3 隐蔽工程检查
5.3.2 承包人提前通知监理人隐蔽工程检查的期限的约定：________________
________________________________。
监理人不能按时进行检查时，应提前________小时提交书面延期要求。
关于延期最长不得超过：____小时。
6. 安全文明施工与环境保护
6.1 安全文明施工
6.1.1 项目安全生产的达标目标及相应事项的约定：________________
________________________________。
6.1.4 关于治安保卫的特别约定：________________________________
________________________________。
关于编制施工场地治安管理计划的约定：________________________
________________________________。
6.1.5 文明施工
合同当事人对文明施工的要求：________________________________
________________________________。
6.1.6 关于安全文明施工费支付比例和支付期限的约定：________________
________________________________。
7. 工期和进度
7.1 施工组织设计
7.1.1 合同当事人约定的施工组织设计应包括的其他内容：________________
________________________________。
7.1.2 施工组织设计的提交和修改
承包人提交详细施工组织设计的期限的约定：________________________

____。

发包人和监理人在收到详细的施工组织设计后确认或提出修改意见的期限：__________
____。

7.2　施工进度计划

7.2.2　施工进度计划的修订

发包人和监理人在收到修订的施工进度计划后确认或提出修改意见的期限：__________
____。

7.3　开工

7.3.1　开工准备

关于承包人提交工程开工报审表的期限：______________________________。

关于发包人应完成的其他开工准备工作及期限：__________________________
____。

关于承包人应完成的其他开工准备工作及期限：__________________________
____。

7.3.2　开工通知

因发包人原因造成监理人未能在计划开工日期之日起____天内发出开工通知的，承包人有权提出价格调整要求，或者解除合同。

7.4　测量放线

7.4.1　发包人通过监理人向承包人提供测量基准点、基准线和水准点及其书面资料的期限：____
____。

7.5　工期延误

7.5.1　因发包人原因导致工期延误

（7）因发包人原因导致工期延误的其他情形：____________________________
____。

7.5.2　因承包人原因导致工期延误

因承包人原因造成工期延误，逾期竣工违约金的计算方法为：________________
____。

因承包人原因造成工期延误，逾期竣工违约金的上限：______________________
____。

7.6　不利物质条件

不利物质条件的其他情形和有关约定：______________________________
____。

7.7　异常恶劣的气候条件

发包人和承包人同意以下情形视为异常恶劣的气候条件：

（1）____；

（2）____；

（3）____。

7.9　提前竣工的奖励

7.9.2　提前竣工的奖励：____。

8. 材料与设备

8.4　材料与工程设备的保管与使用

8.4.1　发包人供应的材料设备的保管费用的承担：____________________
____。

8.6　样品

8.6.1　样品的报送与封存

需要承包人报送样品的材料或工程设备，样品的种类、名称、规格、数量要求：______
____。

8.8　施工设备和临时设施

8.8.1　承包人提供的施工设备和临时设施

关于修建临时设施费用承担的约定：________________________________
____。

9. 试验与检验

9.1　试验设备与试验人员

9.1.2　试验设备

施工现场需要配置的试验场所：____________________________________
____。

施工现场需要配备的试验设备：____________________________________
____。

施工现场需要具备的其他试验条件：________________________________
____。

9.4　现场工艺试验

现场工艺试验的有关约定：____
____。

10. 变更

10.1　变更的范围

关于变更的范围的约定：____。

10.4　变更估价

10.4.1　变更估价原则

关于变更估价的约定：____。

10.5　承包人的合理化建议

监理人审查承包人合理化建议的期限：______________________________。

发包人审批承包人合理化建议的期限：______________________________。

承包人提出的合理化建议降低了合同价格或者提高了工程经济效益的奖励的方法和金额为：____
____。

10.7　暂估价

暂估价材料和工程设备的明细详见附件11：《暂估价一览表》。

10.7.1　依法必须招标的暂估价项目

对于依法必须招标的暂估价项目的确认和批准采取第________种方式确定。

10.7.2　不属于依法必须招标的暂估价项目

对于不属于依法必须招标的暂估价项目的确认和批准采取第________种方式确定。

第3种方式：承包人直接实施的暂估价项目

承包人直接实施的暂估价项目的约定：____。

10.8　暂列金额

合同当事人关于暂列金额使用的约定：____。

11. 价格调整

11.1　市场价格波动引起的调整

市场价格波动是否调整合同价格的约定：________________________________。

因市场价格波动调整合同价格，采用以下第____种方式对合同价格进行调整：

第1种方式：采用价格指数进行价格调整。

关于各可调因子、定值和变值权重，以及基本价格指数及其来源的约定：____；

第2种方式：采用造价信息进行价格调整。

（2）关于基准价格的约定：________________________________。

专用合同条款①承包人在已标价工程量清单或预算书中载明的材料单价低于基准价格的：专用合同条款合同履行期间材料单价涨幅以基准价格为基础超过____%时，或材料单价跌幅以已标价工程量清单或预算书中载明材料单价为基础超过____%时，其超过部分据实调整。

②承包人在已标价工程量清单或预算书中载明的材料单价高于基准价格的：专用合同条款合同履行期间材料单价跌幅以基准价格为基础超过____%时，材料单价涨幅以已标价工程量清单或预算书中载明材料单价为基础超过____%时，其超过部分据实调整。

③承包人在已标价工程量清单或预算书中载明的材料单价等于基准单价的：专用合同条款合同履行期间材料单价涨跌幅以基准单价为基础超过±____%时，其超过部分据实调整。

第3种方式：其他价格调整方式：____。

12. 合同价格、计量与支付

12.1　合同价格形式

1. 单价合同。

综合单价包含的风险范围：____。

风险费用的计算方法：____。

风险范围以外合同价格的调整方法：____。

2. 总价合同。

总价包含的风险范围：____。

风险费用的计算方法：____。

风险范围以外合同价格的调整方法：__________________________________。

3. 其他价格方式：____。

12.2　预付款

12.2.1　预付款的支付

预付款支付比例或金额：______________________________。

预付款支付期限：______________________________。

预付款扣回的方式：______________________________。

12.2.2　预付款担保

承包人提交预付款担保的期限：______________________________。

预付款担保的形式为：______________________________。

12.3　计量

12.3.1　计量原则

工程量计算规则：______________________________。

12.3.2　计量周期

关于计量周期的约定：______________________________。

12.3.3　单价合同的计量

关于单价合同计量的约定：______________________________。

12.3.4　总价合同的计量

关于总价合同计量的约定：______________________________。

12.3.5　总价合同采用支付分解表计量支付的，是否适用第12.3.4项（总价合同的计量）约定进行计量：______________________________。

12.3.6　其他价格形式合同的计量

其他价格形式的计量方式和程序：____。

12.4　工程进度款支付

12.4.1　付款周期

关于付款周期的约定：______________________________。

12.4.2　进度付款申请单的编制

关于进度付款申请单编制的约定：____。

12.4.3　进度付款申请单的提交

（1）单价合同进度付款申请单提交的约定：______________________________。

（2）总价合同进度付款申请单提交的约定：________________________________。

（3）其他价格形式合同进度付款申请单提交的约定：________________________________

____。

12.4.4 进度款审核和支付

（1）监理人审查并报送发包人的期限：________________________________。

发包人完成审批并签发进度款支付证书的期限：________________________________

____。

（2）发包人支付进度款的期限：________________________________。

发包人逾期支付进度款的违约金的计算方式：________________________________

____。

12.4.6 支付分解表的编制

2. 总价合同支付分解表的编制与审批：________________________________

____。

3. 单价合同的总价项目支付分解表的编制与审批：________________________________

____。

13. 验收和工程试车

13.1 分部分项工程验收

13.1.2 监理人不能按时进行验收时，应提前____小时提交书面延期要求。

关于延期最长不得超过：____小时。

13.2 竣工验收

13.2.2 竣工验收程序

关于竣工验收程序的约定：________________________________

____。

发包人不按照本项约定组织竣工验收、颁发工程接收证书的违约金的计算方法：________

____。

13.2.5 移交、接收全部与部分工程

承包人向发包人移交工程的期限：________________________________。

发包人未按本合同约定接收全部或部分工程的，违约金的计算方法为：________________

____。

承包人未按时移交工程的，违约金的计算方法为：________________________________

____。

13.3 工程试车

13.3.1 试车程序

工程试车内容：____

____。

（1）单机无负荷试车费用由________________承担；

（2）无负荷联动试车费用由________________承担。

13.3.3 投料试车

关于投料试车相关事项的约定：________________________________

____。

13.6　竣工退场

13.6.1　竣工退场

承包人完成竣工退场的期限：______________________________________。

14. 竣工结算

14.1　竣工付款申请

承包人提交竣工付款申请单的期限：________________________________。

竣工付款申请单应包括的内容：____________________________________

____。

14.2　竣工结算审核

发包人审批竣工付款申请单的期限：________________________________。

发包人完成竣工付款的期限：______________________________________。

关于竣工付款证书异议部分复核的方式和程序：________________________

____。

14.4　最终结清

14.4.1　最终结清申请单

承包人提交最终结清申请单的份数：________________________________。

承包人提交最终结算申请单的期限：________________________________。

14.4.2　最终结清证书和支付

（1）发包人完成最终结清申请单的审批并颁发最终结清证书的期限：__________

____。

（2）发包人完成支付的期限：______________________________________。

15. 缺陷责任期与保修

15.2　缺陷责任期

缺陷责任期的具体期限：____。

15.3　质量保证金

关于是否扣留质量保证金的约定：__________________________________。

15.3.1　承包人提供质量保证金的方式

质量保证金采用以下第____种方式：

（1）质量保证金保函，保证金额为：________________________________；

（2）____%的工程款；

（3）其他方式：____。

15.3.2　质量保证金的扣留

质量保证金的扣留采取以下第____种方式：

（1）在支付工程进度款时逐次扣留，在此情形下，质量保证金的计算基数不包括预付款的支付、扣回以及价格调整的金额；

（2）工程竣工结算时一次性扣留质量保证金；

（3）其他扣留方式：____。

关于质量保证金的补充约定：______________________________________

____。

15.4 保修

15.4.1 保修责任

工程保修期为：________________________________。

15.4.3 修复通知

承包人收到保修通知并到达工程现场的合理时间：________________

____。

16. 违约

16.1 发包人违约

16.1.1 发包人违约的情形

发包人违约的其他情形：____________________________

____。

16.1.2 发包人违约的责任

发包人违约责任的承担方式和计算方法：

（1）因发包人原因未能在计划开工日期前7天内下达开工通知的违约责任：________

____。

（2）因发包人原因未能按合同约定支付合同价款的违约责任：____________

____。

（3）发包人违反第10.1款（变更的范围）第（2）项约定，自行实施被取消的工作或转由他人实施的违约责任：____________________________。

（4）发包人提供的材料、工程设备的规格、数量或质量不符合合同约定，或因发包人原因导致交货日期延误或交货地点变更等情况的违约责任：________________

____。

（5）因发包人违反合同约定造成暂停施工的违约责任：________________

____。

（6）发包人无正当理由没有在约定期限内发出复工指示，导致承包人无法复工的违约责任：____。

（7）其他：____。

16.1.3 因发包人违约解除合同

承包人按16.1.1项（发包人违约的情形）约定暂停施工满____天后发包人仍不纠正其违约行为并致使合同目的不能实现的，承包人有权解除合同。

16.2 承包人违约

16.2.1 承包人违约的情形

承包人违约的其他情形：____________________________。

16.2.2 承包人违约的责任

承包人违约责任的承担方式和计算方法：____________________

____。

16.2.3 因承包人违约解除合同

关于承包人违约解除合同的特别约定：____________________

____。

发包人继续使用承包人在施工现场的材料、设备、临时工程、承包人文件和由承包人或以其名义编制的其他文件的费用承担方式：______________________________。

17. 不可抗力

17.1　不可抗力的确认

除通用合同条款约定的不可抗力事件之外，视为不可抗力的其他情形：__________
____。

17.4　因不可抗力解除合同

合同解除后，发包人应在商定或确定发包人应支付款项后____天内完成款项的支付。

18. 保险

18.1　工程保险

关于工程保险的特别约定：______________________________________。

18.3　其他保险

关于其他保险的约定：____。

承包人是否应为其施工设备等办理财产保险：__________________________
____。

18.7　通知义务

关于变更保险合同时的通知义务的约定：______________________________
____。

20. 争议解决

20.3　争议评审

合同当事人是否同意将工程争议提交争议评审小组决定：__________________
____。

20.3.1　争议评审小组的确定

争议评审小组成员的确定：______________________________________。

选定争议评审员的期限：____。

争议评审小组成员的报酬承担方式：______________________________。

其他事项的约定：____。

20.3.2　争议评审小组的决定

合同当事人关于本项的约定：____________________________________。

20.4　仲裁或诉讼

因合同及合同有关事项发生的争议，按下列第____种方式解决：

（1）向________________________仲裁委员会申请仲裁；

（2）向________________________人民法院起诉。

第二章　市政与园林工程预算编制准备

第一节　有关资料准备

一、市政工程预算编制资料

编制市政工程预算，需准备以下文件和资料：

1. 市政工程全套施工图及其索引的通用标准图集；
2. 《全国统一市政工程预算定额》；
3. 《××省（自治区、直辖市）市政工程预算定额》；
4. 《××省（自治区、直辖市）建筑材料预算价格》；
5. 《××省（自治区、直辖市）市政工程费用定额》；
6. 现行当地定额主管部门颁布的有关预算调整的文件；
7. 有关数学计算公式及图表；
8. 有关市政工程的参考书；
9. 编制市政工程预算所用表格；
10. 市政工程施工合同（或建设工程施工合同）；
11. 市政工程施工组织设计或施工方案。

二、园林工程预算编制资料

编制园林工程预算所需文件与资料如下：

1. 全套园林工程施工图；

2. 《××省（自治区、直辖市）园林工程预算定额》；

2. 《××省（自治区、直辖市）园林工程费用定额》；

4. 《仿古建筑及园林工程预算定额》第四册（仅作参考）；

5. 园林工程施工合同；

6. 有关园林工程书籍；

7. 当时当地《树木、花卉市场价格表》；

8. 工程预算表格；

9. 有关调整园林工程预算定额的文件。

第二节　市政与园林工程预算书表式

市政与园林工程预算书表式包括：预算书封面（表2-1）、工程量计算表（表2-2）、工程直接费计算表（表2-3）、工程造价计算表（表2-4）、编制说明等。

各种表式举例如下：

表 2-1　封　面

工程预算书

工程名称________________　　工程规模________________

工程特征________________　　工程造价________________元

建设单位________________　　施工单位________________

预算审核单位____________　　预算编制单位____________

预算审核人______________　　预算编制人______________

审核日期________________　　编制日期________________

表 2-2　工程量计算表

序	定额编号	分项子目名称	计算式	单　位	工程量
1					
2					
3					
4					
5					
6					

复核：　　　　　　　　　　　　　　　　　　　　计算：

表 2-3　工程直接费计算表

工程名称　　　　　　　　　　　　　　　　　　　编制日期

序	定额编号	分项子目名称	单位	工程量	人工费		材料费		机械费		合　计
					单价	合价	单价	合价	单价	合价	
1											
2											
3											
4											
5											

主管：　　　　　　　　　复核：　　　　　　　　　编制：

表 2-4　工程造价计算表

<table>
<tr><th>序</th><th colspan="3">费 用 名 称</th><th>计 算 式</th><th>价格（元）</th></tr>
<tr><td rowspan="5">1</td><td rowspan="5">直接费</td><td rowspan="3">直接工程费</td><td>人工费</td><td></td><td></td></tr>
<tr><td>材料费</td><td></td><td></td></tr>
<tr><td>机械费</td><td></td><td></td></tr>
<tr><td colspan="2" rowspan="2">措施费</td><td></td><td></td></tr>
<tr><td></td><td></td></tr>
<tr><td>2</td><td colspan="3">间接费</td><td></td><td></td></tr>
<tr><td>3</td><td colspan="3">利　润</td><td></td><td></td></tr>
<tr><td>4</td><td colspan="3">税　金</td><td></td><td></td></tr>
<tr><td>5</td><td colspan="3">工程造价</td><td></td><td></td></tr>
</table>

主管：　　　　　　　　　　　　复核：　　　　　　　　　　　　编制：

第三节　市政与园林工程预算编制步骤

市政与园林工程预算编制步骤如下：

1. 熟悉工程施工图

首先应清点工程施工图，并收集索引的通用标准图集。

仔细阅读施工图，特别要注意各部位所用材料、构造做法以及具体尺寸。

对于施工图中有失误之处，应记录下来，待在图纸会审会议上解决，不可擅自修改。

2. 划分工程的分部、分项子目

根据工程施工图上所示施工内容，参照市政与园林工程预算定额，确定某个施工内容属于哪个分部工程、哪个分项子目。确定分项子目要根据其施工内容名称、工作内容、所用材料及构造做法等施工条件。

3. 计算各分项子目的工程量

根据工程量计算规则，逐个计算已确定的分项子目的工程量，并将其算式及计算结果填入工程量计算表内。特别提示：工程量计算结果的计量单位，必须与定额表右上角处所示计量单位相一致。

工程量计算程序应与分部工程程序及分项子目编号程序相符，不可挑一个算一个。

注意工程量结果的有效数字，一般取小数点后两位就可以了。

4. 计算工程直接费

按照分项子目的名称及编号，在相应的定额表上，查取其人工费单价、材料费单价及机械费单价，再按分项子目工程量分别乘以人工费单价、材料费单价及机械费单价，计算出该分项子目的人工费、材料费及机械费。注意：某些分项子目的材料费单价中不含主要材料的单价，必须将《地区建筑材料预算价格》中所示该材料的单价加到材料费单价中去，才可计算材料费。

把该分项子目的人工费、材料费及机械费相加即得合计数，把各个分项子目的合计数相加就成直接费。

直接费演算各项数据，必须正确地填写在工程直接费计算表内。

合计数及直接费计量单位为元，角分值四舍五入。

5. 计算管理费及工程造价

参照《地区工程费用定额》，查取间接费费率、利润率、税率、其他费率等，按照规定算式，计算出间接费、利润、税金以及其他费用，把直接费与这些管理费用相加即成工程造价。

管理费用及工程造价的演算，应连同直接费一起填写在工程造价计算表内。

管理费用及工程造价的计量单位为元。

6. 计算主要材料用量

按照分项子目的名称及编号，在相应的定额表中，查取其所用主要材料的名称及数量，再按分项子目工程量乘以材料定额数量，即得出该分项子目所用主要材料的数量。

把相同的材料汇总，即得出该工程所用各种主要材料的数量。

当工程量较小时，一般不计算主要材料用量。

7. 预算书审核

预算书编制完成后，装钉成册。先在施工单位内部自审，改正错误之处，再送建设单位审核，审核通过后，该预算书作为工程施工合同文件之一，并作为合同价款付款依据。工程竣工后，预算书作为编制决算的主要基础资料。

第三章 市政工程预算定额

第一节 市政工程预算定额成本

现行市政工程预算定额是《全国统一市政工程预算定额》，由中华人民共和国建设部组织修订，自1999年10月1日起施行。

《全国统一市政工程预算定额》共分九册，包括：第一册“通用项目”；第二册“道路工程”；第三册“桥涵工程”；第四册“隧道工程”；第五册“给水工程”；第六册“排水工程”；第七册“燃气与集中供热工程”；第八册“路灯工程”；第九册“地铁工程”。其中第九册“地铁工程”尚未出版。

《全国统一市政工程预算定额》是完成规定计量单位分项工程所需的人工、材料、施工机械台班的消耗量标准；是统一全国市政工程预算工程量计算规则、项目划分、计量单位的依据；是编制市政工程地区单位估价表、编制概算定额及投资估算指标、编制招标工程地区单位估价表、编制概算定额及投资估算指标、编制招标工程标底、确定工程造价的基础。

第二节 市政工程预算定额内容

《全国统一市政工程预算定额》现在应用的有八个分册。每个分册中列有总说明、分册说明、分章定额表等。

一、总说明及分册说明

总说明主要说明以下几个方面：

1. 本定额的分册次序及名称；
2. 本定额的功能；
3. 本定额的适用范围；
4. 本定额编制时反映的社会水平；
5. 本定额依据的标准、规范及资料；
6. 关于人工工日消耗量；
7. 关于材料消耗量；
8. 关于施工机械台班消耗量；
9. 本定额提供的人工单价、材料预算价格、机械台班价格以北京市价格为基础；
10. 本定额施工用水、电是按现场有水、电考虑的；
11. 本定额的工作内容已说明了主要的施工工序；
12. 本定额适用于海拔2000m以下，地震烈度七度以下地区；
13. 本定额与其他全国统一工程预算定额的关系；

14. 本定额中用“（　）”表示的消耗量，均未计入基价；

15. 本定额中注有“×××以内”或“×××以下”者均包括×××本身，“×××以外”或“×××以上”者，则不包括×××本身。

分册说明主要说明以下几个方面：

1. 本分册定额包括的内容及子目数；
2. 本分册定额适用范围；
3. 本分册定额的编制依据；
4. 本分册定额与其他有关定额的分界；
5. 本分册定额有关说明；
6. 本分册定额未包括的项目；
7. 其他有关注意事项。

二、分章定额表

分章定额表包括说明、工程量计算规则、分项子目定额表等。

说明部分主要简述本章包括内容、定额换算、有关材料、施工等方面的规定。

工程量计算规则中阐明工程量计算方法及计量单位。

分项子目定额表上列有分项工程名称、工作内容、计量单位；子目名称及编号；各子目的人工费、材料费、机械费；各子目综合人工单价及数量；各子目的材料名称、单价及数量；各子目的机械名称、单价及数量等。其中基价是人工费、材料费、机械费之和。材料数量带括号的则无单价，因此材料费不包括该材料的费用。无单价的材料所需费用，要从当地材料单价表中查出，再乘以数量，得出该材料所需费用后，加入定额表中的材料费内。

查取分项子目定额表，必须看清分项及子目名称、工作内容、计量单位、施工条件等，切不可乱查乱套。

第三节　预算定额分项子目查用方法

一、道路工程定额表查用

表3-1列出分项工程为水泥混凝土路面，子目编号为2-287至2-292的定额表。

表3-1　水泥混凝土路面定额表

9. 水泥混凝土路面

工作内容：放样、模板制作、安拆、模板刷油、混凝土纵缝涂沥青油、拌合、浇筑、捣固、抹光或拉毛。

计量单位：100m²

定额编号		2-287	2-288	2-289	2-290	2-291	2-292
项目		厚度（cm）					
		15	18	20	22	24	28
基价（元）		780.17	885.97	962.37	1045.71	1120.85	1274.17
其中	人工费（元）	620.62	696.35	753.87	814.54	871.61	987.56
	材料费（元）	96.25	114.14	124.09	138.65	148.60	168.93
	机械费（元）	63.30	75.48	84.41	92.52	100.64	117.68

续表

定 额 编 号				2-287	2-288	2-289	2-290	2-291	2-292
名 称		单位	单价（元）	数 量					
人工	综合人工	工日	22.47	27.62	30.99	33.55	36.25	38.79	43.95
材料	混凝土	m^3		(15.300)	(18.360)	(20.400)	(22.440)	(24.480)	(28.560)
	板方材	m^3	1764.00	0.037	0.044	0.049	0.054	0.059	0.069
	圆 钉	kg	6.66	0.200	0.200	0.200	0.200	0.200	0.200
	铁 件	kg	3.83	5.500	6.500	6.500	7.700	7.700	7.700
	水	m^3	0.45	18.000	21.600	24.000	26.400	28.800	34.560
	其他材料费	%		0.50	0.50	0.50	0.50	0.50	0.50
机械	双锥反转出料混凝土搅拌机 350L	台班	81.16	0.798	0.930	1.040	1.140	1.240	1.450

从该定额表上可以看出，每完成 $100m^2$ 不同厚度的水泥混凝土路面所需的人工费、材料费、机械费；综合人工单价及工日数；材料名称、单价及数量；机械名称、单价及台班数。

例如：水泥混凝土路面厚度为 20cm，则每完成 $100m^2$ 路面所需人工费 753.87 元，材料费 124.09 元（未计混凝土费用），机械费 84.41 元；综合人工 33.55 工日；混凝土 $20.400m^3$，板方材 $0.049m^3$，圆钉 0.200kg；铁件 6.500kg，水 $24.000m^3$，其他材料费 0.5%；双锥反转出料混凝土搅拌机（350L）1.040 台班。

二、给水工程定额表查用

表 3-2 列出分项工程为预应力混凝土管安装（胶圈接口），子目编号为 5-72 至 5-83 的定额表。

表 3-2 预应力混凝土管安装的定额表

六、预应力（自应力）混凝土管安装（胶圈接口）

工作内容：检查及清扫管材、管道安装、上胶圈、对口、调直、牵引。

计量单位：10m

定 额 编 号				5-72	5-73	5-74	5-75	5-76	5-77
项 目				公称直径（mm 以内）					
				300	400	500	600	700	800
基 价（元）				121.29	164.81	204.88	254.22	312.83	330.46
其中	人工费（元）			48.09	73.09	90.94	110.01	144.01	149.67
	材料费（元）			30.23	38.54	50.53	58.70	65.77	65.91
	机械费（元）			42.94	53.18	63.41	85.51	103.05	114.88
名 称		单位	单价（元）	数 量					
人工	综合人工	工日	22.47	2.14	3.253	4.047	4.896	6.409	6.661
材料	预应力混凝土管	m		(10.00)	(10.00)	(10.00)	(10.00)	(10.00)	(10.00)
	橡胶圈 DN300	个	14.40	2.06	—	—	—	—	—
	橡胶圈 DN400	个	18.40	—	2.60	—	—	—	—
	橡胶圈 DN500	个	24.15	—	—	2.60	—	—	—
	橡胶圈 DN600	个	28.05	—	—	—	2.06	—	—
	橡胶圈 DN700	个	31.41	—	—	—	—	2.06	—
	橡胶圈 DN800	个	31.41	—	—	—	—	—	2.06
	润滑油	kg	3.55	0.16	0.18	0.221	0.26	0.30	0.34
机械	汽车式起重机 5t	台班	307.62	0.10	0.12	0.14	—	—	—
	汽车式起重机 8t	台班	388.61	—	—	—	0.16	0.20	0.22
	载重汽车 5t	台班	207.20	0.03	0.04	0.05	0.05	0.05	0.06
	电动卷扬机 双筒慢速 5t	台班	99.77	0.06	0.08	0.10	0.13	0.15	0.17

续表

定额编号				5-78	5-79	5-80	5-81	5-82	5-83
项目				公称直径（mm 以内）					
				900	1000	1200	1400	1600	1800
基价（元）				411.39	533.43	632.91	849.22	1053.53	1175.40
其中	人工费（元）			214.30	221.71	290.90	350.96	421.13	505.31
	材料费（元）			67.56	67.70	72.13	86.55	101.29	101.58
	机械费（元）			129.53	244.02	269.88	411.71	531.11	568.51
名称		单位	单价（元）	数量					
人工	综合人工	工日	22.47	9.537	9.867	12.946	15.619	18.742	22.488
材料	预应力混凝土管	m		(10.00)	(10.00)	(10.00)	(10.00)	(10.00)	(10.00)
	橡胶圈 DN900	个	32.14	2.06	—	—	—	—	—
	橡胶圈 DN1000	个	32.14	—	2.06	—	—	—	—
	橡胶圈 DN1200	个	34.15	—	—	2.06	—	—	—
	橡胶圈 DN1400	个	40.98	—	—	—	2.06	—	—
	橡胶圈 DN1600	个	48.00	—	—	—	—	2.06	—
	橡胶圈 DN800	个	48.00	—	—	—	—	—	2.06
	润滑油	kg	3.55	0.38	0.42	0.50	0.60	0.68	0.276
机械	汽车式起重机 8t	台班	388.61	0.25	—	—	—	—	—
	汽车式起重机 16t	台班	695.58	—	0.28	0.31	—	—	—
	汽车式起重机 20t	台班	941.18	—	—	—	0.35	—	—
	汽车式起重机 30t	台班	1080.22	—	—	—	—	0.38	0.41
	载重汽车 5t	台班	207.20	0.06	—	—	—	—	—
	载重汽车 8t	台班	303.44	—	0.09	0.09	—	—	—
	载重汽车 10t	台班	419.72	—	—	—	0.12	—	—
	载重汽车 15t	台班	558.16	—	—	—	—	0.15	0.15
	电动卷扬机，双筒慢速 5t	台班	99.77	0.20	0.22	0.27	0.32	0.37	0.42

从该定额表上可以看出，每完成10m不同公称直径的预应力混凝土管安装（胶圈接口）所需的人工费、材料费、机械费；综合人工单价及工日数；材料名称、单价及数量；机械名称、单价及台班数。

例如：预应力管公称直径为800mm，每完成10m长预应力混凝土安装所需人工费149.67元，材料费65.91元（未计预应力混凝土管费用），机械费114.88元；综合人工6.661工日；预应力混凝土管10m；橡胶圈（DN800）2.06个，润滑油0.34kg；汽车式起重机（8t）0.22台班，载重汽车（5t）0.06台班，电动卷扬机（双筒慢速5t）0.17台班。

第四节 预算定额换算方法

《全国统一市政工程预算定额》中各分项子目定额表中各项定额是按正常的施工条件，目前多数企业的施工机械装备程度，合理的施工工期、施工工艺、劳动组织编制的。当实际的施工条件与定额上所规定的施工条件不尽相同，必须对定额进行换算。换算方法是在相应的定额上乘以系数。现将各分部工程定额换算的主要方面分述如下。

一、通用项目定额换算

1. 土石方工程

（1）挖湿土（含水率≥25%）时，人工和机械定额乘以1.18。

（2）挖土机在垫板上作业，人工和机械定额乘以1.25。

(3) 推土机推土或铲运机铲土的平均土层厚度 < 30cm 时，其推土机台班定额乘以 1.25，铲运机台班定额乘以 1.17。

(4) 在支撑下挖土，人工定额乘以 1.43，机械定额乘以 1.20。

(5) 挖密实的钢碴，按挖四类土人工定额乘以 2.50，机械定额乘以 1.50。

(6) 0.2m^3 抓斗挖土机挖土、淤泥、流砂，按 0.5m^3 抓铲挖掘机挖土、游泥、流砂的人工和机械定额乘以 2.50。

(7) 自卸汽车运土，如系反铲挖掘机装车，则自卸汽车运土定额乘以 1.10；拉铲挖掘机装车，自卸汽车运土定额乘以 1.20。

(8) 开挖冻土套用拆除素混凝土障碍物子目、人工、材料和机械定额乘以 0.8。

(9) 机械挖土方中如需人工辅助开挖（包括切边、修整底边），人工挖土方量按实际情况套相应定额乘以 1.50。

(10) 人工装土汽车运土时，汽车运土定额乘以 1.10。

2. 打拔工具桩

(1) 打拔工具桩如遇打斜桩（包括俯打、仰打），按相应人工、机械定额乘以 1.35。

(2) 钢板桩需要疏打时，按相应人工定额乘以 1.05。

3. 围堰工程

(1) 围堰工程如取 50m 范围以外的土方、砂、砂砾，应计算土方和砂、砂砾材料的挖运或外购费用，但应扣除定额中土方现场挖运的人工：55.5 工日/100m^3 黏土。

(2) 草袋围堰如使用麻袋、尼龙袋装土围筑，应按麻袋、尼龙袋的规格、单价换算，但人工、机械和其他材料消耗量应按定额执行。麻袋、尼龙袋消耗量按草袋消耗量除以 17.86。

4. 支撑工程

(1) 除槽钢挡土板外，如采用竖板、横撑时，人工定额乘以 1.20。

(2) 如槽坑宽度超过 4.1m 时，其两侧均按一侧支撑挡土板考虑。按槽坑一侧支撑挡土板面积计算时，人工定额乘以 1.33，除挡土板外，其他材料定额乘以 2.0。

(3) 如采用井字支撑时，按疏撑的人工、材料定额乘以 0.61。

5. 其他工程

(1) 轻型井点井管（含滤水管）的成品价可按所需钢管的材料价乘以 2.40 计算。

(2) 块石如需冲洗时（利用旧料），每立方米块石增加：人工 0.24 工日，用水 0.5m^3。

二、道路工程定额换算

1. 水泥混凝土路面如设计为企口时，其人工定额乘以 1.01，木材消耗定额乘以 1.051。

2. 人行道板、侧石、花砖等砌料及垫层，如设计与定额表上规定不同时，其材料量可按设计要求另计算其用量，但人工定额不变。

三、桥涵工程定额换算

1. 打桩工程

(1) 如打斜桩（包括俯打、仰打），斜率在 1∶ 6 以内时，人工定额乘以 1.33，机械定额乘以 1.43。

（2）送桩定额按送4m为界，如实际超过4m时，按相应定额乘以下列调整系数：

①送桩5m以内乘以1.2；

②送桩6m以内乘以1.5；

③送桩7m以内乘以2.0；

④送桩7m以上，以调整后7m为基础，每超过1m递增0.75。

2. 钻孔灌注桩工程

埋设钢护筒定额中钢护筒按摊销量计算，若在深水作业，钢护筒无法拔出时，经建设单位签证后，可按钢护筒实际用量减去定额数量一次增列计算。钢护筒实际用量可按表3-3计算。

表3-3　钢护筒实际用量表

桩径（mm）	800	1000	1200	1500	2000
每米钢护筒量（kg/m）	155.06	184.87	285.93	345.09	554.6

3. 砌筑工程

定额中调制砂浆，均按砂浆搅拌机拌合，如采用人工拌制时，定额不予调整。

4. 钢筋工程

定额中钢筋按$\phi 10$以内及$\phi 10$以外两种分列，$\phi 10$以内采用A_3钢，$\phi 10$以外采用16锰钢，钢板均按A_3钢计列。预应力筋采用Ⅳ级钢、钢绞线和高强钢丝。因设计要求采用钢材与定额不符时，材料消耗量可以调整，但人工、机械定额不变。

5. 现浇混凝土工程

（1）块石混凝土的块石含量如设计与定额表上规定不同时，可以换算块石及混凝土的用量，但人工、机械定额不变。

（2）如设计的混凝土强度等级与定额表上规定不同时，可以换算混凝土的原材料用量，其他材料及人工、机械定额不变。

6. 预制混凝土工程

预制构件中的钢筋混凝土桩、梁及小型构件，可按混凝土定额基价的2%计算其运输、堆放、安装损耗，但该部分不计材料用量。

7. 立交箱涵工程

气垫只考虑在预制箱涵底板上使用，气垫的使用个数由设计而定，但采用气垫后在套用顶进定额时应乘以0.7。

8. 其他工程

（1）镶贴面层定额中，贴面材料与定额不同时，可以调整换算贴面材料用量，但人工、机械定额不变。

（2）涂料定额中，如采用其他涂料，可以调整换算涂料用量，但人工、机械定额不变。

（3）油漆定额中，如采用其他油漆，可以调整换算油漆用量，但人工、机械定额不变。

四、隧道工程定额换算

1. 隧道开挖与出渣

（1）开挖定额均按光面爆破制度，如采用一般爆破开挖时，其开挖定额应乘以0.935。

（2）各开挖子目，是按电力起爆编制的，若采用火雷管导火索起爆时，可按如下规定换算：电雷管换为火雷管，数量不变，将子目中的两种胶质线扣除，换为导火索，导火索的长度按每个雷管2.12m计算。

2. 临时工程

年摊销量计算，一年内不足一年按一年计算，超过一年按每增一季定额增加，不足一季（3个月）按一季计算（不分月）。

3. 隧道内衬

（1）混凝土及钢筋混凝土边墙如为弧形时，其弧形段每$10m^3$衬砌体积按相应定额增加1.3工日。

（2）喷射混凝土定额已包括混合料200m运输，超过200m时，材料运费另计。运输吨位按初喷5cm，拱部$26t/100m^2$，边墙$23t/100m^2$；每增厚5cm，拱部$16t/100m^2$，边墙$14t/100m^2$。

（3）锚杆按$\phi22$计算，若实际不同，人工、机械定额应乘以表3-4调整系数。锚杆按净重计算不加损耗。

表3-4 锚杆定额调整系数

锚杆直径	$\phi28$	$\phi25$	$\phi22$	$\phi20$	$\phi18$	$\phi16$
调整系数	0.62	0.78	1	1.21	1.49	1.89

4. 隧道沉井

定额中列有几种沉井下沉方法，套用何种沉井下沉定额由设计确定，挖土下沉不包括土方外运费，水力出土不包括砌筑集水坑及排泥水处理。

5. 盾构法掘进

（1）盾构掘进在穿越不同区域土层时，根据地质报告确定的盾构正掘面含砂性土的比例，按表3-5所列的调整系数乘以人工费及机械费（不含盾构的折旧及大修理费）。

表3-5 盾构掘进调整系数

盾构正掘面土质	隧道横截面含砂性土比例	调整系数
一般软黏土	≤25%	1.0
黏土夹层砂	25% ~5%	1.2
砂性土（干式出土盾构掘进）	>50%	1.5
砂性土（水力出土盾构掘进）	>50%	1.3

（2）盾构掘进在穿越密集建筑群、古文物建筑或堤防、重要管线时，对地表升降有特殊要求者，按表3-6所列调整系数乘以该区域的人工费、机械费（不含盾构的折旧及大修理费）。

表3-6 盾构掘进特殊区域调整系数

盾构直径（mm）	允许地表升降量（mm）			
	±250	±200	±150	±100
$\phi \geq 7000$	1.0	1.1	1.2	—
$\phi < 7000$	—	—	1.0	1.2

6. 垂直顶升

滩地揭顶盖只适用于滩地水深不超过0.5m的区域，定额中未包括进出水口的围护工程，发生时可套用相应定额计算。

7. 地下连续墙

（1）地下连续墙成槽的护壁泥浆采用比重为1.055的普通泥浆，若需取用重晶石－泥浆可按不同比重泥浆单价进行调整。护壁泥浆使用后的废浆处理另行计算。

（2）钢筋笼制作定额中预埋件用量与实际用量有差异时允许调整。

（3）大型支撑基坑开挖由于场地狭小只能单面施工，挖土机械按表3-7调整。

表3-7　挖土机械调整

宽　度	两边停机施工	单边停机施工
基坑宽15m内	15t	25t
基坑宽15m外	25t	40t

（4）大型支撑基坑开挖定额中已包括湿土排水，若需采用井点降水或支撑安拆需打拔中心稳定桩等，其费用另行计算。

8. 地下混凝土结构

（1）圆形隧道路面以大型槽形板作底模，如采用其他形式时定额允许调整。

（2）隧道路面沉降缝、变形缝按“道路工程”相应定额执行，其人工、机械定额乘以1.1。

9. 地基加固、监测

（1）地基注浆加固以孔为单位的子目，定额按全区域加固编制，若加固深度与定额不同时，可内插计算；若采取局部区域加固，则人工和钻机定额不变，材料（注浆阀管除外）和其他机械定额按加固深度与定额深度同比例调减。

五、给水工程定额换算

1. 管道安装

（1）套管内的管道铺设按相应的管道安装定额，其人工、机械定额乘以1.2。

（2）定额给定的消毒冲洗水量，如水质达不到饮用水标准，水量不足时，可按实际调整，其他不变。

2. 其他工程

（1）法兰式水表组成与安装，定额内无缝钢管、焊接弯头所采用壁厚与设计不同时，允许调整其材料预算价格，其他不变。

（2）定额中井盖、井座是普通铸铁的，如设计要求采用球墨铸铁井盖、井座，其材料预算价格可以换算，其他不变。

（3）渗渠制作的模板安装拆除，按相应项目的人工定额乘以1.2。

六、排水工程定额换算

1. 定型混凝土管道基础及铺设

（1）如在无基础的槽内铺设管道，其人工、机械定额乘以1.18。

（2）如遇有特殊情况，必须在支撑下串管铺设，人工、机械定额乘以1.33。

（3）若在枕基上铺设缸瓦（陶土）管，人工定额乘以1.18。

（4）企口管的膨胀水泥砂浆和石棉水泥接口适于360°，其他接口均是按管座120°和

180°列项的，如管座角度不同，按相应材质的接口做法，以管道接口调整表进行调整，即基价或材料用量乘以相应的调整系数。管道接口调整见表3-8。

表3-8　管道接口调整表

序号	项　目　名　称	实做角度	调整基数或材料	调整系数
1	水泥砂浆抹带接口	90°	120°定额基价	1.330
2	水泥砂浆抹带接口	135°	120°定额基价	0.890
3	钢丝网水泥砂浆抹带接口	90°	120°定额基价	1.330
4	钢丝网水泥砂浆抹带接口	135°	120°定额基价	0.890
5	企口管膨胀水泥砂浆抹带接口	90°	定额中1：2水泥砂浆	0.750
6	企口管膨胀水泥砂浆抹带接口	120°	定额中1：2水泥砂浆	0.670
7	企口管膨胀水泥砂浆抹带接口	135°	定额中1：2水泥砂浆	0.625
8	企口管膨胀水泥砂浆抹带接口	180°	定额中1：2水泥砂浆	0.500
9	企口管石棉水泥接口	90°	定额中1：2水泥砂浆	0.750
10	企口管石棉水泥接口	120°	定额中1：2水泥砂浆	0.670
11	企口管石棉水泥接口	135°	定额中1：2水泥砂浆	0.625
12	企口管石棉水泥接口	180°	定额中1：2水泥砂浆	0.500

注：现浇混凝土外套环、变形缝接口，适用于平口、企口管。

（5）定额中的水泥砂浆抹带、钢丝网水泥砂浆接口均不包括内抹口，设计要求内抹口时，按抹口周长每100延长米增加水泥砂浆0.042m^3，人工9.22工日计算。

2. 定型井

（1）各类井的井盖、井座、井箅均按铸铁件计列，如采用钢筋混凝土预制件，可以调整，但应扣除定额中铸铁件用量，并执行相应定额。

（2）当井深不同时，除定额中列有增（减）调整项目外，均按井筒砌筑定额进行调整。

（3）各类井预制混凝土构件所需的模板钢筋加工，均执行相应定额，但定额中已包括构件混凝土部分的人工、材料、机械费用，不得重复计算。

3. 非定型井、渠、管道基础及砌筑

（1）拱（弧）形混凝土盖板的安装，按相应体积的矩形板人工、机械定额乘以1.15执行。

（2）石砌体均按块石考虑的，如采用片石或平石时，块石与砂浆用量分别乘以1.09和1.19，其他不变。

（3）给排水构筑物的垫层执行相应定额，其中人工定额乘以0.87，其他不变；如构筑物池底混凝土垫层需要找坡时，其中人工定额不变。

4. 顶管工程

（1）工作坑垫层、基础执行定额第三章的相应项目，人工定额乘以1.10，其他不变。

（2）工作坑内管（涵）明敷，应根据管径、接口做法执行定额第一章的相应项目，人工、机械定额乘以1.10。

（3）管道顶进项目中的顶镐均为液压自退式，如采用人力顶镐，人工定额乘以1.43；如系人力退顶（回镐），人工定额乘以1.20，其他不变。

(4) 单位工程中，管径 ϕ1650 以内、敞开式顶进在 100m 以内，封闭式顶进（不分管径）在 50m 以内时，顶进定额中的人工费与机械费乘以 1.3。

(5) 顶管采用中继间顶进时，顶进定额中的人工费与机械费应乘以表 3-9 所列调整系数并分级计算。

表 3-9　中继间顶进调整系数

中继间顶进分数	一级顶进	二级顶进	三级顶进	四级顶进	超过四级
调整系数	1.36	1.64	2.15	2.80	另定

5. 给排水构筑物

(1) 现浇钢筋混凝土池壁遇有附壁柱时，按相应柱定额执行，其中人工定额乘以 1.05，其他不变。

(2) 现浇钢筋池壁、柱、梁、盖如超过地面以上 3.6m 者，采用卷扬机施工的，每 10m³ 混凝土增加人工工日及卷扬机（带塔）台班数见表 3-10。采用塔式起重机施工时，每 10m³ 混凝土增加塔式起重机台班数，按相应项目中搅拌机台班数的 50% 计算。

表 3-10　卷扬机施工的每 10m³ 混凝土增加人工、机械数

序号	项　目　名　称	增加人工工日数	增加卷扬机（带塔）台班数
1	池壁、隔墙	8.7	0.59
2	柱、梁	6.1	0.39
3	池　盖	6.1	0.39

(3) 现浇钢筋混凝土格型池池壁执行直型池壁项目（指厚度），人工定额乘以 1.15，其他不变。

(4) 现浇钢筋混凝土悬空落泥斗执行落泥斗相应项目，人工定额乘以 1.4，其他不变。

(5) 预制混凝土集水槽若需留孔时，按每 10 个孔增加人工 0.5 工日计算。

(6) 施工缝的各种材质填缝的断面取定见表 3-11。如实际设计的施工缝断面与表3－11 不同时，材料用量可以换算，其他不变。

表 3-11　施工缝各种材质填缝的断面尺寸

序号	项　目　名　称	断面尺寸	序号	项　目　名　称	断面尺寸
1	建筑油膏、聚氯乙烯胶泥	3cm×2cm	4	氯丁橡胶止水带	展开宽 30cm
2	油浸木丝板	2.5cm×15cm	5	其　他	3cm×15cm
3	紫铜板止水带	展开宽 45cm			

(7) 如池容量较大，需采用潜水泵从一个池子向另一个池注水作渗漏试验时，其台班单价可以换算，其他不变。

6. 给排水机械设备安装

(1) 管式药液混合器，以两节为准，如为三节、人工、材料、机械定额乘以 1.3。

(2) 曝气机以带有公共底座为准，如无公共底座时，定额基价乘以 1.3。

(3) 曝气管如用塑料管成品件，当需黏结或焊接时，可按相应规格项目的定额基价分为别乘以 1.2 和 1.3。

(4) 吸泥机以虹吸式为准，如采用泵吸式，定额基价乘以 1.30。

(5) 碳钢集水槽制作和安装中已包括除锈和刷一遍防锈漆，两遍调和漆的人工和材料，不得另行计算除锈刷油费用，但如果油漆种类不同，油漆的单价可以换算，其他不变。

（6）碳钢、不锈钢矩形堰板制作安装执行齿形堰相应项目，其中人工定额乘以 0.6，其他不变。

（7）金属堰板安装项目是按碳钢考虑的，不锈钢堰板安装按金属堰板安装相应项目基价乘以 1.2，主材另计，其他不变。

7. 模块、钢筋、井字架工程

（1）模板安拆以槽（坑）深 3m 为准，超过 3m 时，人工工日增加 8%，其他不变。

（2）模板的预留洞，小于 0.3m^2 者：圆形洞每 10 个增加 0.72 工日；方形洞每 10 个增加 0.62 工日。

（3）预制构件钢筋，如用不同直径钢筋点焊在一起时，按直径最小的定额计算，如粗细钢筋直径比在 2 倍以上时，其人工定额乘以 1.25。

（4）下列钢筋，其人工和机械定额增加系数如下：

①现浇小型构件钢筋：100%

②现浇小型池槽钢筋：152%

③矩形构筑物钢筋：25%

④圆形构筑物钢筋：50%

七、燃气与集中供热工程

1. 管道安装

（1）定额中各种燃气管道的输送压力按中压 B 级及低压考虑。如安装中压 A 级煤气管道和高压煤气管道，人工定额乘以 1.3。碳钢管道管件安装均不再调整。

（2）铸铁管安装按 N1 和 X 型接口考虑的，如采用 N 型和 SMJ 型人工定额乘以 1.05。

2. 管件制作、安装

异径管件安装以大口径为准，中频煨弯不包括煨制时胎具更换。

3. 法兰阀门安装

（1）阀门压力试验介质是按水考虑的，如设计要求其他介质，可按实际调整。

（2）垫片均按橡胶石棉板考虑的，如实际垫片材质与定额规定不同时，可按实际调整。

（3）中压法兰、阀门安装执行低压相应项目，其人工定额乘以 1.2。

（4）各种法兰、阀门安装，定额中只包括一个垫片，不包括螺栓使用量，螺栓用量可参考表 3-12 及表 3-13。

表 3-12　平焊法兰安装用螺栓用量

外径×壁厚（mm）	规　格	重量（kg）	外径×壁厚（mm）	规　格	重量（kg）
57×4.0	M12×50	0.319	377×10.0	M20×75	3.906
76×4.0	M12×50	0.319	426×10.0	M20×80	5.42
89×4.0	M16×55	0.635	478×10.0	M20×80	5.42
108×5.0	M16×55	0.635	529×10.0	M20×85	5.84
133×5.0	M16×60	1.338	630×8.0	M22×85	8.89
159×6.0	M16×60	1.338	720×10.0	M22×90	10.668
219×6.0	M16×65	1.404	820×10.0	M27×95	19.962
273×6.0	M16×70	2.208	920×10.0	M27×100	19.962
325×6.0	M20×70	3.747	1020×10.0	M27×105	24.633

表 3-13　对焊法兰安装用螺栓用量

外径×壁厚（mm）	规　格	重量（kg）	外径×壁厚（mm）	规　格	重量（kg）
57×3.5	M12×50	0.319	325×8.0	M20×75	3.906
76×4.0	M12×50	0.319	377×9.0	M20×75	3.906
89×4.0	M16×60	1.338	426×9.0	M20×75	3.906
108×4.0	M16×60	1.338	478×9.0	M20×75	3.906
133×4.5	M16×65	1.404	529×9.0	M20×80	5.42
159×5.0	M16×65	1.404	630×9.0	M22×80	8.25
219×6.0	M16×70	1.472	720×9.0	M22×80	8.25
273×6.0	M16×75	2.31	820×10.0	M27×95	18.804

4. 燃气用设备安装

（1）煤气调长器是按焊接法兰考虑的，如采用直接对焊时，应减去法兰安装用材料，其他不变。

（2）煤气调长器是按三波考虑的，如安装三波以上者，其人工定额乘以 1.33，其他不变。

5. 集中供热用容器具安装

碳钢波纹补偿器是按焊接法兰考虑的，如直接焊接时，应减掉法兰安装用材料，其他不变。

6. 管道试压、吹扫

（1）液压试验是按普通水考虑的，如试压介质有特殊要求，介质可按实际调整。

（2）集中供热高压管道压力试验执行低中压相应定额，其人工定额乘以 1.3。

八、路灯工程

1. 变配电设备工程

配电及控制设备安装，均不包括支架制作和基础型钢制作安装、设备元件安装及端子板外部接线，应另执行相应定额。各种设备安装均未包括接线端子及二次接线。

2. 架空线路工程

（1）定额是按平原条件编制的，如在丘陵、山地施工时，其人工和机械定额乘以地形系数，丘陵（市区）地形系数为 1.2；一般山地地形系数为 1.6。

（2）线路一次施工工程量 5 根以上按电杆考虑，如 5 根以内者，其人工和机械定额乘以 1.2。

3. 电缆工程

（1）电缆在山地丘陵地区直埋敷设时，人工定额乘以 1.3。该地段所需的材料如固定桩、夹具等按实际计算。

（2）电缆头制作安装均按铝芯考虑的，铜芯电缆头制作安装，按相应项目人工、机械定额乘以 1.2。

4. 其他工程

照明器具安装工程，如安装高度超过 10m 时，其人工定额乘以 1.4。

第五节　预算定额分部分项工程划分

一、市政工程分部

市政工程分为八个分部工程，计有：通用项目；道路工程；桥涵工程；隧道工程；给水工程；排水工程；燃气与集中供热工程；路灯工程。

每个分部工程中分为若干个子分部工程（相当于定额中的章名）。

通用项目分部工程中分有七个子分部工程，计有：土石方工程；打拔工具桩；围堰工程；支撑工程；拆除工程；脚手架及其他工程；护坡、挡土墙。

道路工程分部工程中分有四个子分部工程，计有：路床（槽）整形；道路基层；道路面层；人行道侧缘石及其他。

桥涵工程分部工程中分有十个子分部工程，计有：打桩工程；钻孔灌注桩工程；砌筑工程；钢筋工程；现浇混凝土工程；预制混凝土工程；立交箱涵工程；安装工程；临时工程；装饰工程。

隧道工程分部工程中分有十个子分部工程，计有：隧道开挖与出渣；临时工程；隧道内衬；隧道沉井；盾构法掘进；垂直顶升；地下连续墙；地下混凝土结构；地基加固、监测；金属构件制作。

给水工程分部工程中分有五个子分部工程，计有：管道安装；管道内防腐；管件安装；管道附属构筑物；取水工程。

排水工程分部工程中分有七个子分部工程，计有：定型混凝土管道基础及铺设；定型井；非定型井、渠、管道基础及砌筑；顶管工程；给排水构筑物；给排水机械设备安装；模板、钢筋、井字架工程。

燃气与集中供热工程分部工程中分有六个子分部工程，计有：管道安装；管件制作、安装；法兰阀门安装；燃气用设备安装；集中供热用容器具安装；管道试压、吹扫。

路灯工程分部工程中分有八个子分部工程，计有：变配电设备工程；架空线路工程；电缆工程；配管配线工程；照明器具安装工程；防雷接地装置工程；路灯灯架制作安装工程；刷油防腐工程。

二、市政工程分项子目

市政工程各子分部工程中又分为若干个分项工程。

每个分项工程中根据施工条件不同，又分为若干个子目。

每个子目有一个编号，编号由前后两组数字组成，表示为×－×××，前位数字为分部工程序号；后位数字为该分部工程中子目的序号。分部工程序号见表3-14。

表3-14　分部工程序号

分部工程序号	分部工程名称
1	通用项目
3	桥涵工程
4	隧道工程
5	给水工程
6	排水工程
7	燃气与集中供热工程
8	路灯工程

通用项目分部工程分有721个子目。

道路工程分部工程分有350个子目。
桥涵工程分部工程分有591个子目。
隧道工程分部工程分有544个子目。
给水工程分部工程分有444个子目。
排水工程分部工程分有1355个子目。
燃气与集中供热工程分部工程分有837个子目。
路灯工程分部工程分有552个子目。

第六节　地区市政工程预算定额

《地区市政工程预算定额》是指《××省（自治区、直辖市）市政工程预算定额》，适用于××省（自治区、直辖市）范围内编制市政工程预算。

鉴于《全国统一市政工程预算定额》中未列主要材料的单价，其材料费单价中也不含主要材料的单价，因此，在查取材料费单价时还要查取《地区建筑材料预算价格表》中主要材料的单价，加到材料费单价中，非常麻烦。而且，当时当地的工资水平、物价水平与《全国统一市政工程预算定额》中所列工日单价、材料单价等有所差异。因此，各省（自治区、直辖市）的定额管理部门，根据当时当地的具体情况，在《全国统一市政工程预算定额》的基础上，作了一些修改与补充，编制成《地区市政工程预算定额》，供当地编制市政工程预算时使用。

两本市政工程预算定额相比较，在总说明、分章说明、工程量计算规则、分部工程划分等方面是相同的，地区定额在分项子目定额表中的人工费单价、材料费单价有所调整。材料数量、机械台班数和机械台班单价仍用全国统一定额。根据当地特色，在分项子目上有所增加。

《地区市政工程预算定额》随《全国统一市政工程预算定额》的改编而重新修订，一般是每隔4年修订一次。

第四章　市政工程定额工程量计算

第一节　通用项目工程量计算

一、土石方工程

1. 人工挖土方

【工 作 内 容】 挖土、抛土、修整底边、边坡。

【工程量计算】 按不同土壤类别，以开挖土方的天然密实体积（自然方）计算。土壤及岩石分类表见附录一。

2. 人工挖沟、槽土方

【工 作 内 容】 挖土、装工或抛土于沟、槽边 1m 以外堆放，修整底边、边坡。

【工程量计算】 按不同土壤类别、沟槽深度，以开挖土方的天然密实体积计算。

3. 人工挖基坑土方

【工 作 内 容】 挖土、装土或抛土于坑边 1m 以外堆放，修整底边、边坡。

【工程量计算】 按不同土壤类别、基坑深度，以开挖土方的天然密实体积计算。

4. 人工清理土堤基础

【工 作 内 容】 挖除、检修土堤面废土层，清理场地，废土 30m 内运输。

【工程量计算】 按不同土堤基础厚度，以清理土堤基础的水平面积计算。

5. 人工挖土堤台阶

【工 作 内 容】 划线、挖土，将刨松土方抛至下方。

【工程量计算】 按不同土堤台阶横向坡度、土壤类别，以挖前的堤坡斜面积计算，运土另计。

6. 人工铺草皮

【工 作 内 容】 铺设拍紧、花格接槽、洒水、培土、场内运输。

【工程量计算】 按不同铺设表面，满铺或花格铺，以实际铺设的面积计算，花格铺草皮中的空格部分不扣除。

7. 人工装、运土方

【工 作 内 容】 装车，运土，卸土，清理道路，铺，拆走道板。

【工程量计算】 按不同运输车辆、运距，以装、运土方的天然密实体积计算。如装、运松土，则每 $1.3m^3$ 松土折合 $1.0m^3$ 实土计算。

运距应按装土重心至卸土重心最近距离计算。人工运土及人力车运土上坡坡度在 15% 以上，斜道运距按斜道长度乘以 5 计算。人工垂直运土，垂直深度每米折合水平运距 7m 计算。

8. 人工挖运淤泥、流砂

【工作内容】 挖淤泥、流砂，装、运、卸淤泥、流砂，1.5m内垂直运输。

【工程量计算】 人工挖淤泥、流砂工程量，按开挖淤泥、流砂的体积计算。

人工运淤泥、流砂工程量，按不同运距，以淤泥、流砂的体积计算。

9. 人工平整场地、填土夯实、原土夯实

【工作内容】 （1）场地平整：厚度300mm内的就地挖填、找平；

（2）松填土：5m内的就地取土，铺平；

（3）填土夯实：填土、夯土、运土、洒水；

（4）原土夯实，打夯。

【工程量计算】 平整场地工程量，按场地平整的面积计算。

松填土工程量，按松填后土的体积计算。

填土夯实工程量，按平地或槽坑，以夯实后土的体积计算。

原土夯实工程量，按平地或槽坑，以夯实土的面积计算。

10. 推土机推土

【工作内容】 推土、弃土、平整、空回；修理边坡；工作面内排水。

【工程量计算】 按不同推土机功率、推距、土壤类别，以推土的天然密实体积计算。如推松土，每1.3m^3松土折合1.0m^3实土计算。

推土机重车上坡坡度大于5%，斜道运距按斜道长度乘以如下系数：坡度5%～10%，系数为1.75；坡度15%以内，系数为2；坡度20%以内，系数为2.25；坡度25%以内，系数为2.5。

11. 铲运机铲运土方

【工作内容】 铲土、运土、卸土、空回；推土机配合助铲、整平；修理边坡；工作面内排水。

【工程量计算】 按不同铲运机形式，铲斗容量、运距、土壤类别，以铲运土的天然密实体积计算。

运距以挖土重心至弃土重心的最近距离计算。拖式铲运机（3m^3）加27m转向距离，其余形式铲运机加45m转向距离。

铲运机重车上坡坡度大于5%，斜道运距按斜道长度乘以系数，系数值同推土机上坡系数。

12. 挖掘机挖土

【工作内容】 挖土，将土堆放在一边或装车，清理机下余土；工作面内排水，清理边坡。

【工程量计算】 按不同挖掘机形式、斗容量、装车与否，土壤类别，以挖掘土的天然密实体积计算。

13. 装载机装松散土

【工作内容】 铲土装车、处理边坡、清理机下余土。

【工程量计算】 按不同装载机容量，以装载松散土的体积计算。

14. 装载机装运土方

【工作内容】 铲土、运土、卸土；修理边坡；人力清理机下余土。

【工程量计算】 按不同装载机斗容量、运距，以装载土的天然密实体积计算。

15. 自卸汽车运土

【工 作 内 容】 运土、卸土、场内道路洒水。

【工程量计算】 按不同自卸汽车载重量、运距，以运土的天然密实体积计算。

16. 抓铲挖掘机挖土、淤泥、流砂

【工 作 内 容】 挖土、淤泥、流砂，堆放一边或装车，清理机下余土。

【工程量计算】 按不同土壤类别、抓铲斗容量、装车与否、开挖深度，以挖土、淤泥、流砂的天然密实体积计算。

17. 机械平整场地、填土夯实、原土夯实

【工 作 内 容】 （1）平整场地：厚度在 ±30cm 内就地挖、填、找平，工作面内排水；

（2）原土碾压：平土、碾压，工作面内排水；

（3）填土碾压：回填、推平、碾压，工作面内排水；

（4）原土夯实：平土、夯土；

（5）填土夯实：摊铺、碎土、平土、夯土。

【工程量计算】 平整场地工程量，按不同平整机械，以场地平整的面积计算。

原土碾压工程量，按不同碾压机械，以原土碾压的面积计算。

填土碾压工程量，按不同碾压机械，以填土碾压的面积计算。

原土夯实工程量，按平地或槽坑，以原土夯实的面积计算。

填土夯实工程量，按平地或槽坑，以填土夯实的体积计算。

18. 人工凿石

【工 作 内 容】 凿石、基底检平、修理边坡、弃碴于 3m 以外，或槽边 1m 以外。

【工程量计算】 按不同岩石类别，以凿石的体积计算。

19. 人工打眼爆破石方

【工 作 内 容】 布孔、打眼、封堵孔口；爆破材料检查领运、安放爆破线路；炮孔检查清理，装药、堵塞、警戒及放炮、处理暗炮、危石、余料退库。

【工程量计算】 按不同爆破部位（平基、沟槽、基坑）、岩石类别，以爆破石方的体积计算。

20. 机械打眼爆破石方

【工 作 内 容】 布孔、打眼、封堵孔口；爆破材料检查领运、安放爆破线路；炮孔检查清理、装药、堵塞、警戒及放炮、处理暗炮、危石、余料退库。

【工程量计算】 按不同爆破部位（平基、沟槽、基坑）、岩石类别，以爆破石方的体积计算。

21. 液压岩石破碎机破碎岩石、混凝土与钢筋混凝土

【工 作 内 容】 装、拆合金钎头、破碎岩石、机械移动。

【工程量计算】 按不同岩石类别、混凝土或钢筋混凝土，以破碎前的岩石、混凝土、钢筋混凝土的体积计算。

22. 明挖石方运输

【工 作 内 容】 清理道路，装、运、卸。

【工程量计算】 按不同运输车辆、运距，以运输石方的体积计算。

23. 推土机推石碴

【工 作 内 容】 集碴、弃碴、平整。

【工程量计算】 按不同推碴运距，以推石碴的体积计算。

24. 挖掘机挖石碴

【工 作 内 容】 集碴、挖掘、装车、弃碴、平整；工作面内排水及场内道路维护。
【工程量计算】 按不同挖掘机斗容量、装车与否，以开挖石碴的体积计算。

25. 自卸汽车运石碴

【工 作 内 容】 运碴、卸碴；场内行驶道路洒水养护。
【工程量计算】 按不同自卸汽车载重量、运距，以运石碴的体积计算。

二、打拔工具桩

1. 竖、拆简易打拔桩架

【工 作 内 容】 准备工作，安、拆桩架及配套机具，打、拔缆风桩，铺走道板，埋、拆地垄。
【工程量计算】 均按其架次数计算。
竖、拆打拔桩架次数，按施工组织设计规定计算。如无规定时按打桩的进行方向：双排桩每100延长米、单排桩每200延长米计算一次，不足一次者均各计算一次。

2. 陆上卷扬机打拔圆木桩

【工 作 内 容】 准备工作，木桩制作，打桩，安拆夹木，打（拔）桩，桩架调面，移动，打拔缆风桩，埋、拆地垄，灌砂，清场整堆。
【工程量计算】 按不同桩长、土壤级别，以圆木桩的体积计算。
圆木桩体积应按其小头直径（检尺径）和桩长（检尺长）查《木材、立木材积速算表》得出。
打拔桩土壤级别表见附录二。

3. 陆上卷扬机打拔槽形钢板桩

【工 作 内 容】 准备工作，打桩，桩架调面，移动，打、拔缆风桩，拔桩，灌砂，埋、拆地垄，清场，整堆。
【工程量计算】 按不同桩长、土壤级别，以钢板桩的重量计算。

4. 陆上柴油打桩机打圆木桩

【工 作 内 容】 准备工作，木桩制作（加靴），打桩，桩架调面，移动，打、拔缆风桩，埋、拆地垄，清场，整堆。
【工程量计算】 按不同桩长、土壤级别，以圆木桩的体积计算。

5. 陆上柴油打桩机打槽形钢板桩

【工 作 内 容】 准备工作，打桩，桩架调面，移动，打、拔缆风桩，埋、拆地垄，清场，整堆。
【工程量计算】 按不同桩长、土壤级别，以钢板桩的重量计算。

6. 水上卷扬机打拔圆木桩

【工 作 内 容】 准备工作，木桩制作，打桩，船排固定、移动，拔桩，清场，整堆。
【工程量计算】 按不同桩长，土壤级别，以圆木桩的体积计算。

7. 水上卷扬机打拔槽形钢板桩

【工 作 内 容】 准备工作，打桩，船排固定、移动，拔桩，清场，整堆。
【工程量计算】 按不同桩长、土壤级别，以钢板桩的重量计算。

8. 水上柴油打桩机打圆木桩

【工 作 内 容】 准备工作，木桩制作（加靴），船排固定、移动，打桩，清场，整堆。

【工程量计算】 按不同桩长、土壤级别，以圆木桩的体积计算。

9. 水上柴油打桩机打槽形钢板桩

【工 作 内 容】 准备工作，船排固定、移动，打桩，清场，整堆。

【工程量计算】 按不同桩长、土壤级别，以钢板桩的重量计算。

三、围堰工程

1. 土草围堰

【工 作 内 容】 清理基底，50m 范围内的取、装、运土，草袋装土、封包运输，堆筑、填土夯实，拆除清理。

【工程量计算】 均按其体积计算。

围堰体积按围堰施工断面积乘以围堰中心线长度计算。

2. 土石混合围堰

【工 作 内 容】 （1）过水土石围堰：清理基底，50m 内取土，块石抛填，浇捣溢流面混凝土。

（2）不过水土石围堰：清理基层，50m 内取土，块石抛填，平砌、堆筑、拆除清理。

【工程量计算】 过水土石围堰、不过水土石围堰工程量，均按土石围堰的体积计算。

3. 圆木桩围堰

【工 作 内 容】 安挡土篱笆，挂草帘、铁丝固定木桩，50m 内取土、夯填、拆除清理。

【工程量计算】 按不同圆木桩围堰高度，以圆木桩围堰中心线长度计算。

4. 钢桩围堰

【工 作 内 容】 安挡土篱笆、挂草帘、铁丝固定、50m 内取土、夯填、拆除清理。

【工程量计算】 按不同钢桩围堰高度，以钢桩围堰中心线长度计算。

5. 钢板桩围堰

【工 作 内 容】 50m 以内取土，夯填，压草袋，拆除清理。

【工程量计算】 按不同钢板桩围堰高度，以钢板桩围堰中心线长度计算。

6. 双层竹笼围堰

【工 作 内 容】 选料，破竹，编竹笼，笼内填石，安放，笼间填筑，50m 内取土，夯填，拆除清理。

【工程量计算】 按不同竹笼围堰高度，以竹笼围堰中心线长度计算。

7. 筑岛填心

【工 作 内 容】 50m 内取土运砂，填筑，夯实，拆除清理。

【工程量计算】 按不同填筑材料、夯填或松填，以填筑材料的体积计算。

筑岛填心是指围堰围成的区域内填土、砂或砂砾石。

四、支撑工程

1. 木挡土板

【工 作 内 容】 制作，运输，安装，拆除，堆放指定地点。
【工程量计算】 按不同支撑材料、挡土板疏密，以木挡土板的面积计算。

2. 竹挡土板

【工 作 内 容】 制作，运输，安装，拆除，堆放指定地点。
【工程量计算】 按不同支撑材料、挡土板疏密，以竹挡土板的面积计算。

3. 钢制挡土板

【工 作 内 容】 运输，安装，拆除，堆放指定地点。
【工程量计算】 按不同支撑材料、挡土板疏密，以钢制挡土板的面积计算。

4. 钢制挡土板支撑安拆

【工 作 内 容】 制作，运输，安装，拆除，堆放指定地点。
【工程量计算】 按不同支撑材料，以钢制挡土板的面积计算。

五、拆除工程

1. 拆除旧路

【工 作 内 容】 拆除，清底，运输，旧料清理成堆。
【工程量计算】 拆除沥青类路面层工程量，按不同拆除方法，路面层厚度，以拆除沥青类路面层的面积计算。

人工拆除混凝土类路面层工程量，按不同路面层厚度、有无钢筋，以拆除混凝土类路面层的面积计算。

机械拆除混凝土类路面层工程量，按不同路面层厚度、有无钢筋，以拆除混凝土类路面层的面积计算。

人工拆除基层或面层工程量，按不同基层或面层材料，基层或面层厚度，以拆除基层或面层的面积计算。

2. 拆除人行道

【工 作 内 容】 拆除，清底，运输，旧料清理成堆。
【工程量计算】 按不同人行道材料、现浇混凝土面层厚度、砖面层铺砌形式，以拆除人行道的面积计算。

3. 拆除侧缘石

【工 作 内 容】 刨出，刮净，运输，旧料清理成堆。
【工程量计算】 按不同侧缘石的材料，以拆除侧缘石的长度计算。

4. 拆除混凝土管道

【工 作 内 容】 平整场地，清理工作坑，剔口，吊管，清理管腔污泥，旧料就近堆放。
【工程量计算】 按不同管径，以拆除管道的长度计算。

5. 拆除金属管道

【工 作 内 容】 平整场地，清理工作坑，安拆导链，剔口，吊管，清理管腔污泥，旧料就近堆放。
【工程量计算】 按不同拆除方法、管径，以拆除金属管道的长度计算。

6. 镀锌管拆除

【工 作 内 容】 锯管，拆管，清理，堆放。

【工程量计算】 按不同镀锌管公称直径，以拆除镀锌管的长度计算。

7. 拆除砖石构筑物

【工 作 内 容】 (1) 检查井：拆除井体、管口，旧料清理成堆；
(2) 构筑物：拆除，旧料清理成堆。

【工程量计算】 拆除砖砌检查井工程量，按不同检查井深度，以拆除检查井的实际体积计算。
拆除砖砌其他构筑物工程量，按拆除砖砌构筑物的实际体积计算。

8. 拆除混凝土障碍物

【工 作 内 容】 拆除、运输、旧料堆放整齐。

【工程量计算】 按不同拆除方法、有无钢筋，以拆除混凝土障碍物的实际体积计算。

9. 伐树、挖树蔸

【工 作 内 容】 锯倒，砍枝，截断，刨挖，清理异物，就近堆放整齐。

【工程量计算】 均按离地面 20cm 处树干直径，以伐树、挖树蔸的棵数计算。

10. 路面凿毛

【工 作 内 容】 凿毛，清扫废碴。

【工程量计算】 按不同路面材料、凿毛方法，以路面凿毛的面积计算。

11. 路面铣刨机铣刨沥青路面

【工 作 内 容】 铣刨沥青路面，清扫废碴。

【工程量计算】 按铣刨沥青路面的面积计算。

六、脚手架及其他工程

1. 脚手架

【工 作 内 容】 清理场地，搭脚手架，挂安全网，拆除，堆放，材料场内运输。

【工程量计算】 按不同脚手架材料、脚手架排数、脚手架高度，以脚手架的垂直投影面积计算。
砌墙用脚手架的垂直投影面积按墙面水平边线长度乘以墙体砌筑高度计算。
砌柱用脚手架的垂直投影面积按柱结构外围周长另加 3.6m 乘以柱体砌筑高度计算。

2. 浇混凝土用仓面脚手

【工 作 内 容】 清理场地，搭脚手架，挂安全网，拆除，堆放，材料场内运输。

【工程量计算】 按仓面的水平投影面积计算。

3. 人力运输小型构件

【工 作 内 容】 装运、卸料、搭拆道板。

【工程量计算】 按不同运输车辆、运距，以运输小型构件的体积计算。

4. 汽车运输小型构件

【工 作 内 容】 装、运输、卸。

【工程量计算】 按不同装卸方法、运距，以运输小型构件的体积计算。

5. 汽车运水

【工 作 内 容】 灌水、运水、(洒) 放水。

【工程量计算】 按不同运距，以运水的重量计算。

6. 双轮车场内运成型钢筋及水泥混凝土

【工 作 内 容】 装、运、卸，分类堆放，搭拆道板。

【工程量计算】 双轮车场内运成型钢筋工程量，按不同运距，以运成型钢筋的重量计算。
双轮车场内运水泥混凝土、沥青混凝土工程量，均按不同运距，以运混凝土的体积计算。

7. 机动翻斗车运输混凝土

【工 作 内 容】 机装、自卸、运输。

【工程量计算】 机动翻斗车运水泥混凝土、沥青混凝土工程量，均按不同运距，以运混凝土的体积计算。

8. 井点降水

（1）轻型井点

【工 作 内 容】 ①安装：井管装配，地面试管，铺总管，装拆水泵，钻机安拆，钻孔沉管，灌砂封口，连接，试抽；
②拆除：拔管，拆管，灌砂，清洗整理，堆放；
③使用：抽水，井管堵漏。轻型井点安装、拆除工程量，均按轻型井点井管的根数计算。

【工程量计算】 轻型井点使用工程量，按井管使用的根天数计算。

（2）喷射井点

【工 作 内 容】 同轻型井点的工作内容。

【工程量计算】 喷射井点安装、拆除工程量，均按不同井管深度，以喷射井点井管的根数计算。
喷射井点使用工程量，按不同井管深度，以井管使用的根天数计算。

（3）大口径井点（15m 深）

【工 作 内 容】 ①安装：井管装配，地面试管，铺总管，装水泵水箱，钻孔成管，清孔，卸 ϕ400 滤水钢管，定位，安装滤水钢管，外壁灌砂，封口，连接，试抽；
②拆除：拔管，拆管，灌砂，清洗整理，堆放；
③使用：抽水，值班，井管堵漏。

【工程量计算】 大口径井点（15m 深）安装、拆除工程量，均按大口径井点井管的根数计算。
大口径井点（15m 深）使用工程量，按井管使用的根天数计算。

（4）大口径井点（25m 深）

【工 作 内 容】 同大口径井点（15m 深）的工作内容。

【工程量计算】 大口径井点（25m 深）安装、拆除工程量，均按大口径井点井管的根数计算。
大口径井点（25m 深）使用工程量，按井管使用的根天数计算。

9. 纤维布施工护栏（高 2.5m）

【工 作 内 容】 材料运输，安装，拆除。

【工程量计算】 按施工护栏的长度计算。

10. 玻璃钢施工护栏

【工 作 内 容】 ①封闭式护栏：平整场地，现浇混凝土或砌砖、抹灰，立杆制作，安装，玻璃钢安装，材料运输，拆除；

②移动式护栏：护栏制作、安装、移动。

【工程量计算】 封闭式护栏工程量，按不同基础材料，以护栏的长度计算。

移动或护栏工程量，按护栏使用天数计算。

七、护坡、挡土墙

1. 砂石滤层、滤沟

【工 作 内 容】 挖沟，清沟，配料，堆筑，铺设，场内材料运输。

【工程量计算】 砂石滤沟工程量，按不同滤沟断面积，以砂石滤沟的体积计算。

砂滤层、砂石滤层工程量，按不同滤层厚度，以砂滤层、砂石滤层的体积计算。

2. 砌护坡、台阶

【工 作 内 容】 选修石料，砌筑，养护，材料场内运输。

【工程量计算】 干砌块石护坡工程量，按不同护坡厚度、灌浆与否，以块石护坡的体积计算。

浆砌块石护坡工程量，按不同护坡厚度，以块石护坡的体积计算。

浆砌预制块护坡工程量，按有无底浆，以预制块护坡的体积计算。

浆砌块石锥型坡、干砌块石锥型坡、浆砌块石台阶、浆砌料石台阶、浆砌预制块台阶工程量，均按锥型板、台阶的实砌体积计算。

3. 压顶

【工 作 内 容】 调制砂浆，砌筑，制作，安拆模板，灌捣混凝土，养护，场内材料运输。

【工程量计算】 浆砌料石、浆砌预制块、现浇混凝土压顶工程量，均按其压顶体积计算。

现浇混凝土模板工程量，按模板与混凝土接触面积计算。

4. 挡土墙

【工 作 内 容】 选修石料，砌筑，安拆模板，灌捣混凝土，养护，材料场内运输。

【工程量计算】 浆砌块石、浆砌预制块、现浇混凝土挡土墙工程量，均按其挡土墙实际体积计算。

现浇混凝土模板工程量，按模板与混凝土接触面积计算。

5. 勾缝

【工 作 内 容】 调制砂浆，清扫石面，勾缝，养护，场内材料运输。

【工程量计算】 按不同勾缝面材料，勾缝形式，以勾缝的面积计算。

第二节　道路工程量计算

一、路床（槽）整形

1. 路床（槽）整形

【工 作 内 容】 （1）路床、人行道整形碾压：放样，挖高填低，推土机整平、找平、碾压，检验，人工配合处理机械碾压不到之处；

（2）土边沟成形：人工挖边沟土，培整边坡，整平沟底，余土弃运。

【工程量计算】 路床碾压检验工程量，按路床碾压检验的面积计算。
人行道整形碾压工程量，按人行道整形碾压的面积计算。
土边沟成型工程量，按土边沟成型的体积计算。

2. 路基盲沟

【工 作 内 容】 放样，挖土，运料，填充夯实，弃土外运。

【工程量计算】 砂石盲沟工程量，按不同盲沟断面尺寸，以砂石盲沟的长度计算。
滤管盲沟工程量，按滤管盲沟的长度计算。

3. 弹软土基处理

（1）掺石灰、改换炉渣、片石

【工 作 内 容】 ①人工操作：放样，挖土，掺料改换，整平，分层夯实，找平，清理杂物；
②机械操作：放样，机械挖土，掺料，推拌，分层排压，找平，碾压，清理杂物。

【工程量计算】 按不同操作方法、含灰量、改换材料，以改换的体积计算。

（2）石灰砂桩

【工 作 内 容】 放样，挖孔，填料，夯实，清理余土至路边。

【工程量计算】 按不同石灰砂桩直径，以石灰砂桩的体积计算。

（3）塑板桩

【工 作 内 容】 ①带门架：轨道铺拆、定位，穿塑料排水板，安装桩靴，打拢钢管，剪断排木板，门架、桩机移位；
②不带门架：定位，穿塑料排水板，安装桩靴，打拔钢管，剪断排水板，起重机、桩机移位。

【工程量计算】 按带否门架，以塑板桩的长度计算。

（4）粉喷桩

【工 作 内 容】 钻机就位，钻孔桩，加粉，喷粉，复搅。

【工程量计算】 按每米水泥掺量，以粉喷桩的体积计算。

（5）土工布

【工 作 内 容】 清理整平路基，挖填锚固沟，铺设土工布，缝合及锚固土工布。

【工程量计算】 按不同地基土种类，以土工布铺设的面积计算。

（6）抛石挤淤

【工 作 内 容】 人工装石，机械运输，人工抛石。

【工程量计算】 按抛石的体积计算。

（7）水泥稳定土、机械翻晒

【工 作 内 容】 ①水泥稳定土：放样，运水泥，上料，人工摊铺土方（水泥），拌合，找平，碾压，人工拌合处理碾压不到之处；
②机械翻晒：放样，机械带铧犁翻拌晾晒、排压。

【工程量计算】 水泥稳定土工程量，按不同拌合方法、水泥稳定土的厚度，以水泥稳定土的面积计算。
机械翻晒工程量，按翻晒的面积计算。

4. 砂底层

【工 作 内 容】 放样，取料，运料，摊铺，洒水，找平，碾压。

【工程量计算】 按不同砂底层厚度，以砂底层的面积计算。

5. 铺筑垫层料

【工 作 内 容】 放样，取料，运料，摊铺，找平。

【工程量计算】 按不同垫层材料、垫层厚度，以铺筑垫层的面积计算。

二、道路基层

1. 石灰土基层

（1）人工拌合

【工 作 内 容】 放样，清理路床，人工运料，上料，铺石灰、焖水，配料拌合，找平，碾压，人工处理碾压不到之处，清除杂物。

【工程量计算】 按不同基层厚度、含灰量，以石灰土基层的面积计算。

（2）拖拉机拌合（带犁耙）

【工 作 内 容】 放样，清理路床，运料，上料，机械平整土方，铺石灰，焖水，拌合，排压，找平，碾压，人工拌合处理碾压不到之处，清除杂物。

【工程量计算】 按不同基层厚度、含灰量，以石灰土基层的面积计算。

（3）拖拉机原槽拌合（带犁耙）

【工 作 内 容】 放样，清理路床，运料，上料，机械整平土方，铺石灰，拌合，排压，找平，碾压，人工拌合处理碾压不到之处，清除杂物。

【工程量计算】 基层工程量，按不同原槽厚度、含灰量，以原槽的面积计算。

（4）拌合机拌合

【工 作 内 容】 放样，清理路床，运料，上料，机械整平土方，铺石灰，焖水，拌合机拌合，排压，找平，碾压，人工拌合处理碾压不到之处，清除杂物。

【工程量计算】 按不同基层厚度、含灰量，以石灰土基层的面积计算。

（5）厂拌人铺

【工 作 内 容】 放线，清理路床，运料，上料，摊铺洒水，配合压路机碾压，初期养护。

【工程量计算】 按不同基层厚度，以石灰土基层的面积计算。

2. 石灰炉渣土基层

（1）人工拌合

【工 作 内 容】 放样，清理路床，运料，上料，铺石灰，焖水，配料拌合，找平，碾压，人工处理碾压不到之处，清除杂物。

【工程量计算】 按不同配合比、基层厚度，以石灰炉渣土基层的面积计算。

（2）拖拉机拌合（带犁耙）

【工 作 内 容】 放样，清理路床，运料，上料，机械整平土方，铺石灰，焖水，拌合，排压，找平，碾压，人工拌合处理碾压不到之处，清除杂物。

【工程量计算】 按不同配合比、基层厚度，以石灰炉渣土基层的面积计算；

（3）拌合机拌合

【工 作 内 容】 放样，清理路床，运料，上料，机械平整土方，铺石灰，焖水，拌合机拌合，排压，找平，碾压，人工拌合处理碾压不到之处，清除杂物。

【工程量计算】 按不同配合比，基层厚度，以石灰炉渣土基层的面积计算。

3. 石灰粉煤灰土基层

（1）人工拌合

【工 作 内 容】 放样，清理路床，运料，上料，铺石灰，焖水，配料拌合，排压，找平，碾压，人工处理碾压不到之处，清除杂物。

【工程量计算】 按不同配合比，基层厚度，以石灰粉煤灰土基层的面积计算。

（2）拖拉机拌合（带犁耙）

【工 作 内 容】 放样，清理路床，运料，上料，机械整平土方（粉煤灰），铺石灰，焖水，拌合，排压，找平，碾压，人工拌合处理碾压不到之处，清除杂物。

【工程量计算】 按不同基层厚度，以石灰粉煤灰土基层的面积计算。

（3）拌合机拌合

【工 作 内 容】 放样，清理路床，运料，上料，机械整平土方（粉煤灰），铺石灰，焖水，拌合机拌合，排压，找平，碾压，人工拌合处理碾压不到之处，清除杂物。

【工程量计算】 按不同配合比、基层厚度，以石灰粉煤灰土基层的面积计算。

（4）厂拌人铺

【工 作 内 容】 放线，清理路床，运料，上料，摊铺洒水，配合压路机碾压，初期养护。

【工程量计算】 按不同基层厚度，以石灰粉煤灰土基层的面积计算。

4. 石灰炉渣基层

（1）人工拌合

【工 作 内 容】 放样，运料，上料，铺石灰，焖水，配料拌合，找平，碾压，人工处理碾压不到之处，清除杂物。

【工程量计算】 按不同配合比、基层厚度，以石灰炉渣基层的面积计算。

（2）拖拉机拌合（带犁耙）

【工 作 内 容】 放样，运料，上料，机械整平土方（炉渣），铺石灰，焖水，拌合，排压，找平，碾压，人工拌合处理碾压不到之处，清除杂物。

【工程量计算】 按不同配合比、基层厚度，以石灰炉渣基层的面积计算。

（3）拌合机拌合

【工 作 内 容】 放样，运料，上料，机械整平土方（炉渣），铺石灰，焖水，拌合机拌合，排压，找平，碾压，人工拌合处理碾压不到之处，清除杂物。

【工程量计算】 按不同配合比、基层厚度，以石灰炉渣基层的面积计算。

5. 石灰粉煤灰碎石基层（拌合机拌合）

【工 作 内 容】 放线，运料，上料，铺石灰，焖水，拌合机拌合，找平，碾压，人工拌合处理碾压不到之处，清除杂物。

【工程量计算】 按不同基层厚度，以石灰粉煤灰碎石基层的面积计算。

6. 石灰粉煤灰砂砾基层（拖拉机拌合带犁耙）

【工 作 内 容】 放线，运料，上料，铺石灰，焖水，拌合，找平，碾压，人工拌合处理碾压不到之处，清除杂物。

【工程量计算】 按不同基层厚度，以石灰粉煤灰砂砾基层的面积计算。

7. 石灰土碎石基层

【工 作 内 容】 (1) 机拌：放线，运料，上料，铺石灰，焖水，拌合机拌合，找平，碾压，人工拌合处理碾压不到之处，清理杂物；

(2) 厂拌：放线，运料，上料，配合压路机碾压，初期养护。

【工程量计算】 均按不同基层厚度，以石灰土碎石基层的面积计算。

8. 路拌粉煤灰三渣基层

【工 作 内 容】 放线，运料，上料，摊铺，焖水，拌合机拌合，找平，碾压，二层铺筑时下层扎毛，养护，清理杂物。

【工程量计算】 按不同基层厚度，以粉煤灰三渣基层的面积计算。

9. 厂拌粉煤灰三渣基层

【工 作 内 容】 放样，清理路床，运料，上料，摊铺，焖水，找平，碾压，二层铺筑时下层扎毛，养护。

【工程量计算】 按不同基层厚度，以粉煤灰三渣基层的面积计算。

10. 顶层多合土养生

【工 作 内 容】 抽水，运水，安拆抽水机胶管、洒水养护。

【工程量计算】 按不同洒水方法，以顶层多合土养生的面积计算。

11. 砂砾石底层（天然级配）

【工 作 内 容】 放样，清理路床，取料，运料，上料，摊铺，找平，碾压。

【工程量计算】 按不同底层厚度，以砂砾石底层的面积计算。

12. 卵石底层

【工 作 内 容】 放样，清理路床，取料，上料，摊铺，找平，碾压。

【工程量计算】 按不同铺装方法、底层厚度，以卵石底层的面积计算。

13. 碎石底层

【工 作 内 容】 放样，清理路床，取料，运料，上料，摊铺，灌缝，找平，碾压。

【工程量计算】 按不同铺装方法、底层厚度，以碎石底层的面积计算。

14. 块石底层

【工 作 内 容】 放样，清理路床，取料，运料，上料，摊铺，灌缝，找平，碾压。

【工程量计算】 按不同底层厚度，以块石底层的面积计算。

15. 炉渣底层

【工 作 内 容】 放线，清理路床，取料，运料，上料，摊铺，找平，洒水，碾压。

【工程量计算】 按不同铺装方法、底层厚度，以炉渣底层的面积计算。

16. 矿渣底层

【工 作 内 容】 放样，清理路床，取料，运料，上料，摊铺，找平，洒水，碾压。

【工程量计算】 按不同铺装方法、底层厚度，以矿渣底层的面积计算。

17. 山皮石底层

【工 作 内 容】 放线，清理路床，取料，运料，上料，摊铺，找平，洒水，碾压。

【工程量计算】 按不同铺装方法、底层厚度，以山皮石底层的面积计算。

18. 沥青稳定碎石

【工 作 内 容】 放样，清扫路基，人工摊铺，洒水，喷洒机喷油，嵌缝，碾压，侧缘石保护，清理。

【工程量计算】 按不同摊铺撒料的厚度，以摊铺撒料的面积计算。

三、道路面层

1. 简易路面（磨耗层）

【工 作 内 容】 放样，运料，拌合，摊铺，找平，洒水，碾压。

【工程量计算】 按不同磨耗层材料，以路面的面积计算。

2. 沥青表面处治

【工 作 内 容】 清扫路基，运料，分层撒料，洒油，找平，接茬，防治。

【工程量计算】 按不同喷油、撒料方法、喷撒层数，以沥青表面处治的面积计算。

3. 沥青贯入式路面

【工 作 内 容】 清扫整理下承层，安拆熬油设备，熬油，运油，沥青喷洒机洒油，铺洒主层骨料及嵌缝料，整形，碾压，找补，初期养护。

【工程量计算】 按不同路面厚度，以沥青贯入式路面的面积计算。

4. 喷洒沥青油料

【工 作 内 容】 清扫路基，运油，加热，洒布机喷油，移动挡板（或遮盖物），保护侧缘石。

【工程量计算】 按不同沥青品种、喷油量（kg/m^2），以喷洒沥青油料的面积计算。

5. 黑色碎石路面

【工 作 内 容】 清扫路基，整修侧缘石，测温，摊铺，接茬，找平，点补，夯边，撒垫料，碾压，清理。

【工程量计算】 按不同摊铺方法、路面厚度，以黑色碎石路面的面积计算。

6. 粗粒式沥青混凝土路面

【工 作 内 容】 清扫路基，整修侧缘石，测温，摊铺，接茬，找平，点补，撒垫料，清理。

【工程量计算】 按不同摊铺方法、路面厚度，以沥青混凝土路面的面积计算。

7. 中粒式沥青混凝土路面

【工 作 内 容】 同粗粒式沥青混凝土路面。

【工程量计算】 同粗粒式沥青混凝土路面。

8. 细粒式沥青混凝土路面

【工 作 内 容】 同粗粒式沥青混凝土路面。

【工程量计算】 同粗粒式沥青混凝土路面。

9. 水泥混凝土路面

【工 作 内 容】 放样，模板制作，安拆，模板刷油，混凝土纵缝涂沥青油，拌合，浇筑，捣固，抹光或拉毛。

【工程量计算】 按不同路面厚度，以水泥混凝土路面的面积计算。

10. 伸缩缝

【工 作 内 容】 （1）切缝：放样，缝板制作，备料，熬制沥青，浸泡木板，拌合，嵌缝，烫平缝面；

（2）PG 道路嵌缝胶：清理缝道，嵌入泡沫背衬带，配制搅拌 PG 胶，上料灌缝。

【工程量计算】 人工切缝工程量，按不同塞缝材料、伸缝或缩缝，以伸缩缝的断面积计算，即设计缝宽乘以设计缝厚。

锯缝机锯缝工程量，按锯缝的长度计算。

PG 道路嵌缝胶嵌缝工程量，按嵌缝的长度计算。

11. 水泥混凝土路面养生

【工 作 内 容】 铺盖草袋，铺撒锯末，涂塑料液，铺塑料膜，养生。

【工程量计算】 按不同养生铺盖材料，以水泥混凝土路面养生的面积计算。

12. 水泥混凝土路面钢筋

【工 作 内 容】 钢筋除锈，安装传力杆、拉杆边缘钢筋、角隅加固钢筋、钢筋网。

【工程量计算】 按不同钢筋（构造筋、钢筋网），以钢筋的重量计算。

四、人行道侧缘石及其他

1. 人行道板安装

【工 作 内 容】 放样，运料，配料拌合，找平，夯实，安砌，灌缝，扫缝。

【工程量计算】 按不同垫层材料、人行道板规格，以人行道板安装的面积计算。

2. 异型彩色花砖安装

【工 作 内 容】 放样，运料，配料拌合，扒平，夯实，安砌，灌缝，扫缝。

【工程量计算】 按不同砖型、砌筑砂浆品种，以彩色花砖安装的面积计算。

3. 侧缘石垫层

【工 作 内 容】 运料，备料，拌合，摊铺，找平，洒水，夯实。

【工程量计算】 按不同垫层材料，以垫层的面积计算。

4. 侧缘石安砌

【工 作 内 容】 放样，开槽，运料，调配砂浆，安砌，勾缝，养护，清理。

【工程量计算】 按不同侧缘石材质、砖缘石铺砌方式，以侧缘石安砌长度计算。

5. 侧平石安砌

【工 作 内 容】 放样，开槽，运料，调配砂浆，安砌，勾缝，养护。

【工程量计算】 按不同形式、勾缝与否，以侧平石安砌的长度计算。

6. 砌筑树池

【工 作 内 容】 放样，开槽，配料，运料，安砌，灌缝，找平，夯实，清理。

【工程量计算】 按不同砌筑块材，以块材砌筑的，长度计算。

7. 消解石灰

【工 作 内 容】 集中消解石灰，人机配合；小堆沿线消解，人工闷翻。

【工程量计算】 集中消解石灰、小堆沿线消解石灰工程量，均按消解石灰的重量计算。

第三节　桥涵工程量计算

一、打桩工程

1. 打基础圆木桩

【工 作 内 容】 制桩，安桩箍；送桩；移动桩架；安拆桩帽；吊桩，定位，校正，打桩，送桩；打拔缆风桩，松紧缆风绳；锯桩顶等。

【工程量计算】 按不同打桩机、打桩机所在位置（陆上、支架上、船上），以圆木桩的体积计算。

2. 打木板桩

【工作内容】 木板桩制作；运桩；移动桩架；安拆桩架；安拆桩帽；打拔导桩，安拆夹桩木；吊桩，定位，校正，打桩，送桩；打拔缆风桩，松紧缆风绳等。

【工程量计算】 按不同打桩机、打桩机所在位置，以木板桩的体积计算。

木板桩体积按板桩长度（包括桩尖长度）乘以板桩横断面面积计算。

3. 打钢筋混凝土方桩

【工作内容】 准备工作；捆桩，吊桩，就位，打桩，校正；移动桩架；安置或更换衬垫；添加润滑油、燃料；测量，记录等。

【工程量计算】 按不同桩长、桩横断面积、打桩机所在位置，以钢筋混凝土方桩的体积计算。

钢筋混凝土方桩体积按方桩长度（包括桩尖长度）乘以方桩横断面面积计算。

4. 打钢筋混凝土板桩

【工作内容】 准备工作；打拔导桩；安拆导向夹桩；移动桩架；捆桩，吊桩，就位，打桩，校正；安置或更换衬垫；添加润滑油、燃料；测量，记录等。

【工程量计算】 按不同桩长、打桩机所在位置，以钢筋混凝土板桩的体积计算。

钢筋混凝土板桩体积按板桩长度（包括桩尖长度）乘以板桩横断面面积计算。

5. 打钢筋混凝土管桩

【工作内容】 准备工作；安拆桩帽；捆桩，吊桩，就位，打桩，校正；移动桩架；安置或更换衬垫；添加润滑油、燃料；测量，记录等。

【工程量计算】 按不同桩长、管桩外直径、打桩机所在位置，以钢筋混凝土桩的实体积计算。

钢筋混凝土管桩实体积，按管桩长度（包括桩尖长度）乘以管桩外圆横断面面积，减去管桩空心部分体积计算。

6. 打钢管桩

【工作内容】 桩架场地平整；堆放；配合打桩；打桩。

【工程量计算】 按不同桩长、管径，以钢管桩的重量计算。

7. 接桩

【工作内容】 （1）浆锚接桩：对接，校正，安装夹箍及拆除，熬制及灌注硫磺胶泥；

（2）焊接桩：对接，校正，垫铁片，安角铁，焊接；

（3）法兰接桩：上下对接，校正，垫铁片，上螺栓，绞紧，焊接；

（4）钢管桩、钢筋混凝土管桩电焊接桩：准备工具，磨焊接头，上、下节桩对接，焊接。

【工程量计算】 浆锚接桩、焊接桩、法兰接桩工程量，均按接桩的个数计算。

钢管桩电焊接桩、钢筋混凝土管桩电焊接桩工程量，均按不同桩外径，以电焊接桩的个数计算。

8. 送桩

【工 作 内 容】 准备工作；安装、拆除送桩帽、送桩杆；打送桩；安置或更换衬垫；添加润滑油、燃料；测量，记录；移动桩架等。

【工程量计算】 按不同送桩横断面面积，打桩机所在位置，以送桩实际体积计算。

陆上打桩时，以原地面平均标高增加1m为界线，界线以下至设计桩顶标高之间的打桩实际体积为送桩工程量。

支架上打桩时，以当地施工期间的最高潮水位增加0.5m为界线，界线以下至设计桩顶标高之间的打桩实际体积为送桩工程量。

船上打桩时，以当地施工期间的平均水位增加1m为界线，界线以下至设计桩顶标高之间的打桩实际体积为送桩工程量。

9. 钢管桩内切割

【工 作 内 容】 准备机具；测定标高；钢管桩内排水；内切割钢管；截除钢管，就地安放。

【工程量计算】 按不同钢管桩外径，以切割钢管桩的根数计算。

10. 钢管桩精制盖帽

【工 作 内 容】 准备机具；测定标高划线，整圆；排水；精割；清泥；除锈；安放及焊接盖帽。

【工程量计算】 按不同钢管桩外径，以精割盖帽的个数计算。

11. 钢管桩管内钻孔取土

【工 作 内 容】 准备钻孔机具；钻机就位；钻孔取土；土方现场150m运输。

【工程量计算】 按取土的体积计算。

12. 钢管桩填心

【工 作 内 容】 冲洗管桩内心；排水；混凝土填心。

【工程量计算】 按填入钢管桩内的混凝土体积计算。

二、钻孔灌注桩工程

1. 埋设钢护筒

【工 作 内 容】 准备工作；挖土；吊装，就位，埋设，接护筒；定位下沉；还土，夯实；材料运输；拆除；清洗堆放等。

【工程量计算】 按不同钢护筒直径、起重机（打拔桩机）所在位置，以埋设钢护筒的长度计算。

2. 人工挖桩孔

【工 作 内 容】 人工挖土，装土，清理；小量排水；护壁安装；卷扬机吊运土等。

【工程量计算】 按不同土壤类别，以挖桩孔的体积计算。桩孔体积按护壁外缘包围的面积乘以桩孔深度计算。

安装混凝土护壁工程量，按混凝土护壁的体积计算。

3. 回旋钻机钻孔

【工 作 内 容】 准备工作；装拆钻架，就位，移动；钻进，提钻，出碴，清孔；测量孔径、孔深等。

【工程量计算】 按不同钻孔直径、钻孔深度、土壤类别，以钻孔的长度计算。

4. 冲击式钻机钻孔

【工 作 内 容】 准备工作；装拆钻架，就位，移动；钻进，提钻，出碴，清孔；测量孔径、孔深等。

【工程量计算】 按不同钻孔直径、钻孔深度、土壤（岩石）类别，以钻孔的长度计算。

5. 卷扬机带冲抓锥冲孔

【工 作 内 容】 装、拆、移钻架，安卷扬机，串钢丝绳；准备抓具，冲抓，提钻，出碴，清孔等。

【工程量计算】 按不同冲孔深度、土壤类别，以冲孔的长度计算。

6. 泥浆制作

【工 作 内 容】 搭、拆溜槽和工作平台；拌合泥浆；倒运护壁泥浆等。

【工程量计算】 按制作成的泥浆体积计算。

7. 灌注桩混凝土

【工 作 内 容】 安装、拆除导管、漏斗；混凝土配制、拌合、浇捣；材料运输等。

【工程量计算】 按不同钻孔方法，以灌注桩混凝土的体积计算。

灌注桩混凝土体积按灌注桩长乘以桩设计横断面面积计算。

水下混凝土体积应按桩长加 1m 乘以桩横断面面积计算。

三、砌筑工程

1. 浆砌块石

【工 作 内 容】 放样；安拆样架、样桩；选修，冲洗石料；配拌砂浆；砌筑；湿治养生等。

【工程量计算】 按不同砌筑部位，以浆砌块石的体积计算。

2. 浆砌料石

【工 作 内 容】 放样；安拆样架、样桩；选修，冲洗石料；配拌砂浆；砌筑；湿治养生等。

【工程量计算】 按不同砌筑部位，以浆砌料石的体积计算。

3. 浆砌混凝土预制块

【工 作 内 容】 放样；安拆样架；样桩；选修预制块；配拌砂浆；砌筑；湿治养生等。

【工程量计算】 按不同砌筑部位，以浆砌混凝土预制块的体积计算。

4. 砖砌体

【工 作 内 容】 放样；安拆样架；样桩；浸砖；配拌砂浆；砌砖；湿治养生等。

【工程量计算】 按不同砌筑部位，以砖砌体的体积计算。

5. 拱圈底模

【工 作 内 容】 拱圈底模制作、安装、拆除。

【工程量计算】 按模板与砌体的接触面积计算。

四、钢筋工程

1. 钢筋制作、安装

【工 作 内 容】 钢筋解捆、除锈；调直、下料、弯曲；焊接、除碴；绑扎成型；运输入模。

【工程量计算】 按不同钢筋直径、预制或现浇混凝土，以钢筋的重量计算。

钻孔桩钢筋笼工程量，按钢筋笼的重量计算。

2. 铁件、拉杆制作安装

【工 作 内 容】（1）铁件制作安装：制作，除锈；钢板划线，切割；钢筋调直、下料、弯曲；安装，焊接，固定。

（2）拉杆制作安装：下料，挑扣，焊接；涂防锈漆；涂沥青；缠麻布；安装；

【工程量计算】铁件制作安装工程量，按不同铁件用途，以铁件的重量计算。

拉杆制作安装工程量，按不同拉杆直径，以拉杆的重量计算。

3. 预应力钢筋制作、安装

【工 作 内 容】（1）先张法：调直、下料；进入台座、安夹具；张拉、切断；整修等。

（2）后张法：调直，切断；编束，穿束；安装锚具，张拉，锚固；拆除，切割钢丝（束），封锚等。

【工程量计算】先张法预应力钢筋制作、安装工程量，按不同预应力钢筋品种，以预应力钢筋的重量计算。

后张法预应力钢筋制作、安装工程量，按不同锚具种类，束长、锚具孔数，以预应力钢筋的重量计算。

临时钢丝束拆除工程量，按钢丝束的重量计算。

4. 安装压浆管道和压浆

【工 作 内 容】铁皮管、波纹管、三通管安装，定位固定；胶管，管内塞钢筋或充气，安放定位，缠裹接头，抽拔，清洗胶管，清孔等；管道压浆，砂浆配制、拌合、运输，压浆等。

【工程量计算】安装压浆管道工程量，按不同压浆管道材质，以压浆管道的长度计算。

压浆工程量，按压浆管道内空体积计算，不扣除预应力钢筋所占体积。

五、现浇混凝土工程

1. 基础

【工 作 内 容】（1）碎石：安放溜槽；碎石装运，找平。

（2）混凝土：装、运、抛块石；混凝土配拌、运输、浇筑、捣固、抹平、养生。

（3）模板：制作，安装，涂脱模剂；拆除，修理，整理。

【工程量计算】碎石垫层、混凝土垫层工程量，按垫层的体积计算。

毛石混凝土基础、混凝土基础的混凝土工程量，按基础的混凝土体积（含毛石）计算。

毛石混凝土基础、混凝土基础的模板工程量，按模板与基础混凝土接触面积计算。

2. 承台

【工 作 内 容】（1）混凝土：混凝土配拌、运输、浇筑、捣固、抹平、养生。

（2）模板：制作，安装，涂脱模剂；拆除、修理、整堆。

【工程量计算】承台混凝土工程量，按承台的混凝土体积计算。

承台模板工程量，按有无底模，以模板与承台混凝土接触面积计算。

3. 支撑梁与横梁

【工 作 内 容】 同承台工作内容。

【工程量计算】 支撑梁、横梁的混凝土工程量，按支撑梁、横梁的混凝土体积计算。

支撑梁、横梁的模板工程量，按模板与支撑梁、横梁混凝土接触面积计算。

4. 墩身、台身

【工 作 内 容】 同承台工作内容。

【工程量计算】 墩身、台身的混凝土工程量，按不同形式、部位，以墩身、台身的混凝土体积计算。

墩身、台身的模板工程量，按模板与墩身、台身混凝土接触面积计算。

墩帽、台帽、墩盖梁、台盖梁的混凝土和模板工程量计算方法同上。

5. 拱桥

【工 作 内 容】 同承台工作内容。

【工程量计算】 拱桥混凝土工程量，按不同部位（拱座、拱肋、拱上构件），以拱桥的混凝土体积计算。

拱桥模板工程量，按不同部位，以模板与拱桥混凝土接触面积计算。

6. 箱梁

【工 作 内 容】 同承台工作内容。

【工程量计算】 箱梁混凝土工程量，按箱梁的混凝土体积计算。

箱梁模板工程量，按模板与箱梁混凝土接触面积计算。

7. 板

【工 作 内 容】 同承台工作内容。

【工程量计算】 板混凝土工程量，按板的混凝土体积计算。空心板应扣除其空心部分体积。

板模板工程量，按模板与板混凝土接触面积计算。

8. 板梁

【工 作 内 容】 同承台工作内容。

【工程量计算】 板梁混凝土工程量，按板梁的混凝土体积计算。空心板梁应扣除其空心部分体积。

板梁模板工程量，按模板与板梁混凝土接触面积计算。

9. 板拱

【工 作 内 容】 同承台工作内容。

【工程量计算】 板拱混凝土工程量，按板拱的混凝土体积计算。

板拱模板工程量，按模板与板拱混凝土接触面积计算。

10. 挡墙

【工 作 内 容】 同承台工作内容。

【工程量计算】 挡墙混凝土工程量，按挡墙的混凝土体积计算。

挡墙模板工程量，按模板与挡墙混凝土接触面积计算。

11. 混凝土接头及灌缝

【工 作 内 容】 同承台工作内容。

【工程量计算】 板梁间灌缝工程量，按混凝土灌缝的体积计算。

各构件接头混凝土工程量，按接头的混凝土体积计算。

各构件接头模板工程量，按模板与接头混凝土接触面积计算。

板梁底砂浆勾缝工程量，按勾缝的长度计算。

12. 小型构件

【工 作 内 容】 同承台工作内容。

【工程量计算】 小型构件混凝土工程量，按不同构件类型，以构件的混凝土体积计算。

小型构件模板工程量，按不同构件类型，以模板与构件混凝土接触面积计算。

13. 桥面混凝土铺装

【工 作 内 容】 模板制作、安装、拆除；混凝土配拌、浇筑、捣固、湿治养生等。

【工程量计算】 按人行道或车行道，以铺装的混凝土体积计算。

14. 桥面防水层

【工 作 内 容】 清理面层；熬、涂沥青；铺油毡或玻璃布；防水砂浆配拌、运料、抹平；涂黏结剂；橡胶板剪裁、铺设等。

【工程量计算】 按不同防水层材料，以防水层铺设的面积计算。

六、预制混凝土工程

1. 桩

【工 作 内 容】 （1）混凝土：混凝土配拌、运输、浇筑、捣固、抹平、养生。

（2）模板：制作、安装，涂脱模剂；拆除、修理、整堆。

【工程量计算】 方桩、板桩混凝土工程量，按桩的混凝土体积计算。

预制桩的混凝土体积按桩长（包括桩尖长），乘以桩横断面面积计算。

方桩、板桩模板工程量，按模板与桩混凝土接触面积计算。

2. 立柱

【工 作 内 容】 同桩的工作内容。

【工程量计算】 矩形柱、异形柱混凝土工程量，按柱的混凝土体积计算。

矩形柱、异形柱模板工程量，按模板与柱混凝土接触面积计算。

3. 板

【工 作 内 容】 同桩的工作内容。

【工程量计算】 板混凝土工程量，按不同板的类型，以板的混凝土体积计算。空心板应扣除其中空部分体积。

板模板工程量，按不同板的类型，以模板与板混凝土接触面积计算。

4. 梁

【工 作 内 容】 同桩的工作内容。

【工程量计算】 梁混凝土工程量，按不同梁的类型，以梁的混凝土体积计算。空心板梁应扣除其中空部分体积。

梁模板工程量，按不同梁的类型，以模板与梁混凝土接触面积计算。空心板梁不计算空心部分模板的面积。非预应力梁、板梁不计算胎、地模的面积。

5. 双曲拱构件

【工作内容】 同桩的工作内容。

【工程量计算】 拱肋混凝土工程量，按拱肋的混凝土体积计算。

拱肋模板工程量，按模板与拱肋混凝土接触面积计算。

6. 桁架拱构件

【工作内容】 同桩的工作内容。

【工程量计算】 桁架拱构件混凝土工程量，按不同构件类型，以构件的混凝土体积计算。

桁架拱构件模板工程量，按不同构件类型，以模板与构件混凝土接触面积计算。

7. 小型构件

【工作内容】 同桩的工作内容。

【工程量计算】 小型构件混凝土工程量，按不同构件类型，以构件的混凝土体积计算。

小型构件模板工程量，按不同构件类型，以小型构件的水平投影面积计算。

8. 板拱

【工作内容】 同桩的工作内容。

【工程量计算】 板拱混凝土工程量，按板拱的混凝土体积计算。

板拱模板工程量，按模板与板肋混凝土接触面积计算。

七、立交箱涵工程

1. 透水管铺设

【工作内容】 （1）钢透水管：钢管钻孔；涂防锈漆；钢管埋设；碎石充填。

（2）混凝土透水管：浇捣管道垫层；透水管铺设；接口窝砂浆；填砂。

【工程量计算】 按不同透水管材质、透水管直径，以透水管铺设的长度计算。

2. 箱涵制作

【工作内容】 （1）混凝土：配制，拌合，运输，浇筑，捣固，抹平，养生。

（2）模板：制作，安装，涂脱模剂；拆除，修理，整理。

【工程量计算】 箱涵混凝土工程量，按不同构件，以箱涵构件的混凝土体积计算。

箱涵模板工程量，按不同构件，以模板与箱涵构件混凝土接触面积计算。

3. 箱涵外壁及滑板面处理

【工作内容】 （1）外壁面处理：外壁面清洗；拌制水泥砂浆，熬制沥青，配料；墙面涂刷。

（2）滑板面处理：石蜡加热；涂刷；铺塑料薄膜层。

【工程量计算】 箱涵外壁处理工程量，按砂浆层或沥青层以外壁涂层的面积计算。

滑板面层处理工程量，按石蜡层或塑料薄膜层，以面层涂层（或铺设层）的面积计算。

4. 气垫安装、拆除及使用

【工作内容】 设备及管路安装、拆除；气垫启动及使用。

【工程量计算】 气垫安装、拆除工程量，按箱涵底面积计算。

气垫使用工程量，按气垫面积乘以使用天数计算。

5. 箱涵顶进

【工 作 内 容】 安装顶进设备及横梁垫块；操作液压系统；安放顶铁，顶进，顶进完毕后设备拆除等。

【工程量计算】 箱涵空顶工程量，按不同箱涵自重，以空顶的单节箱涵重量乘以箱涵位移距离计算。

箱涵无中继间实土顶、箱涵有中继间实土顶工程量，按不同箱涵自重，以被顶箱涵的重量乘以箱涵位移距离分段累计计算。

6. 箱涵内挖土

【工 作 内 容】 (1) 人工挖土：安、拆挖土支架；铺钢轨，挖土，运土；机械配合吊土、出坑、堆放、清理。

(2) 机械挖土：操作机械挖土，人工配合修底边；吊土，出坑，堆放，清理。

【工程量计算】 箱涵人工挖土工程量，按人运机吊或机运机吊，以开挖土方的天然密实体积计算。

箱涵机械挖土工程量，按开挖土方的天然密实体积计算。

7. 箱涵接缝处理

【工 作 内 容】 混凝土表面处理；材料调制，涂刷；嵌缝。

【工程量计算】 石棉水泥嵌缝、防水膏嵌缝工程量，按其嵌缝长度计算。

沥青二度、沥青封口、嵌沥青木丝板工程量，均按其面积计算。

八、安装工程

1. 安装排架立柱

【工 作 内 容】 安拆地锚；竖、拆及移动扒杆；起吊设备就位；整修构件；吊装，定位，固定；配、运、填细石混凝土。

【工程量计算】 按不同安装机械，以立柱的混凝土体积计算。

2. 安装柱式墩、台管节

【工 作 内 容】 安、拆地锚；竖、拆及移动扒杆；起吊设备就位；冲洗管节，整修构件；吊装，定位，固定；砂浆配、拌、运；勾缝，座浆等。

【工程量计算】 按不同安装机械、管节直径，以安装管节的长度计算。

3. 安装矩形板、空心板、微弯板

【工 作 内 容】 安、拆地锚；竖、拆扒杆及移动；起吊设备就位；整修构件；吊装，定位；铺浆，固定。

【工程量计算】 按不同安装机械，以板的混凝土体积计算。

4. 安装梁

【工 作 内 容】 安、拆地锚；竖、拆扒杆及移动；搭、拆木垛；组装、拆卸船排；打、拔缆风桩；组装、拆卸万能杆件，装卸、运、移动；安拆轨道、枕木、平车、卷扬机及索具；安装就位，固定；调制环氧树脂等。

【工程量计算】 按不同安装机械、机械所在位置（陆上、水上）、梁的类型、梁的长度，以梁的混凝土体积计算。

环氧树脂接缝工程量，按接缝的面积计算。

5. 安装双曲拱构件

【工 作 内 容】 安、拆地锚；竖、拆扒杆及移动；起吊设备就位；整修构件；起吊、拼装，定位；座浆，固定；混凝土及砂装配、拌、运料、填塞、捣固、抹缝、养生等。

【工程量计算】 扒杆安装双曲拱构件工程量，按不同构件类型，以构件的混凝土体积计算。

人力安装拱波工程量，按拱波的混凝土体积计算。

6. 安装桁架拱构件

【工 作 内 容】 安、拆地锚；竖、拆扒杆及移动；整修构件；起吊，安装，就位，校正，固定；座浆，填塞等。

【工程量计算】 按不同构件类型，以构件的混凝土体积计算。

7. 安装板拱

【工 作 内 容】 安、拆地锚；竖、拆扒杆及移动；起吊设备就位；整修构件；起吊，安装，就位，校正，固定；座浆，填塞，养生等。

【工程量计算】 按不同安装机械，以板拱的混凝土体积计算。

8. 安装小型构件

【工 作 内 容】 起吊设备就位；整修构件；起吊，安装，就位，校正，固定；砂浆及混凝土配、拌、运、捣固；焊接等。

【工程量计算】 按不同构件类型，以构件的混凝土体积计算。

9. 钢管栏杆及扶手安装

【工 作 内 容】 （1）钢管栏杆：选料，切口，挖孔，切割；安装，焊接，校正固定等（不包括混凝土捣脚）。

（2）钢管扶手：切割钢管、钢板；钢管挖眼、调直；安装，焊接等。

【工程量计算】 钢管栏杆安装工程量，按栏杆的长度计算。

防撞护栏钢管扶手工程量，按扶手的重量计算。

10. 安装支座

【工 作 内 容】 安装，定位，固定，焊接等。

【工程量计算】 辊轴钢支座、切线支座、摆式支座安装工程量，按支座的重量计算。

板式橡胶支座、四氟板式橡胶支座安装工程量，按支座的体积计算。

油毛毡支座安装工程量，按支座的面积计算。

盆式金属橡胶组合支座安装工程量，按不同支座耐压力，以支座的个数计算。

11. 安装泄水孔

【工 作 内 容】 清孔；熬、涂沥青；绑扎，安装等。

【工程量计算】 按不同泄水孔材质，以安装泄水孔的长度计算。

12. 安装伸缩缝

【工 作 内 容】 焊接，安装；切割临时接头；熬、涂沥青及油浸；混凝土配、拌、运；沥青玛琋脂嵌缝；铁皮加工；固定等。

【工程量计算】 按不同伸缩缝材料，以伸缩缝的长度计算。

13. 安装沉降缝

【工 作 内 容】 截、铺油毡或甘蔗板；熬、涂沥青；安装整修等。

【工程量计算】 按不同沉降缝材料，以沉降缝的面积计算。

九、临时工程

1. 搭、拆桩基础支架平台

【工 作 内 容】 竖、拆桩架；制桩，打桩；装、拆桩箍；装钉支柱、盖木、斜撑、搁梁及铺板；拆除脚手板及拔桩；搬运材料，整理，堆放；组装，拆卸船排（水上）。

【工程量计算】 按不同支架平台所处位置（陆上、水上）、柴油桩机锤重；以工作平台的面积计算。

工作平台面积计算示意见图 4-1。

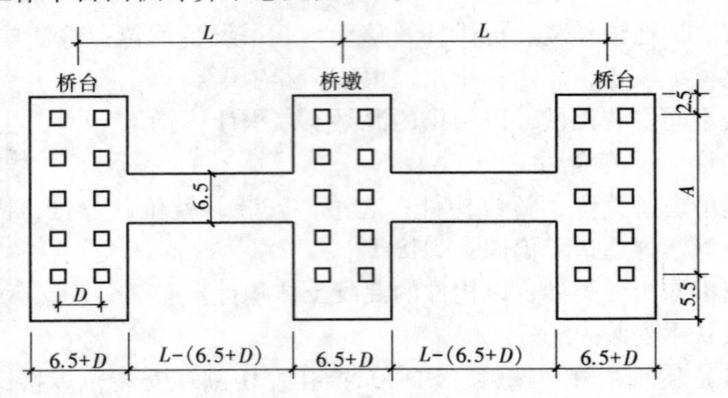

图 4-1 工作平台面积计算示意

工作平台面积计算公式：

（1）桥梁打桩： $F=N_1F_1+N_2F_2$

每座桥台（桥墩）：$F_1=(5.5+A+2.5)\times(6.5+D)$

每条通道： $F_2=6.5\times[L-(6.5+D)]$

（2）钻孔灌注桩： $F=N_1F_1+N_2F_2$

每座桥台（桥墩）：$F_1=(A+6.5)\times(6.5+D)$

每条通道： $F_2=6.5\times[L-(6.5+D)]$

式中 F——工作平台总面积（m^2）；

F_1——每座桥台（桥墩）工作平台面积（m^2）；

F_2——桥台至桥墩间或桥墩至桥墩间通道工作平台面积（m^2）；

N_1——桥台和桥墩总数量；

N_2——通道总数量；

D——两排桩之间的距离（m）；

L——桥梁跨径或护岸的第一根桩中心至最后一根桩中心之间的距离（m）；

A——桥台（桥墩）每排桩的第一根桩中心至最后一根桩中心之间的距离（m）。

打桩机械锤重的选择见表 4-1。

表 4-1　打桩机械锤重选择

桩类别	桩长度 L（m）	桩截面积 S（m^2）或管径 ϕ（mm）	柴油桩机锤重（kg）
钢筋混凝土方桩及板桩	$L \leqslant 8.00$	$S \leqslant 0.05$	600
	$L \leqslant 8.00$	$0.05 < S \leqslant 0.105$	1200
	$8.00 < L \leqslant 16.00$	$0.105 < S \leqslant 0.125$	1800
	$16.00 < L \leqslant 24.00$	$0.125 < S \leqslant 0.160$	2500
	$24.00 < L \leqslant 28.00$	$0.160 < S \leqslant 0.225$	4000
	$28.00 < L \leqslant 32.00$	$0.225 < S \leqslant 0.250$	5000
	$32.00 < L \leqslant 40.00$	$0.250 < S \leqslant 0.300$	7000
钢筋混凝土管桩	$L \leqslant 25.00$	$\phi 400$	2500
	$L \leqslant 25.00$	$\phi 550$	4000
	$L \leqslant 25.00$	$\phi 600$	5000
	$L \leqslant 50.00$	$\phi 600$	7000
	$L \leqslant 25.00$	$\phi 800$	5000
	$L \leqslant 50.00$	$\phi 800$	7000
	$L \leqslant 25.00$	$\phi 1000$	7000
	$L \leqslant 50.00$	$\phi 1000$	8000

2. 搭、拆木垛

【工 作 内 容】 平整场地；搭设，拆除等。

【工程量计算】 按木垛的空间体积计算。

3. 拱、板涵拱盔支架

【工 作 内 容】 选料；制作；安装，校正，拆除；机械移动；清场，整堆等。

【工程量计算】 拱、板涵拱盔工程量，按拱盔体积计算。拱盔体积按起拱以上弓形侧面积乘以（桥宽 +2m）计算。

拱、板涵支架工程量，按支架体积计算。支架体积为结构底至原地面（水上支架为水上支架平台顶面）平均标高乘以纵向距离再乘以（桥宽 +2m）计算。

4. 桥梁支架

【工 作 内 容】 （1）木支架：支架制作、安装、拆除；桁架式包括踏步、工作平台的制作、搭设、拆除，地锚埋设，拆除，缆风架设、拆除等。

（2）钢支架：平整场地；搭、拆钢管支架；材料堆放等。

（3）防撞墙悬挑支架：准备工作；焊接、固定；搭、拆支架，铺脚手板、安全网等。

【工程量计算】 满堂式木支架、满堂式钢管支架工程量，按支架的体积计算。

桁架式拱盔、支架工程量，均按拱盔、支架的体积计算。

防撞墙悬挑支架工程量，按悬挑支架的长度计算。

5. 组装、拆卸船排

【工 作 内 容】 选料；捆绑船排；就位；拆除、整理，堆放等。

【工程量计算】 按不同船吨位，以组装、拆卸船排的次数计算。

6. 组装、拆卸柴油打桩机

【工 作 内 容】 组装、拆除打桩机械及辅助机械；安拆地锚；打、拔缆风桩；试车；清场等。

【工程量计算】 按不同柴油打桩机形式、锤重，以组装、拆卸的架次数计算。

7. 组装、拆卸万能杆件

【工 作 内 容】 安装；拆除，整理，堆放等。

【工程量计算】 按万能杆件的空间体积计算。

8. 挂篮安装、拆除、推移

【工 作 内 容】 （1）安装：安装；定位，校正；焊接，固定（不包括制作）。

（2）拆除：拆除；气割；整理。

（3）推移：推移；定位，校正；固定。

【工程量计算】 挂篮安装、拆除工程量，均按挂篮的重量计算。

挂篮推移工程量，按挂篮重量乘以推移距离计算。

9. 筑、拆胎、地膜

【工 作 内 容】 平整场地；模板制作、安装、拆除；混凝土配、拌、运；筑，浇，砌，堆；拆除等。

【工程量计算】 按不同胎、地模材料，以胎、地模的面积计算。其中混凝土地模应计算混凝土、模板两项工程量，均按其面积计算。

10. 凿除桩顶钢筋混凝土

【工 作 内 容】 拆除；旧料运输。

【工程量计算】 按打入桩或灌注桩，以凿除钢筋混凝土桩顶的体积计算。

十、装饰工程

1. 水泥砂浆抹面

【工 作 内 容】 清理及修理基层，补表面；堵墙眼；湿治；砂浆配、拌、抹灰等。

【工程量计算】 人行道水泥砂浆抹面工程量，按分格或压花，以人行道水泥砂浆抹面的面积计算。

墙面水泥砂浆抹面工程量，按有无嵌线，以墙面水泥砂浆抹面的面积计算。

栏杆水泥砂浆抹面工程量，按栏杆水泥砂浆抹面的面积计算。

2. 水刷石

【工 作 内 容】 清理基底及修补表面；刮底；嵌条；起线；湿治；砂浆配、拌、抹面；刷石；清场等。

【工程量计算】 按不同抹面部位，以水刷石抹面的面积计算。

3. 剁斧石

【工 作 内 容】 清理基底及修补表面；刮底；嵌条；湿治；砂浆配、拌、抹面；剁面；清场等。

【工程量计算】 按不同抹面部位，以剁斧石抹面的面积计算。

4. 拉毛

【工 作 内 容】 清理及修补基层表面；砂浆配、拌；打底抹面；分格嵌条；湿治；罩面；拉毛；清场等。

【工程量计算】 按不同抹面部位，以拉毛抹面的面积计算。

5. 水磨石

【工 作 内 容】 清理基底及修补表面；刮底；砂浆配、拌、抹面；压光；磨平；清场等。

【工程量计算】 按不同抹面部位，以水磨石抹面的面积计算。

6. 镶贴面层

【工 作 内 容】 清理及修补基层表面；刮底；砂浆配、拌、抹平；砍、打及磨光块料边缘；镶贴；修嵌缝隙；除污；打蜡擦亮；材料运输及清理等。

【工程量计算】 按不同面层材料，以镶贴面层的面积计算。

7. 水质涂料

【工 作 内 容】 清理基层；砂浆配、拌、抹面；抹腻子；涂刷；清场等。

【工程量计算】 按不同涂料品种，以水质涂料的涂刷面积计算。

8. 油漆

【工 作 内 容】 除锈，清扫；批腻子；刷油漆等。

【工程量计算】 按不同油漆品种、涂刷物面、涂刷遍数，以油漆涂刷的面积计算。金属面涂刷油漆工程量，按金属构件的重量计算。

第四节　隧道工程量计算

一、隧道开挖与出碴

1. 平硐全断面开挖

【工 作 内 容】 选孔位，钻孔，装药，放炮，安全处理，爆破材料的领退。

【工程量计算】 按不同平硐全断面面积、岩石类别，以开挖岩石的体积计算。

开挖岩石的体积按设计开挖断面尺寸，另加允许超挖量再乘以平硐开挖长度计算。光面爆破允许超挖量：拱部为15cm，边墙为10cm，若采用一般爆破，其允许超挖量：拱部为20cm，边墙为15cm。

2. 斜井全断面开挖

【工 作 内 容】 选孔位，钻孔，装药，放炮，安全处理，爆破材料的领退。

【工程量计算】 按不同斜井全断面面积、岩石类别，以开挖岩石的体积计算。

开挖岩石的体积按设计开挖断面尺寸，另加允许超挖量，再乘以斜井开挖长度计算。允许超挖量同平硐全断面开挖。

3. 竖井全断面开挖

【工 作 内 容】 选孔位，钻孔，装药，放炮，安全处理，爆破材料的领退。

【工程量计算】 按不同竖井全断面面积、岩石类别，以开挖岩石的体积计算。

开挖岩石的体积按设计开挖断面尺寸，另加允许超挖量，再乘以竖井开挖长度计算。允许超挖量同平硐全断面开挖。

4. 隧道内地沟开挖

【工 作 内 容】 选孔位，钻孔，装药，放炮，安全处理，爆破材料的领退。

【工程量计算】 按不同地沟宽度、岩石类别，以开挖岩石的体积计算。

开挖岩石的体积按设计开挖断面面积乘以地沟长度计算，不得计算允许超挖量。

5. 隧道平硐出碴

【工作内容】装（人装：含5m以内；机装；含边角扒碴），运，卸（含扒平），汽车运，清理道路。

【工程量计算】按不同装碴方法、运输车辆、运距，以运输石碴的体积计算。

平硐出碴运距，按装碴重心至卸碴重心的直线距离计算，若平硐的轴线为曲线时，硐内段的运距按相应的轴线长度计算。

6. 隧道斜井、竖井出碴

【工作内容】装，卷扬机提升，卸（含扒平）及人工推距（距井口50m内）。

【工程量计算】按不同装碴方法、运输机具、运距，以运输石碴的体积计算。

斜井出碴运距，按装碴重心至斜井口摘钩点的斜距离计算。

竖井的提升运距，按装碴重心至井口帛斗摘钩点的垂直距离计算。

二、临时工程

1. 硐内通风筒安、拆年摊销

【工作内容】铺设管道，清扫污物，维修保养，拆除及材料运输。

【工程量计算】按不同通风筒直径、通风筒材质、摊销时间，以通风筒的长度计算。

通风筒长度按每一硐口施工长度减30m计算。

2. 硐内风、水管道安、拆年摊销

【工作内容】铺设管道、阀门，清扫污物，除锈，校正，维修保养，拆除及材料运输。

【工程量计算】按不同风、水管道材质、管道直径、摊销时间，以风、水管道的长度计算。

风、水管道长度按硐长加100m计算。

3. 硐内电路架设、拆除年摊销

【工作内容】线路沿壁架设、安装、随用、随移，安全检查，维修保养，拆除及材料运输。

【工程量计算】按不同电路功能；摊销时间，以电路的长度计算。

照明线路长度按硐长计算，如设计规定需要双排照明时，应按实际双线部分增加。动力线路长度按硐长加50m计算。

4. 硐内外轻便轨道铺、拆年摊销

【工作内容】铺设枕木、轻轨，校平调顺，固定，拆除，材料运输及保养维修。

【工程量计算】按不同轻轨每米重量、摊销时间，以轻便轨道的长度计算。

轻便轨道长度，按设计所布置的起、止点之间距离计算，如实际为双线应加倍计算。对所设置的道岔，每处按折合相应轨道30m计算。

三、隧道内衬

1. 混凝土及钢筋混凝土衬砌平硐拱部

【工作内容】钢拱架、钢模板安装，拆除，清理，砂石清洗，配料，混凝土搅拌，硐外运输，二次搅拌，浇捣养护，操作平台制作、安装、拆除等。

【工程量计算】 混凝土及钢筋混凝土衬砌平硐拱部的混凝土工程量，按不同拱跨径、衬砌厚度、混凝土强度等级，以平硐拱部的混凝土体积计算。拱部厚度可按设计厚度加允许超挖量15cm计算。不扣除0.3m^2以内孔洞所占体积。拱部两端支座，先拱后墙的扩大部分工程量，应并入拱部体积内计算。

混凝土及钢筋混凝土衬砌平硐拱部的模板工程量，按不同拱跨径、衬砌厚度，以模板与拱部混凝土的接触面积计算。

2. 混凝土及钢筋混凝土衬砌平硐边墙

【工 作 内 容】 钢模板安装、拆除、清理，砂石清洗，配料，混凝土搅拌、运输、浇捣及养护，操作平台制作、安装、拆除等。

【工程量计算】 混凝土及钢筋混凝土衬砌平硐边墙的混凝土工程量，按不同衬砌厚度、混凝土强度等级，以平硐边墙的混凝土体积计算。边墙厚度可按设计厚度加允许超挖量10cm计算。不扣除0.3m^2以内孔洞所占体积。边墙底部的扩大部分工程量（含附壁水沟），应并入相应厚度边墙体积内计算。

混凝土及钢筋混凝土衬砌平硐边墙的模板工程量，按不同衬砌厚度，以模板与边墙混凝土的接触面积计算。

3. 竖井混凝土及钢筋混凝土衬砌

【工 作 内 容】 钢模板安装、拆除、清理，砂石清洗，配料，混凝土搅拌、运输、浇捣及养护，操作平台制作、安装、拆除等。

【工程量计算】 竖井混凝土及钢筋混凝土衬砌的混凝土工程量，按不同壁厚、混凝土强度等级，以衬砌的混凝土体积计算。不扣除0.3m^2以内孔洞所占体积。

竖井混凝土及钢筋混凝土衬砌的模板工程量，按不同壁厚，以模板与衬砌混凝土的接触面积计算。

4. 斜井拱部混凝土及钢筋混凝土衬砌

【工 作 内 容】 钢模板安装、拆除、清理，砂石清洗，配料，混凝土搅拌、运输、浇捣及养护，操作平台制作、安装、拆除等。

【工程量计算】 斜井拱部混凝土及钢筋混凝土衬砌的混凝土工程量，按不同拱跨径、衬砌厚度、混凝土强度等级，以拱部的混凝土体积计算。拱部厚度可按设计厚度加允许超挖量15cm计算。不扣除0.3m^2以内孔洞所占体积。

斜井拱部混凝土及钢筋混凝土衬砌的模板工程量，按不同衬砌厚度，以模板与拱部混凝土的接触面积计算。

5. 斜井边墙混凝土及钢筋混凝土衬砌

【工 作 内 容】 钢模板安装、拆除、清理，砂石清洗，配料，混凝土搅拌、运输、浇捣及养护，操作平台制作、安装、拆除等。

【工程量计算】 斜井边墙混凝土及钢筋混凝土衬砌的混凝土工程量，按不同衬砌厚度、混凝土强度等级，以边墙的混凝土体积计算。边墙厚度可按设计厚度加允许超挖量10cm计算。不扣除0.3m^2以内孔洞所占体积。

斜井边墙混凝土及钢筋混凝土衬砌的模板工程量，按不同衬砌厚度，以模板与边墙混凝土的接触面积计算。

6. 石料衬砌

【工作内容】 运料，拌浆，表面修凿，搭拆简易脚手架、养护等（拱部包括钢拱架制作、安装及拆除）。

【工程量计算】 洞门、拱部、边墙、水沟石料衬砌工程量，按不同石料、砂浆强度等级，以石料衬砌的体积计算，其中拱部石料衬砌厚度，可按设计厚度加允许超挖量15cm计算；边墙石料衬砌厚度，可按设计厚度加允许超挖量10cm计算。

浆砌块石回填拱背或墙背工程量，以块石回填的体积计算。

干砌块石回填拱背、墙背工程量，按块石回填的体积计算。

7. 喷射混凝土支护、砂浆锚杆、喷射平台

【工作内容】 （1）喷射混凝土支护：配料，投料，搅拌；混合料200m内运输，喷射机操作，喷射混凝土，清洗岩面。

（2）砂浆锚杆：选眼孔位，打眼，洗眼，调制砂浆，灌浆，顶装锚杆。

（3）喷射平台：场内架料搬运，搭拆平台，材料清理，回库堆放。

【工程量计算】 拱部、边墙喷射混凝土支护工程量，按有无钢筋、混凝土厚度，以喷射混凝土的体积计算。不另增加超挖、填平补齐的工程量。

砂浆锚杆工程量，按锚杆铁件的设计重量计算。

喷射平台工程量，按平台的面积计算。

8. 硐内材料运输

【工作内容】 人工装、卸车，运走，堆码，空回。

【工程量计算】 按不同运距，以运输材料的体积计算。

9. 钢筋制作、安装

【工作内容】 钢筋解捆、除锈、调直、制作、运输、绑扎或焊接成型等。

【工程量计算】 按不同钢筋直径，以钢筋的重量计算。

现浇钢筋混凝土中的支撑钢筋、铁马、锚固筋均按钢筋计算，并入钢筋工程量内；钢筋接头ϕ25以内的，每8m计算1个接头，ϕ25以上的，每6m计算1个接头；搭接长度按规范确定。

四、隧道沉井

1. 沉井基坑垫层

【工作内容】 （1）砂垫层：平整基坑；运砂；分层铺平；浇水振实，抽水。

（2）刃脚基础垫层：配模，立模，拆模；混凝土吊运、浇捣、养护。

【工程量计算】 砂垫层、刃脚基础垫层工程量，均按垫层的体积计算。

2. 沉井制作

【工作内容】 配模，立模，拆模；钢筋制作、绑扎；商品混凝土泵送、浇筑、养护；施工缝处理、凿毛等。

【工程量计算】 沉井制作的混凝土工程量，按不同部位（刃脚、框架、井壁、隔墙、底板），以部位的混凝土体积计算。

刃脚的计算高度，以刃脚踏面至井壁外凸口计算，如沉井井壁无外凸口时，则从刃脚踏面至底板顶面为准。底板下的地梁并入底板计算。框架梁的工

程量包括切入井壁部分的体积古井壁、隔墙或底板混凝土中，不扣除 0.3m² 以内的孔洞所占体积。

沉井制作的模板工程量，按不同部位，以模板与部位混凝土的接触面积计算。

沉井制作的钢筋工程量，按不同部位，以钢筋的重量计算。

3. 金属脚手架、砖封预留孔洞

【工作内容】（1）金属脚手架：材料搬运；搭拆脚手架；拆除材料分类堆放。

（2）砖封预留孔洞：调制砂浆；砌筑；水泥砂浆抹面；沉井后拆除清理。

【工程量计算】金属脚手架工程量，按井壁中心线周长与隔墙长度之和乘以沉井高度计算。

砖封预留孔洞工程量，按预留孔洞的体积计算。

4. 吊车挖土下沉

【工作内容】吊车挖土，装车，卸土；人工挖刃脚及地梁下土体；纠偏控制沉井标高；清底修平、排水。

【工程量计算】按不同排水下沉深度，以沉井下沉的土方体积计算。

沉井下沉的土方体积，按沉井外壁所围的面积乘以下沉深度（预制时刃脚底面至下沉后设计刃脚底面的高度），并分别乘以土方回淤系数计算。回淤系数：排水下沉深度大于 10m 时为 1.05。

5. 水力机械冲吸泥下沉

【工作内容】安装；拆除水力机械和管路；搭拆施工钢平台；水枪压力控制；水力机械冲吸泥下沉，纠偏等。

【工程量计算】按不同下沉深度，以沉井下沉的土方体积计算。

沉井下沉的土方体积计算方法同上；当下沉深度大于 45m 时，回淤系数为 1.02。

6. 不排水潜水员吸泥下沉

【工作内容】安装、拆除吸泥起重设备；升、降移动吸泥管；吸泥下沉纠偏；控制标高；排泥管、进水管装拆。

【工程量计算】按不同下沉深度，以沉井下沉的土方体积计算。

沉井下沉的土方体积计算方法同上。当下沉深度大于 15m 时，回淤系数为 1.02。

7. 钻吸法出土下沉

【工作内容】管路敷设，取水，机械移位；破碎土体，冲吸泥浆，排泥；测量检查；下沉纠偏，纠偏控制标高；管路及泵维修；清泥平整等。

【工程量计算】按不同下沉深度，以沉井下沉的土方体积计算。

沉井下沉的土方体积计算方法同上，当下沉深度大于 15m 时，回淤系数为 1.02。

8. 触变泥浆制作和输送、环氧沥青防水层

【工作内容】（1）触变泥浆制作和输送：沉井泥浆管路预埋；泥浆池至井壁管路敷设；触变泥浆制作、输送；泥浆性能指标测试。

（2）环氧沥青防水层：清洗混凝土表面；调制涂料、涂刷；搭拆简易脚手架。

【工程量计算】 触变泥浆制作、输送工程量，按刃脚外凸口的水平面积乘以高度计算。
环氧沥青防水层工程量，按防水层的面积计算。

9. 砂石料填心（排水下沉）

【工 作 内 容】 装运砂石料；吊入井底，依次铺砂石料；整平；工作面排水。

【工程量计算】 按不同铺填材料，以砂石料铺填的体积计算。

10. 砂石料填心（不排水下沉）

【工 作 内 容】 装运石料；吊入井底；潜水员铺平石料。

【工程量计算】 按不同井内水下抛铺石料，以石料铺填的体积计算。

11. 混凝土封底

【工 作 内 容】 （1）混凝土干封底：混凝土输送；浇捣，养护。
（2）水下混凝土封底：搭拆浇捣平台、导管及送料架；混凝土输送、浇捣；测量平整；凿除凸面混凝土；废混凝土块吊出井口。

【工程量计算】 混凝土干封底、水下混凝土封底工程量，均按封底混凝土的体积计算。

12. 钢封门安装

【工 作 内 容】 铁件焊接定位；钢封门吊装，横扁担梁定位；焊接，缝隙封堵。

【工程量计算】 按不同钢封门直径，以钢封门的重量计算。

13. 钢封门拆除

【工 作 内 容】 切割、吊装定位钢梁及连接铁件；钢封门吊拔堆放。

【工程量计算】 按不同钢封门直径，以钢封门的重量计算。

五、盾构法掘进

1. 盾构吊装

【工 作 内 容】 起吊机械设备及盾构载运车辆就位；盾构吊入井底基座，盾构安装。

【工程量计算】 按不同盾构直径，以吊装盾构的台数计算。

2. 盾构吊拆

【工 作 内 容】 拆除盾构与车架连杆；起吊机械及附属设备就位；盾构整体吊出井口，上托架装车。

【工程量计算】 按不同盾构直径，以吊拆盾构的台数计算。

3. 车架安装、拆除

【工 作 内 容】 （1）车架安装：车架吊入井底；井下组装就位与盾构连接；车架上设备安装、电气水管安装。
（2）车架拆除：车架及附属设备拆除；吊出井口，装车安装。

【工程量计算】 均按不同车架重量，以车架安装、拆除的节数计算。

4. $\phi\leqslant4000$ 干式出土盾构掘进

【工 作 内 容】 操作盾构掘进机；切割土体，干式出土；管片拼装；螺栓紧固、装拉杆；施工管路铺设；照明，运输，供气通风；贯通测量，通讯；井口土方装车；一般故障排除。

【工程量计算】 按不同施工阶段，以盾构掘进的长度计算。

掘进过程中的施工阶段划分：

（1）负环段掘进：从拼装后靠管片起至盾尾离开出洞井内壁止。

（2）出洞段掘进：从盾尾离开出洞井内壁至盾尾离开出洞井内壁40m止。

（3）正常段掘进：从出洞段掘进结束至进洞段掘进开始的全段掘进。

（4）进洞段掘进：按盾构切口距进洞井外壁5倍盾构直径的长度计算。

5. $\phi \leqslant 5000$ 干式出土盾构掘进

【工作内容】 同 $\phi \leqslant 4000$ 干式出土盾构掘进的工作内容。

【工程量计算】 按不同施工阶段，以盾构掘进的长度计算。

6. $\phi \leqslant 6000$ 干式出土盾构掘进

【工作内容】 同 $\phi \leqslant 4000$ 干式出土盾构掘进的工作内容。

【工程量计算】 按不同施工阶段，以盾构掘进的长度计算。

7. $\phi \leqslant 7000$ 干式出土盾构掘进

【工作内容】 同 $\phi \leqslant 4000$ 干式出土盾构掘进的工作内容。

【工程量计算】 按不同施工阶段，以盾构掘进的长度计算。

8. $\phi \leqslant 4000$ 水力出土盾构掘进

【工作内容】 操作盾构掘进机；高压供水，水力出土；管片拼装；连接螺栓紧固，装拉杆；施工管路敷设；照明，运输，供气通风；贯通测量，通讯；排泥水输出井口；一般故障排除。

【工程量计算】 按不同施工阶段，以盾构掘进的长度计算。

9. $\phi \leqslant 5000$ 水力出土盾构掘进

【工作内容】 同 $\phi \leqslant 4000$ 水力出土盾构掘进的工作内容。

【工程量计算】 按不同施工阶段，以盾构掘进的长度计算。

10. $\phi \leqslant 6000$ 水力出土盾构掘进

【工作内容】 同 $\phi \leqslant 4000$ 水力出土盾构掘进的工作内容。

【工程量计算】 按不同施工阶段，以盾构掘进的长度计算。

11. $\phi \leqslant 7000$ 水力出土盾构掘进

【工作内容】 同 $\phi \leqslant 4000$ 水力出土盾构掘进的工作内容。

【工程量计算】 按不同施工阶段，以盾构掘进的长度计算。

12. $\phi \leqslant 4000$ 刀盘式土压平衡盾构掘进

【工作内容】 操作盾构掘进机；干式出土；管片拼装；螺栓紧固；施工管路铺设；照明，运输，供气通风；贯通测量，通讯；井口土方装车。

【工程量计算】 按不同施工阶段，以盾构掘进的长度计算。

13. $\phi \leqslant 5000$ 刀盘式土压平衡盾构掘进

【工作内容】 同 $\phi \leqslant 4000$ 刀盘式土压平衡盾构掘进的工作内容。

【工程量计算】 按不同施工阶段，以盾构掘进的长度计算。

14. $\phi \leqslant 6000$ 刀盘式土压平衡盾构掘进

【工作内容】 同 $\phi \leqslant 4000$ 刀盘式土压平衡盾构掘进的工作内容。

【工程量计算】 按不同施工阶段，以盾构掘进的长度计算。

15. $\phi \leqslant 7000$ 刀盘式土压平衡盾构掘进

【工作内容】 同 $\phi \leqslant 4000$ 刀盘式土压平衡盾构掘进的长度计算。

【工程量计算】 按不同施工阶段，以盾构掘进的长度计算。

16. $\phi \leqslant 11000$ 刀盘式土压平衡盾构掘进

【工 作 内 容】 同 $\phi \leqslant 4000$ 刀盘式土压平衡盾构掘进的工作内容。

【工程量计算】 按不同施工阶段，以盾构掘进的长度计算。

17. $\phi \leqslant 4000$ 刀盘式泥水平衡盾构掘进

【工 作 内 容】 操作盾构掘进机；水力出土；管片拼装；螺栓紧固；施工管路铺设；照明、运输，供气通风；贯通测量，通讯；排泥水输出井口。

【工程量计算】 按不同施工阶段，以盾构掘进的长度计算。

18. $\phi \leqslant 5000$ 刀盘式泥水平衡盾构掘进

【工 作 内 容】 同 $\phi \leqslant 4000$ 刀盘式泥水平衡盾构掘进的工作内容。

【工程量计算】 按不同施工阶段，以盾构掘进的长度计算。

19. $\phi \leqslant 6000$ 刀盘式泥水平衡盾构掘进

【工 作 内 容】 同 $\phi \leqslant 4000$ 刀盘式泥水平衡盾构掘进的工作内容。

【工程量计算】 按不同施工阶段，以盾构掘进的长度计算。

20. $\phi \leqslant 7000$ 刀盘式泥水平衡盾构掘进

【工 作 内 容】 同 $\phi \leqslant 4000$ 刀盘式泥水平衡盾构掘进的工作内容。

【工程量计算】 按不同施工阶段，以盾构掘进的长度计算。

21. $\phi \leqslant 11000$ 刀盘式泥水平衡盾构掘进

【工 作 内 容】 同 $\phi \leqslant 4000$ 刀盘式泥水平衡盾构掘进的工作内容。

【工程量计算】 按不同施工阶段，以盾构掘进的长度计算。

22. 衬砌压浆

【工 作 内 容】 制浆、运浆；盾尾同步压浆；补压浆；封堵，清洗。

【工程量计算】 按不同压浆材料，同步压浆或分步压浆，以压浆的衬砌体积计算。

23. 柔性接缝环（施工阶段）

【工 作 内 容】 （1）临时防水环板：盾构出洞后接缝处淤泥清理；钢板环圈定位、焊接；预留压浆孔。

（2）临时止水缝：洞口安装止水带及防水圈；环板安装后堵压，防水材料封堵。

【工程量计算】 临时防水环板工程量，按防水环板的重量计算。

临时止水缝工程量，按止水缝的长度计算。

24. 柔性接缝环（正式阶段）

【工 作 内 容】 （1）拆除临时钢环板：钢板、环圈切割；吊拆堆放。

（2）拆除洞口环管片：拆卸连接螺栓；吊车配合拆除管片；凿除涂料，壁面清洗。

（3）安装钢环板：钢环板分块吊装；焊接固定。

（4）柔性接缝环：壁内刷涂料；安放内外壁止水带；压乳胶水泥。

【工程量计算】 拆除临时钢环板、安装钢环板工程量，按钢环板的重量计算。

拆除洞口环管片工程量，按环管片的体积计算。

柔性接缝环工程量，按接缝环的长度计算。

25. 洞口混凝土环圈

【工 作 内 容】 配模，立模，拆模；钢筋制作、绑扎；洞口环圈混凝土浇捣、养护。
【工程量计算】 按环圈的混凝土体积计算。

26. 预制钢筋混凝土管片

【工 作 内 容】 钢模安装、拆卸清理、刷油；钢筋制作、焊接，预埋件安放，钢筋骨架入模；测量检验；混凝土拌制；吊运浇捣：入养护地蒸养；出槽堆放，抗渗质检。
【工程量计算】 按不同管片直径，以管片的混凝土体积加1%计算。
钢筋制作工程量，按钢筋的重量计算。

27. 预制管片成环水平拼装

【工 作 内 容】 钢制台座，校准；管片场内运输；吊拼装，拆除；管片成环量测检验及数据记录。
【工程量计算】 按不同管片直径，以管片成环水平拼装的组数计算。每100环管片拼装1组（3环）。

28. 管片短驳运输

【工 作 内 容】 从堆放起吊，行车配合，装车，驳运到场中转场地；垫道木，吊车配合按类堆放。
【工程量计算】 按不同管片直径，以管片的混凝土体积计算。

29. 管片设置密封条（氯丁橡胶条）

【工 作 内 容】 管片吊运堆放；编号，表面清理，涂刷粘接剂；粘贴泡沫挡土衬垫及防水橡胶条；管片边角嵌贴丁基腻子胶。
【工程量计算】 按不同管片直径，以设置密封条的管片环数计算。

30. 管片设置密封条（821防水橡胶条）

【工 作 内 容】 管片吊运堆放；编号，表面清理，涂刷粘接剂；粘贴泡沫挡土衬垫及防水橡胶条；管片边角嵌贴丁基腻子胶。
【工程量计算】 按不同管片直径，以设置密封条的管片环数计算。

31. 管片嵌缝

【工 作 内 容】 管片嵌缝槽表面处理；配料，嵌缝。
【工程量计算】 按不同管片直径，以嵌缝的管片环数计算。

32. 负环管片拆除

【工 作 内 容】 拆除后盾钢支撑；清除管片内污垢杂物；拆除井内轨道；清除井内污垢；凿除后靠混凝土；切割连接螺栓；管片吊出井口；装车。
【工程量计算】 按不同管片直径，以负环管片拆除的长度计算。

33. 隧道内管线路拆除

【工 作 内 容】 贯通各隧道内水管、风管、走道板、拉杆、钢轨、轨枕、各种施工支架拆除；吊运出井口，装车或堆放；隧道内淤泥清除。
【工程量计算】 按不同形式出土盾构、盾构直径，以拆除管线路的长度计算。

六、垂直顶升

1. 顶升管节、复合管片制作

【工 作 内 容】（1）顶升管节制作：钢模板制作、装拆、清扫、刷油，骨架入模；混凝土拌制；吊运，浇捣，蒸养；法兰打孔。

（2）复合管片制作：安放钢壳；钢模安拆，清理刷油；钢筋制作，焊接；混凝土拌制；吊运，浇捣，蒸养。

（3）管节试拼装：吊车配合；管节试拼，编号对螺孔，检验校正；搭平台，场地平整。

【工程量计算】顶升管节制作工程量，按顶升管节的混凝土体积计算。

复合管节制作工程量，按复合管节的体积（含混凝土及钢筋）计算。

管节试拼装工程量，按所需顶升的管节数计算。

2. 垂直顶升设备安装、拆除

【工 作 内 容】（1）顶升车架安装：清理修正轨道；车架组装、固定。

（2）顶升车架拆除：吊拆，运输，堆放；工作面清理。

（3）顶升设备安装：制作基座；设备吊运、就位。

（4）顶升设备拆除：油路；电路拆除，基座拆除；设备吊运、堆放。

【工程量计算】顶升车架安装、拆除工程量，均按顶升车架的重量计算。以每顶升一组出口为安拆一次。

顶升设备安装、拆除工程量，均按顶升设备的套数计算。以每顶升一组出口为安拆一次。

3. 管节垂直顶升

【工 作 内 容】（1）首节顶升：车架就位，转向法兰安装；管节吊运；拆除纵向环向螺栓；安装闷头、盘根、压条、压板等操作设备；顶升到位等。

（2）中间节顶升：管节吊运；穿螺栓，粘贴橡胶板；填木，抹平，填孔，放顶块；顶升到位。

（3）尾节顶升：同中间节工作内容；到位后安装压板；撑筋焊接并与管片连接。

【工程量计算】管节首节顶升、中间节顶升、尾节顶升工程量，均按所顶升的管节数计算。

4. 止水框、连系梁安装

【工 作 内 容】（1）止水框安装：吊运，安装就位；校正；搭拆脚手架。

（2）连系梁安装：吊运，安装就位；焊接，校正；搭拆脚手架。

【工程量计算】按止水框、连系梁的重量计算。

5. 阴极保护安装

【工 作 内 容】（1）恒电位仪安装：恒电位仪检查、安装；电器连接调试、接电缆。

（2）电极安装：支架制作；电极体安装；接通电缆，封环氧。

（3）隧道内电缆铺设：安装护套管、支架，电缆敷设、固定、接头、封口、挂牌等。

（4）过渡箱制作安装：箱体制作；安装定位；电缆接线。

【工程量计算】恒电位仪安装工程量，按恒电位仪的安装个数计算。

阳极安装、阴极安装、参比电极安装工程量，均按电极的安装个数计算。

隧道内电缆铺设工程量，按电缆铺设的长度计算。

接线箱制作、分支箱制作、过渡盒制作工程量，均按其制作的个数计算。

6. 滩地揭顶盖

【工 作 内 容】 安装卷扬机，搬运，清除杂物；拆除螺栓，揭去顶盖；安装取水头。

【工程量计算】 按揭顶盖的个数计算。

七、地下连续墙

1. 导墙

【工 作 内 容】 （1）导墙开挖：放样，机械挖土，装车，人工整修；浇捣混凝土基座；沟槽排水。

（2）现浇导墙：配模单边立模；钢筋制作；设置分隔板；浇捣混凝土，养护；拆模，清理堆放。

【工程量计算】 导墙开挖工程量，按开挖土方的天然密实体积计算。

现浇混凝土导墙的混凝土工程量，按导墙的混凝土体积计算。

现浇混凝土导墙的模板工程量，按模板与混凝土接触面积计算。

现浇混凝土导墙的钢筋工程量，按钢筋的重量计算。

2. 挖土成槽

【工 作 内 容】 机具定位；安放炮板导轨；制浆，输送，循环分离泥浆；钻孔，挖土成槽，护壁整修测量；场内运输，堆土。

【工程量计算】 按不同挖土机械、成槽深度，以成槽土方量计算。

成槽土方量按连续墙设计长度乘以宽度，再乘以槽深加0.5m计算。

3. 钢筋笼制作、吊运就位

【工 作 内 容】 （1）钢筋笼制作：切断，成型，绑扎，点焊，安装；预埋铁件及泡沫塑料板；钢筋笼试拼装。

（2）钢筋笼吊运就位：钢筋笼驳运吊入槽；钢筋校正对接；安装护铁，就位，固定。

【工程量计算】 钢筋笼制作工程量，按钢筋笼的重量计算。

钢筋笼吊运就位工程量，按不同成槽深度，以钢筋笼的重量计算。

4. 锁口管吊拔

【工 作 内 容】 锁口管对接组装；入槽就位；浇捣混凝土工程中上下移动；拔除，拆卸，冲洗堆放。

【工程量计算】 按不同成槽深度，以连续墙段数加1段计算。

5. 浇捣混凝土连续墙

【工 作 内 容】 （1）清底置换：地下墙接缝清刷；空压机吹气搅拌吸泥；清底置换。

（2）浇注混凝土：浇捣架就位；导管安拆；商品混凝土浇注；吸泥浆入池。

【工程量计算】 清底置换工程量，按连续墙的段数计算。

浇注混凝土工程量，按成槽土方量计算。

6. 大型支撑基坑土方

【工 作 内 容】 操作机械引斗挖土、装车；人工推铲、扣挖支撑下土体；挖引水沟，机械排水；人工整修底面。

【工程量计算】 按不同基坑宽度、基坑深度，以开挖土方的天然密实体积计算。

7. 大型支撑安装、拆除

【工 作 内 容】 （1）支撑安装：吊车配合，围令、支撑驳运卸车；定位放样；槽壁面凿出预埋件；钢牛腿焊接；支撑拼接，焊接安全栏杆，安装定位；活络接头固定。

（2）支撑拆除：切割、吊出支撑分段；装车及堆放。

【工程量计算】 均按不同基坑宽度，以安装、拆除的支撑重量计算。

八、地下混凝土结构

1. 基坑垫层

【工 作 内 容】 （1）砂垫层：砂石料吊车吊运；摊铺平整，分层浇水振实。

（2）混凝土垫层：配模，立模，拆模；商品混凝土浇捣、养护。

【工程量计算】 砂垫层、混凝土垫层工程量，均按其垫层的体积计算。

2. 钢丝网水泥护坡

【工 作 内 容】 （1）混凝土边坡：修整边坡；铺设钢丝网片，混凝土浇捣，抹平养护。

（2）砂浆护坡：修整边坡；铺设钢丝网片；砂浆配、拌、运、浇，抹平养护。

【工程量计算】 混凝土护坡、水泥砂浆护坡工程量，均按不同护坡厚度，以护坡的面积计算。

3. 钢筋混凝土地梁、底板

【工 作 内 容】 （1）地梁：水泥砂浆砌砖；钢筋制作、绑扎；混凝土浇捣养护。

（2）底板：配模，立模，拆模；钢筋制作、绑扎；混凝土浇捣养护。

【工程量计算】 地梁的混凝土工程量，按地梁的混凝土体积计算。

地梁的模板工程量，按模板与地梁混凝土的接触面积计算。

地梁的钢筋工程量，按钢筋的重量计算。

底板的混凝土工程量，按不同底板厚度，以底板的混凝土体积计算。

底板的模板工程量，按模板与底板混凝土的接触面积计算。

底板的钢筋工程量，按不同底板厚度，以钢筋的重量计算。

4. 钢筋混凝土墙

【工 作 内 容】 （1）墙：配模，立模，拆模；钢筋制作、绑扎；混凝土浇捣养护；混凝土表面处理。

（2）衬墙：地下墙墙凿毛、清洗；配模、立模、拆模；钢筋制作、绑扎；混凝土浇捣养护；混凝土表面处理。

【工程量计算】 墙的混凝土工程量，按不同墙厚，以墙的混凝土体积计算。

墙的模板工程量，按模板与墙混凝土的接触面积计算。

墙的钢筋工程量，按不同墙厚，以钢筋的重量计算。

衬墙的混凝土工程量，按衬墙的混凝土体积计算。

衬墙的模板工程量，按模板与衬墙混凝土的接触面积计算。

衬墙的钢筋工程量，按钢筋的重量计算。

5. 钢筋混凝土柱、梁

【工 作 内 容】 配模，立模，拆模；钢筋制作、绑扎；混凝土浇捣养护；混凝土表面处理。

【工程量计算】 柱的混凝土工程量，按柱的混凝土体积计算。

柱的模板工程量，按模板与柱混凝土的接触面积计算。

柱的钢筋工程量，按钢筋的重量计算。

梁的混凝土工程量，按不同梁高，以梁的混凝土体积计算。

梁的模板工程量，按模板与梁混凝土的接触面积计算。

梁的钢筋工程量，按不同梁高，以钢筋的重量计算。

有梁板的柱高，自柱基础顶面算到梁、板顶面，梁高自梁底面算到梁顶面。

梁与柱交接时，梁长算到柱侧面（即柱间净长）。

6. 钢筋混凝土平台、顶板

【工作内容】 配模，立模，拆模；钢筋制作、绑扎；混凝土浇捣养护；混凝土表面处理。

【工程量计算】 平台、顶板的混凝土工程量，按不同板厚，以板的混凝土体积计算。

平台、顶板的模板工程量，按模板与板混凝土的接触面积计算。

平台、顶板的钢筋工程量，按不同板厚，以钢筋重量计算。

7. 钢筋混凝土楼梯、电缆沟、侧石

【工作内容】 配模，立模，拆模；钢筋制作、绑扎；混凝土浇捣养护；混凝土表面处理。

【工程量计算】 楼梯、电缆沟、车道侧石的混凝土工程量，均按其混凝土的体积计算。

楼梯、电缆沟、车道侧石的模板工程量，按模板与楼梯、电缆沟、车道侧石混凝土的接触面积计算。

楼梯、电缆沟、车道侧石的钢筋工程量，均按其钢筋的重量计算。

8. 钢筋混凝土内衬弓形底板、支承墙

【工作内容】 隧道内冲洗；配模，立模，拆模；钢筋制作、绑扎；混凝土浇捣养护。

【工程量计算】 弓形底板、支承墙的混凝土工程量，均按其混凝土体积计算。

弓形底板、支承墙的模板工程量，均按模板与弓形底板、支承墙混凝土的接触面积计算。

弓形底板、支承墙的钢筋工程量，均按其钢筋的重量计算。

9. 隧道内衬侧墙及顶内衬、行车道槽形板安装

【工作内容】 （1）侧墙及顶内衬：牵引内衬滑模及操作平台；定位，上油，校正，脱卸清洗；混凝土泵送或集料斗电瓶车运到工作面浇捣养护；混凝土表面处理。

（2）槽形板：槽形板吊入隧道内驳运；行车安装；混凝土充填；焊接固定；槽形板下支撑搭拆。

【工程量计算】 侧墙及顶内衬工程量，按侧墙及顶内衬的混凝土体积计算。

槽形板安装工程量，按安装的槽形板面积计算。

10. 隧道内车道

【工作内容】 配模，立模，拆模；钢筋制作，绑扎；混凝土浇捣、制缝、扫面；湿治，沥青灌缝。

【工程量计算】 引道道路、圆隧道道路工程量，均按道路的混凝土体积计算。

九、地基加固、监测

1. 分层注浆

【工作内容】 定位，钻孔；注护壁泥浆；放置注浆阀管；配置浆液，插入注浆芯管；分层劈裂注浆，检测注浆效果等。

【工程量计算】 分层注浆工程量，按不同加固孔深度，以注浆的孔数计算。

加固土体工程量，按被加固的土体体积计算。

2. 压密注浆

【工 作 内 容】 定位，钻孔；泥浆护壁；配置浆液，安插注浆管；分层压密注浆；检测注浆效果等。

【工程量计算】 压密注浆工程量，按不同加固孔深度，以注浆的孔数计算。

加固土体工程量，按被加固的土体体积计算。

3. 双重管高压旋喷

【工 作 内 容】 泥浆槽开挖；定位，钻孔；配置浆液；接管旋喷，提升成桩；泥浆沉淀处理；检测施工效果等。

【工程量计算】 按不同加固深度，以高压旋喷的孔数计算。

4. 三重管高压旋喷

【工 作 内 容】 同二重管高压旋喷的工作内容。

【工程量计算】 按不同加固深度，以高压旋喷的孔数计算。

5. 地表监测孔布置

（1）土体分层沉降

【工 作 内 容】 测点布置；仪表标定；钻孔；导向管加工；预埋件加工埋设；安装导向管磁环；浇灌水泥浆；做保护圈盖；测读初读数。

【工程量计算】 土体分层沉降测点工程量，按不同测孔深度，以测点孔数计算。

（2）土体水平位移

【工 作 内 容】 测点布置；仪表标定；钻孔；测斜管加工焊接；埋设测斜管；浇灌水泥浆；做保护圈盖；测读初读数。

【工程量计算】 土体水平位移测点工程量，按不同测孔深度，以测点孔数计算。

（3）孔隙水压力

【工 作 内 容】 测点布置；密封检查；钻孔；接线；预埋件加工、埋设、接线；埋设泥球形成止水隔离层；回填黄砂及原状土；做保护圈盖；测读初读数。

【工程量计算】 孔隙水压力测点工程量，按不同测孔深度，以测点孔数计算。

水位观察孔工程量，按观察孔数计算。

（4）地表桩、建筑物变形

【工 作 内 容】 ①地表桩：测点布置；预埋标志点；做保护圈盖；测读初读数。

②混凝土构件变形：测点布置；测点表面处理；粘贴应变片；密封；接线；测读初读数。

③建筑物倾斜：测点布置；手枪钻打孔；安装倾斜预埋件；测读初读数。

④建筑物振动：测点布置；仪器标定；预埋传感器；测读初读数。

【工程量计算】 地表桩、混凝土构件变形、建筑物倾斜、建筑物振动测点工程量，均按测点个数计算。

（5）地下管线沉降位移、混凝土构件应力应变

【工 作 内 容】 ①地下管线沉降位移：测点布置；开挖暴露管线；埋设抱箍标志头；回填；测读初读数。

②混凝土构件钢筋应力：测点布置；钢笼上安装钢筋应力计，排线固定；保护圈盖，测读初读数。

③混凝土构件混凝土应变：测点布置；钢笼上安装混凝土应变计；排线固定；保护圈盖；测读初读数。

【工程量计算】 地下管线沉降、地下管线位移、混凝土构件钢筋应力、混凝土构件混凝土应变测点工程量，均按测点个数计算。

（6）钢支撑轴力、混凝土水化热、混凝土结构界面土压力及孔隙水压力

【工 作 内 容】 ①钢支撑轴力：测点布置；仪器标定；安装预埋件；安装轴力计；排线；加预应力读初读数。

②混凝土水化热：测点布置；仪器标定；安装埋设；做保护装置；测读初读数。

③混凝土结构界面土压力（孔隙水压力）：测点布置；预埋件加工；预埋件埋设；拆除预埋件；安装土压计（孔隙水压计）；测读初读数。

【工程量计算】 钢支撑轴力、混凝土水化热、混凝土结构界面土压力、混凝土结构界面孔隙水压力测点工程量，均按测点个数计算。

（7）墙体位移

【工 作 内 容】 测点布置；仪器标定；钢笼安装测斜管；浇捣混凝土，定测斜管倾斜方向；测读初读数。

【工程量计算】 墙体位移测点工程量，按不同测孔深度，以测点孔数计算。

（8）超声波

【工 作 内 容】 测点布置；仪器标定；钢笼安装 $\phi50$ 钢管；测读深度；测试；做测试报告。

【工程量计算】 超声波测点工程量，按不同测孔深度，以测点孔数计算。

6. 地下监测孔布置

（1）基坑回弹、混凝土支撑轴力、隧道纵向沉降及位移

【工 作 内 容】 ①基坑回弹：测点布置；仪器标定；钻孔；埋设；水泥灌浆；做保护圈盖；测读初读数。

②混凝土支撑轴力、隧道纵向沉降及位移：测点布置；仪器标定；埋设；测读初读数。

【工程量计算】 基坑回弹测点工程量，按测点孔数计算。

混凝土支撑轴力测点工程量，按测点断面数计算。

隧道纵向沉降及位移测点工程量，按测点个数计算。

（2）隧道直径变形（收敛）、隧道环缝纵缝变化、衬砌表面应变

【工 作 内 容】 测点布置；仪器标定；埋设；测读初读数。

【工程量计算】 隧道直径变形（收敛）测点工程量，按测点环数计算。

隧道环缝纵缝变化、衬砌表面应变测点工程量，均按测点个数计算。

7. 监控测试

【工 作 内 容】 测试及数据采集；监测日报表；阶段处理报告；最终报告；资料立案归档。

【工程量计算】 地面监测、地下监测工程量，按不同监测项数，以监测的组日数计算。

十、金属构件制作

1. 顶升管节钢壳

【工 作 内 容】 划线，号料，切割，金加工，校正；焊接，钢筋成型；法兰与钢筋焊接成型等。

【工程量计算】 顶升管节的首节、中间节、尾节钢壳制作工程量，均按其钢壳的重量计算。

2. 钢管片

【工 作 内 容】 划线，号料，切割，校正，滚圆弧，刨边，刨槽；上模具焊接成型，焊预埋件；钻孔；吊运；油漆等。

【工程量计算】 按不同钢管片单个重量，以钢管片的重量计算。

复合管片钢壳工程量，按钢壳的重量计算。

3. 顶升止水框、连系梁、车架

【工 作 内 容】 划线，号料，切割，校正；焊接成型；钻孔；吊运；油漆。

【工程量计算】 止水框、连系梁、转向法兰、顶升车架制作工程量，均按其重量计算。

4. 走道板、钢跑板

【工 作 内 容】 划线，号料，切割，折方，拼装，校正；焊接成型；油漆；堆放。

【工程量计算】 走道板、配套定型走道板、钢轨跑板制作工程量，均按其重量计算。

5. 盾构基座、钢围令、钢闸墙

【工 作 内 容】 划线，号料，切割，拼装，校正；焊接成型；油漆；堆放。

【工程量计算】 均按其重量计算。

6. 钢轨枕、钢支架

【工 作 内 容】 划线，号料，切割，校正；焊接成型；油漆；编号，堆放。

【工程量计算】 钢轨枕、角钢支架、混合支架制作工程量，均按其重量计算。

7. 钢扶梯、钢栏杆

【工 作 内 容】 划线，切割；煨弯，分段组合；焊接；油漆。

【工程量计算】 板式扶梯、格式扶梯、垂直扶梯、钢管栏杆制作工程量，均按其重量计算。

8. 钢支撑、钢封门

【工 作 内 容】 放样，落料；卷筒找圆；油漆；堆放。

【工程量计算】 钢支撑（活络头）、钢支撑（固定头）、承插式钢封门制作工程量，均按其重量计算。

第五节　给水工程量计算

一、管道安装

1. 承插铸铁管安装（青铅接口）

【工 作 内 容】 检查及清扫管材，切管，管道安装，化铅，打麻，打铅口。

【工程量计算】 按不同铸铁管公称直径，以承插铸铁管中心线长度计算。不扣除管件、阀门所占长度。

2. 承插铸铁管安装（石棉水泥接口）

【工 作 内 容】 检查及清扫卷材，切管，管道安装，调制接口材料，接口，养护。

【工程量计算】 按不同铸铁管公称直径，以承插铸铁管中心线长度计算。不扣除管件、阀门所占长度。

3. 承插铸铁管（膨胀水泥接口）

【工 作 内 容】 检查及清扫管材，切管，管道安装，调制接口材料，接口，养护。

【工程量计算】 按不同铸铁管公称直径，以承插铸铁管中心线长度计算。不扣除管体、阀门所占长度。

4. 承插铸铁管安装（胶圈接口）

【工 作 内 容】 检查及清扫管材，切管，管道安装，上胶圈。

【工程量计算】 按不同铸铁管公称直径，以承插铸铁管中心线长度计算。不扣除管件、阀门所占长度。

5. 球墨铸铁管安装（胶圈接口）

【工 作 内 容】 检查及清扫管材，切管，管道安装，上胶圈。

【工程量计算】 按不同铸铁管公称直径，以球墨铸铁管中心线长度计算。不扣除管件、阀门所占长度。

6. 预应力（自应力）混凝土管安装（胶圈接口）

【工 作 内 容】 检查及清扫管材，管道安装，上胶圈，对口，调直，牵引。

【工程量计算】 按不同混凝土管公称直径，以预应力（自应力）混凝土管中心线长度计算。不扣除管件、阀门所占长度。

7. 塑料管安装（粘接）

【工 作 内 容】 检查及清扫管材，管道安装，粘接，调直。

【工程量计算】 按不同塑料管外径，以塑料管中心线长度计算。不扣除管件，阀门所占长度。

8. 塑料管安装（胶圈接口）

【工 作 内 容】 检查及清扫管材，管道安装，上胶圈，对口，调直。

【工程量计算】 按不同塑料管外径，以塑料管中心线长度计算。不扣除管件、阀门所占长度。

9. 铸铁管新旧管连接（青铅接口）

【工 作 内 容】 定位，断管，临时加固，安装管件，化铅，塞麻，打口，通水试验。

【工程量计算】 按不同铸铁管公称直径，以新旧管连接的处数计算。

10. 铸铁管新旧管连接（石棉水泥接口）

【工 作 内 容】 定位，断管，临时加固，安装管件，接口，通水试验。

【工程量计算】 按不同铸铁管公称直径，以新旧管连接的处数计算。

11. 铸铁管新旧管连接（膨胀水泥接口）

【工 作 内 容】 定位，断管，安装管件，接口，临时加固，通水试验。

【工程量计算】 按不同铸铁管公称直径，以新旧管连接的处数计算。

12. 钢管新旧管连接（焊接）

【工 作 内 容】 定位，断管，安装管件，临时加固，通水试验。

【工程量计算】 按不同钢管公称直径，以新旧管连接的处数计算。

13. 管道试压

【工 作 内 容】 制堵盲板，安拆打压设备，灌水加压，清理现场。

【工程量计算】 按不同管道公称直径，以管道的长度计算。

14. 管道消毒冲洗

【工 作 内 容】 溶解漂白粉，灌水消毒，冲洗。

【工程量计算】 按不同管道公称直径，以管道的长度计算。

二、管道内防腐

1. 铸铁管（钢管）地面离心机械内涂

【工 作 内 容】 刮管，冲洗，内涂，搭拆工作台。

【工程量计算】 按不同铸铁管（钢管）公称直径，以铸铁管（钢管）中心线长度计算。不扣除管件、阀门所占长度。

2. 铸铁管（钢管）地面人工内涂

【工 作 内 容】 清理管腔，搅拌砂浆，抹灰，成品堆放。

【工程量计算】 按不同铸铁管（钢管）公称直径，以铸铁管（钢管）中心线长度计算。不扣件管件、阀门所占长度。

三、管件安装

1. 铸铁管件安装（青铅接口）

【工 作 内 容】 切管，管口处理，管件安装，化铅，接口。

【工程量计算】 按不同铸铁管公称直径，以管件安装的个数计算。

2. 铸铁管件安装（石棉水泥接口）

【工 作 内 容】 切管，管口处理，管件安装，调制接口材料，接口，养护。

【工程量计算】 按不同铸铁管公称直径，以管件安装的个数计算。

3. 铸铁管件安装（膨胀水泥接口）

【工 作 内 容】 切管，管口处理，管件安装，调制接口材料，接口，养护。

【工程量计算】 按不同铸铁管公称直径，以管件安装的个数计算。

4. 铸铁管件安装（胶圈接口）

【工 作 内 容】 选胶圈，清洗管口，上胶圈。

【工程量计算】 按不同铸铁管公称直径，以管件安装的个数计算。

5. 承插式预应力混凝转换件安装（石棉水泥接口）

【工 作 内 容】 管件安装，接口，养护。

【工程量计算】 按不同预应力混凝土管公称直径，以转换件安装的个数计算。

6. 塑料管件安装

（1）粘接

【工 作 内 容】 切管，坡口，清理工作面，管件安装。

【工程量计算】 按不同塑料管外径，以管件安装的个数计算。

（2）胶圈

【工 作 内 容】 切管，坡口，清理工作面，管件安装，上胶圈。
【工程量计算】 按不同塑料管外径，以管件安装的个数计算。

7. 分水栓安装

【工 作 内 容】 定位，开关阀门，开孔，接驳，通水试验。
【工程量计算】 按不同分水栓公称直径，以分水栓安装的个数计算。

8. 马鞍卡子安装

【工 作 内 容】 定位，安装，钻孔，通水试验。
【工程量计算】 按不同马鞍卡子公称直径，以马鞍卡子安装的个数计算。

9. 二合三通安装（青铅接口）

【工 作 内 容】 管口处理，定位，安装，钻孔，接口，通水试验。
【工程量计算】 按不同二合三通公称直径，以二合三通安装的个数计算。

10. 二合三通安装（石棉水泥接口）

【工 作 内 容】 管口处理，定位，安装，钻孔，接口，通水试验。
【工程量计算】 按不同二合三通公称直径，以二合三通安装的个数计算。

11. 铸铁穿墙管安装

【工 作 内 容】 切管，管件安装，接口，养护。
【工程量计算】 按不同穿墙管公称直径、法兰或承口，以铸铁穿墙管安装的个数计算。

12. 法兰式水表组成与安装（有旁通管有止回阀）

【工 作 内 容】 清洗检查，焊接，制垫加垫，水表、阀门安装，上螺栓。
【工程量计算】 按不同水表公称直径，以水表组成与安装的组数计算。

四、管道附属构筑物

1. 砖砌圆形阀门井

【工 作 内 容】 混凝土搅拌，浇捣，养护，砌砖，勾缝，安装井盖。
【工程量计算】 按不同阀门井形式（收口式，直筒式）、井内径、井深，以圆形阀门井的座数计算。

2. 砖砌矩形卧式阀门井

【工 作 内 容】 混凝土搅拌、浇捣、养护，砌砖，抹水泥砂浆，勾缝，安装盖板，安装井盖。
【工程量计算】 按不同井室净空尺寸、井深，以矩形卧式阀门井的座数计算。

3. 砖砌矩形水表井

【工 作 内 容】 混凝土搅拌、浇捣、养护，砌砖，抹水泥砂浆，勾缝，安装盖板，安装井盖。
【工程量计算】 按不同井室净空尺寸、井室净高，以矩形水表井的座数计算。

4. 消火栓井

【工 作 内 容】 混凝土搅拌、浇捣、养护，砌砖，勾缝，安装井盖。
【工程量计算】 按不同形式（浅型、深型）、深型井深，以消火栓井的座数计算。

5. 圆形排泥湿井

【工 作 内 容】 混凝土搅拌、浇捣、养护，砌砖，抹水泥砂浆，勾缝，安装井盖。

【工程量计算】 按不同井内径、井深，以排泥湿井的座数计算。

6. 管道支墩（档墩）

【工 作 内 容】 混凝土搅拌、浇捣、养护。

【工程量计算】 按不同单个支墩体积，以支墩（档墩）的实际体积计算，不扣除钢筋、铁件所占体积。

五、取水工程

1. 大口井内套管安装

【工 作 内 容】 套管、盲板安装，接口，封闭。

【工程量计算】 按不同套管内径，以套管安装的处数计算。

2. 辐射井管安装

【工 作 内 容】 钻孔，井内辐射管安装、焊接、顶进。

【工程量计算】 按不同套管外径，以辐射井管安装的长度计算。

3. 钢筋混凝土渗渠管制作安装

【工 作 内 容】 混凝土搅拌、浇捣、养护，渗渠安装，连接找平。

【工程量计算】 均按不同渗渠直径，以渗渠的长度计算。

4. 渗渠滤料填充

【工 作 内 容】 筛选滤料，填充，整平。

【工程量计算】 按不同滤料粒径，以滤料填充的体积计算。

第六节 排水工程量计算

一、定型混凝土管道基础及铺设

1. 定型混土管道基础

【工 作 内 容】 配料，搅拌混凝土，捣固，养生，材料场内运输。

【工程量计算】 按不同管道接口形式、基础包管道角度、管道直径，以混凝土管道基础中心线长度计算，应扣除检查井所占长度。每座检查井扣除长度，按表 4-2 计算。

表 4-2 每座检查井扣除长度

检查井规格（mm）	扣除长度（m）	检查井规格	扣除长度（m）
ϕ700	0.4	各种矩形井	1.0
ϕ1000	0.7	各种交汇井	1.2
ϕ1250	0.95	各种扇形井	1.0
ϕ1500	1.20	圆形跌水井	1.6
ϕ2000	1.70	矩形跌水井	1.7
ϕ2500	2.20	阶梯式跌水井	按实扣

2. 混凝土管道铺设

【工 作 内 容】 排管，下管，调直，找平，槽上搬运。

【工程量计算】 按不同管道接口形式、下管方法、管径，以混凝土管道中心线长度计算，应扣除检查井所占长度。

3. 排水管道接口

【工 作 内 容】 清理管口，调运砂浆，填缝，抹带，压实，养生。

【工程量计算】 按不同接口形式，接口材料、管基角度、管径，以接口个数计算。

4. 管道闭水试验

【工 作 内 容】 调制砂浆，砌堵，抹灰，注水，排水，拆堵，清理现场等。

【工程量计算】 按不同管径，以管道实际闭水长度计算，不扣各种井所占长度。

5. 排水管道出水口

【工 作 内 容】 清底，铺装垫层，混凝土搅拌、浇注、养生，调制砂浆，砌砖石，抹灰，勾缝，材料运输。

【工程量计算】 按不同砌筑材料、出水口形式、出水口规格、管径，以出水口的处数计算。

二、定型井

1. 砖砌圆形雨水检查井

【工 作 内 容】 混凝土搅拌、捣固、抹平、养生，调制砂浆，砌筑，抹灰，勾缝，井盖、井座、爬梯安装，材料场内运输等。

【工程量计算】 按不同井径、管径、井深，以雨水检查井的座数计算。

2. 砖砌圆形污水检查井

【工 作 内 容】 混凝土搅拌、捣固、抹平、养生，调制砂浆，砌筑，抹灰，井盖、井座安装，材料水平及垂直运输。

【工程量计算】 按不同井径、管径、井深，以污水检查井的座数计算。

3. 砖砌跌水检查井

【工 作 内 容】 混凝土搅拌、捣固、抹平、养生，调制砂浆，砌筑，抹灰，井盖、井座安装，材料水平及垂直运输。

【工程量计算】 按不同跌差高度、井深，以跌水检查井的座数计算。

4. 砖砌竖槽式跌水井

【工 作 内 容】 混凝土搅拌、捣固、抹平、养生，调制砂浆，砌筑，抹灰，勾缝，井盖、井座安装，材料水平及垂直运输。

【工程量计算】 按不同跌差高度、井深，以竖槽式跌水井的座数计算。

5. 砖砌阶梯式跌水井

【工 作 内 容】 同竖槽式跌水井的工作内容。

【工程量计算】 按不同跌差高度、管径、井深，以阶梯式跌水井的座数计算。

6. 砖砌污水闸槽井

【工 作 内 容】 混凝土搅拌、捣固、抹平、养生，调制砂浆，砌筑，抹灰，勾缝，井盖、井座安装，材料水平及垂直运输。

【工程量计算】 按不同规格、管径、井深，以污水闸槽井的座数计算。

7. 砖砌矩形直线雨水检查井

【工 作 内 容】 混凝土搅拌、捣固、抹平、养生，调制砂浆，砌筑，抹灰，勾缝，井盖、井座安装，材料水平及垂直运输。

【工程量计算】 按不同规格、管径、井深，以矩形直线雨水检查井的座数计算。

8. 砖砌矩形直线污水检查井

【工 作 内 容】 同砖砌矩形直线雨水检查井的工作内容。

【工程量计算】 按不同规格、管径、井深，以矩形直线污水检查井的座数计算。

9. 砖砌矩形一侧交汇雨水检查井

【工 作 内 容】 混凝土搅拌、捣固、抹平、养生，调制砂浆，砌筑，抹灰，勾缝，井盖、井座安装，材料水平及垂直运输。

【工程量计算】 按不同规格、管径、井深，以矩形一侧交汇雨水检查井的座数计算。

10. 砖砌矩形一侧交汇污水检查井

【工 作 内 容】 同砖砌矩形一侧交汇雨水检查井的工作内容。

【工程量计算】 按不同规格、管径、井深，以矩形一侧交汇污水检查井的座数计算。

11. 砖砌矩形两侧交汇雨水检查井

【工 作 内 容】 混凝土搅拌、捣固、抹平、养生，调制砂浆，砌筑，抹灰，勾缝，井盖、井座安装，材料水平及垂直运输。

【工程量计算】 按不同规格、管径、井深，以矩形两侧交汇雨水检查井的座数计算。

12. 砖砌矩形两侧交汇污水检查井

【工 作 内 容】 同砖砌矩形两侧交汇雨水检查井的工作内容。

【工程量计算】 按不同规格、管径、井深，以矩形两侧交汇污水检查井的座数计算。

13. 砖砌 30°扇形雨水检查井

【工 作 内 容】 混凝土搅拌、捣固、抹灰、养生，调制砂浆，砌筑，抹灰，勾缝，井盖、井座安装，材料水平及垂直运输。

【工程量计算】 按不同适用管径、井深，以 30°扇形雨水检查井的座数计算。

14. 砖砌 30°扇形污水检查井

【工 作 内 容】 同砖砌 30°扇形雨水检查井的工作内容。

【工程量计算】 按不同适用管径、井深，以 30°扇形污水检查井的座数计算。

15. 砖砌 45°扇形雨水检查井

【工 作 内 容】 混凝土搅拌、捣固、抹平、养生，调制砂浆，砌筑，抹灰，勾缝，井盖、井座安装，材料水平及垂直运输。

【工程量计算】 按不同适用管径、井深，以 45°扇形雨水检查井的座数计算。

16. 砖砌 45°扇形污水检查井

【工 作 内 容】 同砖砌 45°扇形雨水检查井的工作内容。

【工程量计算】 按不同适用管径、井深，以 45°扇形污水检查井的座数计算。

17. 砖砌 60°扇形雨水检查井

【工 作 内 容】 混凝土搅拌、捣固、抹平、养生，调制砂浆，砌筑，抹灰，勾缝，井盖、井座安装，材料水平及垂直运输。

【工程量计算】 按不同适用管径、井深，以 60°扇形雨水检查井的座数计算。

18. 砖砌 60°扇形污水检查井

【工 作 内 容】 同砖砌60°扇形雨水检查井的工作内容。

【工程量计算】 按不同适用管径、井深，以60°扇形污水检查井的座数计算。

19. 砖砌90°扇形雨水检查井

【工 作 内 容】 混凝土搅拌、捣固、抹平、养生，调制砂浆，砌筑，抹灰，勾缝，井盖、井座安装，材料水平及垂直运输。

【工程量计算】 按不同适用管径、井深，以90°扇形雨水检查井的座数计算。

20. 砖砌90°扇形污水检查井

【工 作 内 容】 同砖砌90°扇形雨水检查井的工作内容。

【工程量计算】 按不同适用管径、井深，以90°扇形污水检查井的座数计算。

21. 砖砌雨水进水井

【工 作 内 容】 混凝土搅拌、捣固、抹平、养生，调制砂浆，砌筑，抹灰，勾缝，井箅安装，材料水平及垂直运输。

【工程量计算】 按不同井箅规格及数量、井深、带否沉淀，以雨水进水井的座数计算。

22. 砖砌连接井

【工 作 内 容】 混凝土搅拌、捣固、抹平、养生，调制砂浆，砌筑，抹灰，勾缝，材料水平及垂直运输。

【工程量计算】 按不同适用管径，以连接井的座数计算。

三、非定型井、渠、管道基础及砌筑

1. 非定型井垫层

【工 作 内 容】 （1）砂石垫层：清基，挂线，拌料，摊铺，找平、夯实，检查标高，材料运输等。

（2）混凝土垫层：清基，挂线，配料，搅拌，捣固，抹平，养生，材料运输。

【工程量计算】 毛石、碎石、砂砾石、混凝土垫层工程量，均按垫层的体积计算。

2. 非定型井砌筑及抹灰

（1）砌筑

【工 作 内 容】 清理现场，配料，混凝土搅捣、养生，预制构件安装，材料运输。

【工程量计算】 按不同砌筑材料、非定型井形状，以砌筑的实际体积计算。

（2）勾缝及抹灰

【工 作 内 容】 清理墙面、筛砂，调制砂浆，勾缝，抹灰，清扫落地灰，材料运输等。

【工程量计算】 非定型井勾缝工程量，按不同墙面材质，以勾缝外围面积计算。

非定型井抹灰工程量，按不同墙面材质，抹灰部位，以抹灰的面积计算。

（3）井壁（墙）凿洞

【工 作 内 容】 凿洞，拌制砂浆，接管口，补齐管口，抹平墙面，清理现场。

【工程量计算】 按不同井壁（墙）材质及厚度，以凿洞的面积计算。

3. 非定型井盖（箅）制作、安装

【工 作 内 容】 配料，混凝土搅拌、捣固、抹面、养生，材料场内运输等。

【工程量计算】 钢筋混凝土井盖、井圈、平箅、小型构件（单件体积在 $0.04m^3$ 以内的构件）制作工程量，均按其混凝土体积计算。

检查井的铸铁井盖、井座；混凝土井盖、井座安装工程量，均按井盖、井座的套数计算。

雨水井的铸铁平箅、铸铁立箅、混凝土箅（盖）座安装工程量，均按其套数计算。

小型构件安装工程量，按构件的混凝土体积计算。

4. 非定型渠（管）道垫层及基础

（1）垫层

【工 作 内 容】 清底，找平，配料，浇筑，抹面，养生，材料运输等。

【工程量计算】 非定型渠（管）道垫层工程量，按不同垫层材料、灌浆与否，以垫层的体积计算。

（2）渠（管）道基础

【工 作 内 容】 清底，挂线，调制砂浆，选砌砖石，抹平，夯实，混凝土搅拌、捣固、养生，预制构件安装，材料运输，清理场地等。

【工程量计算】 平基工程量，按不同平基材料，以平基的体积计算。

负拱基础工程量，按不同基础材料，以负拱基础的体积计算。

混凝土枕基预制、安装、现浇工程量，均按枕基的混凝土体积计算。

混凝土管座工程量，按管座的混凝土体积计算。

5. 非定型渠道砌筑

（1）墙身、拱盖

【工 作 内 容】 清理基底，调制砂浆，筛砂，挂线砌筑，清整墙面，材料运输，清理场地。

【工程量计算】 按不同砌筑材料，以墙身、拱盖的体积计算。

（2）现浇混凝土方沟

【工 作 内 容】 混凝土搅拌、捣固、养生，材料运输等。

【工程量计算】 现浇混凝土方沟的壁、顶工程量，均按壁、顶的混凝土体积计算

（3）砌筑墙帽

【工 作 内 容】 调制拌合砂浆，砌筑，清整砌体，混凝土搅捣、养生，材料运输，清理场地。

【工程量计算】 按不同墙帽材料、有无钢筋，以墙帽的体积计算。

6. 非定型渠道抹灰与勾缝

【工 作 内 容】 清理墙面，调拌砂浆，抹灰，砌堵脚孔，勾缝，材料运输，清理现场。

【工程量计算】 抹灰工程量，按非定型渠道不同部位，以抹灰的面积计算。

勾缝工程量，按不同墙面材质、勾缝形式，以勾缝的外围面积计算。

7. 渠道沉降缝

【工 作 内 容】 （1）卷材沉降缝：熬制沥青，裁制，涂刷底油，配料，拌制铺贴安装，材料运输，麻丝。

（2）止水带沉降缝：熬制沥青，调配沥青麻丝，填塞，裁料，铺贴安装，材料运输，清理。

【工程量计算】 二毡三油、二布三油工程量，均按其面积计算。

油浸麻丝、建筑油膏、预制橡胶止水带、预制塑料止水带工程量，均按其长度计算。

8. 钢筋混凝土盖板、过梁的预制安装

（1）预制

【工 作 内 容】 配料、混凝土搅拌、运输、捣固、抹面、养生。

【工程量计算】 矩形盖板预制工程量，按不同盖板厚度，以盖板的混凝土体积计算。

过梁预制工程量，按不同单个过梁体积，以过梁的混凝土体积计算。

弧（拱）形盖板、井室盖板、槽形盖板预制工程量，均按盖板的混凝土体积计算。

（2）安装

【工 作 内 容】 构件提升，就位，固定，铺底板，调配砂浆，勾抹缝隙。

【工程量计算】 渠道矩形盖板、井室矩形盖板安装工程量，均按不同每块盖板体积，以盖板的混凝土体积计算。

检查井过梁安装工程量，按每个不同过梁的体积，以过梁的混凝土体积计算。

9. 混凝土管截断

【工 作 内 容】 清扫管内杂物，划线，凿管，切断钢筋等。

【工程量计算】 按不同管径、有无钢筋，以截断混凝土管的根数计算。

10. 检查井筒砌筑（ϕ700mm）

【工 作 内 容】 调制砂浆，盖板以上的井筒砌筑、勾缝、爬梯、井盖、井座安装，场内材料运输等。

【工程量计算】 按不同井筒高度，以检查井的座数计算。

11. 方沟闭水试验

【工 作 内 容】 调制砂浆，砌砖堵，抹面，接（拆）水管，拆堵，材（废）料运输。

【工程量计算】 按不同砖堵长度，以闭水长度的用水体积计算。

四、顶管工程

1. 工作坑、交汇坑土方及支撑安拆

（1）人工挖工作坑、交汇坑土方

【工 作 内 容】 人工挖土，少先吊配合吊土、卸土，场地清理。

【工程量计算】 按不同挖土深度，以开挖土方的天然密实体积计算。

（2）工作坑支撑设备安拆

【工 作 内 容】 备料，场内运输，支撑安拆，整理，指定地点堆放。

【工程量计算】 按不同坑深、管径，以支撑设备安拆的工作坑数计算。

（3）接收坑支撑安拆

【工 作 内 容】 备料，场内运输，支撑安拆，整理，指定地点堆放。

【工程量计算】 按不同坑深、管径，以支撑安拆的接收坑数计算。

2. 顶进后座及坑内平台安拆

【工 作 内 容】 （1）枋木后座：安拆顶进后座，安拆人工操作平台及千斤顶平台，清理现场。

（2）钢筋混凝土后座：模板制、安、拆，钢筋除锈、制作、安装，混凝土拌合、浇捣、养护，安拆钢板后靠，搭拆人工操作平台及千斤顶平台，拆除混凝土后座，清理现场。

【工程量计算】 枋木后座及坑内平台安拆工程量，按不同管径，以后座及平台安拆的坑数计算。

钢筋混凝土后座及坑内平台安拆工程量，按后座的混凝土体积计算。

3. 泥水切削机械及附属设施安拆

【工 作 内 容】 安拆工具管、千斤顶、顶铁、油泵、配电设备、进水泵、出泥泵、仪表操作台、油管闸阀、压力表、进水管、出泥管及铁梯等全部工序。

【工程量计算】 按不同管径，以机械及附属设施安拆的套数计算。

4. 中继间安拆

【工 作 内 容】 安装、吊卸中继间、装油泵、油管，接缝防水，拆除中继间内的全部设备，吊出井口。

【工程量计算】 按不同管径，以中继间安拆的套数计算。

5. 顶进触变泥浆减阻

【工 作 内 容】 安拆操作机械，取料，拌浆，压浆，清理。

【工程量计算】 按不同管径，以触变泥浆减阻的长度计算。

压浆孔制作与封孔工程量，按压浆孔制作与封孔的只数计算。

6. 封闭式顶进

【工 作 内 容】 卸管，安拆进水管、出泥浆管、照明设备，掘进，测量纠偏，泥浆出坑，场内运输等。

【工程量计算】 按不同顶进机械、管径，以顶进的长度计算。

7. 混凝土管顶进

【工 作 内 容】 下管，固定胀圈安拆，换顶铁，挖、运、吊土，顶进，纠偏。

【工程量计算】 按不同管径，以顶进的长度计算。

8. 钢管顶进

【工 作 内 容】 修整工作坑，安拆顶管设备，下管，切口，焊口，安、拆、换顶铁，挖、运、吊土，顶进，纠偏。

【工程量计算】 按不同管径，以顶进的长度计算。

9. 挤压顶进

【工 作 内 容】 修整工作坑，安拆顶管设备，下管，焊口，安、拆、换顶铁，挖、运、吊土，顶进，纠偏。

【工程量计算】 按不同管材、管径，以顶进的长度计算。

10. 方（拱）涵顶进

（1）顶进

【工 作 内 容】 修整工作坑，安拆顶管设备，下方（拱）涵，安、拆、换顶铁，挖、运、吊土，顶进，纠偏。

【工程量计算】 按不同方（拱）涵截面积，以顶进的长度计算。

（2）接口

【工 作 内 容】 熬制沥青玛琋脂，裁油毡，刷填石棉水泥，抹口。

【工程量计算】 按接口面积计算。

11. 混凝土管顶管平口管接口

【工 作 内 容】 配制沥青麻丝，拌合砂浆，填、抹（打）管口，材料运输。

【工程量计算】 按不同接口材料、管径，以平口管接口的个数计算。

12. 混凝土管顶管企口管接口

【工 作 内 容】 配制沥青麻丝，拌合砂浆，填、抹（打）管口，材料运输。

【工程量计算】 按不同接口材料、管径，以企口管接口的个数计算。
其中，橡胶垫板膨胀水泥接口、橡胶垫板石棉水泥接口的工作内容改为：清理管口，调配嵌缝及粘接材料，制粘垫板，打（抹）内管口，材料运输。工程量按不同管径，以接口的个数计算。

13. 顶管接口外套环

【工 作 内 容】 清理接口，安放“O”形橡胶圈，安放钢制外套环，刷环氧沥青漆。

【工程量计算】 按不同管径，以接口外套环的个数计算。

14. 顶管接口内套环

【工 作 内 容】 配制沥青麻丝，拌合砂浆，安装内套环，填抹（打）管口，材料运输。

【工程量计算】 按不同接口形式、管径，以接口内套环的个数计算。

15. 顶管钢板套环制作

【工 作 内 容】 划线，下料，坡口，压头，卷圆，找圆，组对，点焊，焊接，除锈，刷油，场内运输等。

【工程量计算】 按不同钢板套环壁厚，以钢板套环的重量计算。

五、给排水构筑物

1. 沉井

（1）沉井垫木、灌砂

【工 作 内 容】 ①垫木：人工挖槽弃土，铺砂，洒水，夯实，铺设和抽除垫木，回填砂。
②灌砂：人工装、运、卸砂，人工灌、捣砂。
③砂垫层：平整基坑，运砂，分层铺平，浇水，振实。
④混凝土垫层：配料、搅捣，养生，凿除混凝土垫层。

【工程量计算】 沉井垫木工程量，按垫木的长度计算。
沉井灌砂工程量，按灌砂的体积计算。
沉井砂垫层工程量，按砂垫层的体积计算。
沉井混凝土垫层工程量，按混凝土垫层的体积计算。

（2）沉井制作

【工 作 内 容】 混凝土搅拌、浇捣、抹平、养护，场内材料运输。

【工程量计算】 沉井的井壁、隔墙、底板制作工程量，按不同厚度，以井壁、隔墙、底板的混凝土体积计算。

沉井的顶板、刃角、地下结构等制作工程量，均按其混凝土体积计算。

(3) 沉井下沉

【工 作 内 容】 搭拆平台及起吊设备，挖土、吊土、装车。

【工程量计算】 人工挖土工程量，按不同土壤类别，以开挖土方的天然密实体积计算。

人工挖淤泥流砂、机械挖土、机械挖淤泥流砂工程量，均按其开挖淤泥流砂体积或土方的天然密实体积计算。

2. 现浇钢筋混凝土池

(1) 池底

【工 作 内 容】 混凝土搅拌、浇捣、养护，场内材料运输。

【工程量计算】 半地下室池底工程量，按不同池底形式、池底厚度，以池底的混凝土体积计算。

架空式池底工程量，按不同池底形式、池底厚度，以池底的混凝土体积计算。

(2) 池壁（隔墙）

【工 作 内 容】 混凝土搅拌、浇捣、养护，场内材料运输。

【工程量计算】 直、矩、圆、弧形池壁工程量，按不同池壁厚度，以井壁的混凝土体积计算。

池壁挑檐、池壁牛腿、配水花墙、砖穿孔墙工程量，均按其混凝土体积计算。其中，配水花墙应区别花墙厚度，分别计算工程量。

池壁高度应自池底板面算至池盖下面。

(3) 柱、梁

【工 作 内 容】 混凝土搅拌、浇捣、养护，场内材料运输。

【工程量计算】 无梁盖柱、矩形柱、圆形柱、连续梁、单梁、悬臂梁、异型环梁工程量，均按其混凝土体积计算。

无梁盖柱的柱高，应自池底上表面算至池盖的下表面，并包括柱座、柱帽的体积。

(4) 池盖

【工 作 内 容】 混凝土搅拌、浇捣、养护，场内材料运输。

【工程量计算】 肋形盖、无梁盖、锥形盖、球形盖工程量，均按其混凝土体积计算。

肋形盖应包括主梁、次梁及盖部分的体积；无梁盖应包括与池壁相适的扩大部分的体积；球形盖应自池壁顶面以上，包括边侧梁的体积在内。

(5) 板

【工 作 内 容】 混凝土搅拌、浇捣、养护，场内材料运输。

【工程量计算】 平板、走道板、悬空板、挡水板工程量，均按不同板厚度，以板的混凝土体积计算。

(6) 池槽

【工 作 内 容】 混凝土搅拌、浇捣、养护，场内材料运输。

【工程量计算】 悬空 V、U 形集水槽，悬空 L 形槽，池底暗渠工程量，均按不同槽壁厚度，以槽的混凝土体积计算。

落泥斗、槽工程量，按不同材料，以斗、槽的混凝土体积计算。

沉淀池水槽、下药溶解槽、澄清池，即反应筒壁工程量，均按其混凝土体积计算。

（7）导流壁、筒

【工 作 内 容】 调制砂浆，砌砖，场内材料运输。

【工程量计算】 砖导流墙工程量，按不同墙厚，以砖导流墙的体积计算。混凝土导流墙工程量，按不同墙厚，以混凝土导流墙的体积计算。

混凝土块穿孔墙工程量，按加气混凝土块砌体的体积计算。

钢筋混凝土导流筒工程量，按不同筒壁厚度，以导流筒的体积计算。

砖导流筒工程量，按砖导流筒的体积计算。

（8）设备基础

【工 作 内 容】 混凝土搅拌、浇捣、养护，场内材料运输。

【工程量计算】 独立设备基础、环形基础工程量，按不同单个基础体积，以设备基础的混凝土体积计算。

（9）其他现浇钢筋混凝土构件

【工 作 内 容】 混凝土搅拌、运输、浇捣，场内材料运输。

【工程量计算】 中心支筒、支撑墩、稳流筒、异型构件工程量，均按构件的体积计算。

3. 预制混凝土构件

（1）构件制作

【工 作 内 容】 混凝土搅拌、运输、浇捣、养护，场内材料运输。

【工程量计算】 钢筋混凝土滤板制作工程量，按不同滤板厚度，以滤板的体积计算。不扣滤头套管体积。

钢筋混凝土穿孔板制作工程量，按穿孔板的混凝土体积计算。

钢筋混凝土稳流板、井池内壁板工程量，均按其混凝土体积计算。

（2）构件安装

【工 作 内 容】 安装就位，找正，找平，清理，场内材料运输。

【工程量计算】 钢筋混凝土滤板、铸铁滤板安装，均按滤板安装的面积计算。

钢筋混凝土支墩安装、异型构件安装工程量，均按构件的混凝土体积计算。

4. 折板、壁板制作安装

（1）折板安装

【工 作 内 容】 找平，找正，安装，固定，场内材料运输。

【工程量计算】 玻璃钢折板、塑料折板安装工程量，均按折板的面积计算。

（2）壁板制作安装

【工 作 内 容】 ①木制壁板制作安装：木壁板制作，刨光企口，接装及各种铁件安装等。

②塑料壁板制作安装：划线，下料，拼装及各种铁件安装等。

【工程量计算】 木制浓缩室壁板、塑料浓缩室壁板制作安装工程量，按壁板的面积计算。

木制稳流板、塑料稳流板制作安装工程量，按稳流板的长度计算。

5. 滤料铺设

【工 作 内 容】 筛、运、洗砂石，清理底层，挂线，铺设砂石，整形找平等。

【工程量计算】 砂石滤料铺设工程量，按不同砂石材料，以砂石滤料的体积计算。

锰砂、磁铁矿石滤料铺设工程量，按滤料的重量计算。

尼龙网板制作安装工程量，按尼龙网板的面积计算。

6. 防水工程

【工 作 内 容】 清扫及烘干基层，配料，熬油，清扫油毡，砂子筛洗；调制砂浆，抹灰找平，压光压实，场内材料运输。

【工程量计算】 按不同防水材料、防水部位、防水层遍数、平面或立面，以防水层的面积计算。不扣除 $0.3m^2$ 以内孔洞所占面积。

平面与立面交接处的防水层，其上卷高度超过 500mm 时，按立面防水层计算。

7. 施工缝

【工 作 内 容】 熬制沥青、玛瑺脂，调配沥青麻丝，浸木丝板，拌合沥青砂浆，填塞，嵌缝，灌缝，材料场内运输等。

【工程量计算】 按不同嵌缝材料、平面或立面，以施工缝的长度计算。

8. 井、池渗漏试验

【工 作 内 容】 准备工具，灌水，检查，排水，现场清理等。

【工程量计算】 按不同井、池容量，以试验灌水的体积计算。

六、给排水机械设备安装

1. 拦污及提水设备

(1) 格栅的制作安装

【工 作 内 容】 放样，下料，调直，打孔，机加工，组对，点焊，成品校正，除锈刷油。

【工程量计算】 格栅制作工程量，按不同格栅材料，单个格栅的重量，以格栅的重量计算。

格栅安装工程量，按不同格栅材料，以格栅的重量计算。

(2) 格栅除污机

【工 作 内 容】 开箱点件，基础划线，场内运输，设备吊装就位，一次灌浆，精平，组装，附件组装，清洗，检查，加油，无负荷试运转等。

【工程量计算】 固定式格栅除污机安装工程量，按不同格栅宽度，以格栅除污机安装的台数计算。

移动式格栅除污机安装工程量，按不同设备重量，以格栅除污机安装的台数计算。

(3) 滤网清污机

【工 作 内 容】 同格栅除污机工作内容。

【工程量计算】 滤网清污机安装工程量，按不同设备重量，以滤网清污机安装的台数计算。

(4) 螺旋泵

【工 作 内 容】 同格栅除污机的工作内容。

【工程量计算】 螺旋泵安装工程量，按不同泵体直径，以螺旋泵安装的台数计算。

2. 投药、消毒处理设备

(1) 加氯机

【工 作 内 容】 开箱点件，基础划线，场内运输，固定，安装。
【工程量计算】 柜式加氯机、挂式加氯机安装工程量，均按加氯机安装的套数计算。

（2）水射器

【工 作 内 容】 开箱点件，场内运输，制垫，安装，找平，加垫，紧固螺栓。
【工程量计算】 水射器安装工程量，按不同水射器公称直径，以水射器安装的个数计算。

（3）管式混和器

【工 作 内 容】 外观检查，点件，安装，找平，制垫，紧固螺栓，水压试验。
【工程量计算】 管式混和器安装工程量，按不同管式混和器的公称直径，以混和器安装的个数计算。

（4）搅拌机械

【工 作 内 容】 开箱点件，基础划线，场内运输，设备吊装就位，一次灌浆，精平，组装，附件组装，清洗，检查，加油，无负荷试运转。
【工程量计算】 立式搅拌机、卧式搅拌机安装工程量，按不同单台搅拌机重量，以搅拌机安装的台数计算。

3. 水处理设备

（1）曝气器

【工 作 内 容】 外观检查、场内运输，设备吊装就位，安装，固定，找平，找正调试。
【工程量计算】 抽桶曝气器、螺旋曝气器、曝气头、滤帽安装工程量，均按其安装的个数计算。

（2）布气管安装

【工 作 内 容】 切管，坡口，调直，对口，挖眼接管，管道制作安装，盲板制作安装，水压试验，场内运输等。
【工程量计算】 按不同布气管材料、布气管公称直径，以布气管安装的长度计算。

（3）曝气机

【工 作 内 容】 开箱点件，基础划线，场内运输，设备吊装就位，一次灌浆，精平，组装，清洗，检查，加油，无负荷试运转。
【工程量计算】 表面曝气机、转刷曝气机安装工程量，按不同单个曝气机的重量，以曝气机安装的台数计算。

（4）生物转盘

【工 作 内 容】 开箱点件，基础划线，场内运输，设备吊装就位，一次灌浆，精平，组装，附件组装，清洗，检查，加油，无负荷试运转。
【工程量计算】 生物转盘安装工程量，按不同设备重量，以生物转盘安装的台数计算。

4. 排泥、撇渣和除砂机械

（1）行车式吸泥机

【工 作 内 容】 开箱点件，场内运输，枕木堆搭设，主梁组对，吊装，组件安装，无负荷试运转。
【工程量计算】 行车式吸泥机安装工程量，按不同吸泥机跨度，以吸泥机安装的台数计算。

（2）行车式提板刮泥撇渣机

【工 作 内 容】 开箱点件，场内运输，枕木堆搭设，主梁组对，吊装，组件安装，无负荷试运转。

【工程量计算】 行车式提板刮泥撇渣机安装工程量，按不同池宽，以刮泥撇渣机安装的台数计算。

（3）链条牵引式刮泥机

【工 作 内 容】 开箱点件，基础划线，场内运输，设备吊装就位，精平组装，附件组装，清洗，检查，加油，无负荷试运转。

【工程量计算】 链条牵引式刮泥机安装工程量，按不同链条数、链条长度，以刮泥机安装的台数计算。

（4）悬挂式中心传动刮泥机

【工 作 内 容】 开箱点件，基础划线，场内运输，枕木堆搭设，主梁组对，主梁吊装就位，精平组装，附件组装，清洗，检查，加油，无负荷试运转。

【工程量计算】 悬挂式中心传动刮泥机安装工程，按不同池径，以刮泥机安装的台数计算。

（5）垂架式中心传动刮、吸泥机

【工 作 内 容】 开箱点件，基础划线，场内运输，8t 汽车吊进出池子，枕木堆搭设，脚手架搭设，设备组装，附件组装，清洗，检查，加油，无负荷试运转。

【工程量计算】 垂架式中心传动刮泥机、吸泥机安装工程量，按不同池径，以刮泥机、吸泥机安装的台数计算。

（6）周边传动吸泥机

【工 作 内 容】 开箱点件，基础划线，场内运输，8t 汽车吊进出池子，枕木堆搭设，脚手架搭设，设备组装，附件组装，清洗，检查，加油，无负荷试运转。

【工程量计算】 周边传动吸泥机安装工程量，按不同池径，以吸泥机安装的台数计算。

（7）澄清池机械搅拌刮泥机

【工 作 内 容】 开箱点件，基础划线，场内运输，设备吊装，一次灌浆，精平组装，附件组装，清洗，检查，加油，无负荷试运转。

【工程量计算】 澄清池机械搅拌刮泥机安装工程量，按不同池径，以刮泥机安装的台数计算。

（8）钟罩吸泥机

【工 作 内 容】 开箱点件，基础划线，场内运输，设备吊装，精平组装，附件组装，清洗，检查，加油，无负荷试运转。

【工程量计算】 钟罩吸泥机安装工程量，按不同跨度，以吸泥机安装的台数计算。

5. 污泥脱水机械

（1）辊压转鼓式污泥脱水机

【工 作 内 容】 开箱点件，基础划线，场内运输，设备吊装，一次灌浆，精平组装，附件组装，清洗，检查，加油，无负荷试运转。

【工程量计算】 辊压转鼓式污泥脱水机安装工程量，按不同转数直径，以污泥脱水机安装的台数计算。

（2）带式压滤机

【工 作 内 容】 同辊压转鼓式污泥脱水机的工作内容。

【工程量计算】 带式压滤机安装工程量，按不同设备重量，以压滤机安装的台数计算。

（3）污泥造粒脱水机

【工 作 内 容】 开箱点件，基础划线，场内运输，设备吊装，一次灌浆，精平组装，附件组装，清洗，检查，加油，无负荷试运转。

【工程量计算】 污泥造粒脱水机安装工程量，按不同转鼓直径，以污泥造粒脱水机安装的台数计算。

6. 闸门及驱动装置

（1）铸铁圆闸门

【工 作 内 容】 开箱点件，基础划线，场内运输，闸门安装，找平，找正，试漏，试运转。

【工程量计算】 铸铁圆闸门安装工程量，按不同闸门直径，以铸铁圆闸门安装的座数计算。

（2）铸铁方闸门

【工 作 内 容】 同铸铁方闸门的工作内容。

【工程量计算】 铸铁方闸门安装工程量，按不同闸门长乘宽，以铸铁方闸门安装的座数计算。

（3）钢制闸门

【工 作 内 容】 开箱点件，基础划线，场内运输，闸门安装，找平，找正，试漏，试运转。

【工程量计算】 钢制闸门安装工程量，按不同进水口长乘宽，以钢制闸门安装的座数计算。

（4）旋转门

【工 作 内 容】 同钢制闸门的工作内容。

【工程量计算】 旋转门安装工程量，按不同闸门长乘宽，以旋转门安装的座数计算。

（5）铸铁堰门

【工 作 内 容】 同钢制闸门的工作内容。

【工程量计算】 铸铁堰门安装工程量，按不同堰门长乘宽，以铸铁堰门安装的座数计算。

（6）钢制调节堰门

【工 作 内 容】 同钢制闸门的工作内容。

【工程量计算】 钢制调节堰门安装工程量，按不同堰门宽度，以钢制调节堰门安装的座数计算。

（7）升杆式铸铁泥阀

【工 作 内 容】 开箱点件，基础划线，场内运输，闸门安装，找平，找正，试漏，试运转。

【工程量计算】 升杆式铸铁泥阀安装工程量，按不同泥阀公称直径，以升杆式铸铁泥阀安装的座数计算。

（8）平底盖闸

【工 作 内 容】 同升杆式铸铁泥阀的工作内容。

【工程量计算】 平底盖闸安装工程量，按不同盖闸公称直径，以平底盖闸安装的座数计算。

（9）启闭机械

【工 作 内 容】 开箱点件，基础划线，场内运输，安装就位，找平，找正，检查，加油，无负荷试运转。

【工程量计算】 启闭机械安装工程量，按不同形式，以启闭机械安装的台数计算。

7. 其他

（1）集水槽

【工 作 内 容】 ①制作：放样，下料，折边，铣边，法兰制作，组对，焊接，酸洗，材料场内运输等。

②安装：清基，放线，安装，固定，场内运输等。

【工程量计算】 集水槽制作工程量，按不同集水槽材料、槽壁厚度，以集水槽展开面积计算，包括需要折边的长度，不扣除出水孔所占面积。

集水槽安装工程量，按不同集水槽材料、槽壁厚度，以集水槽展开面积计算。

（2）堰板

【工作内容】 ①制作：放样，下料，钻孔，清理，调直，酸洗，场内运输等。

②安装：清基，放线，安装就位，固定，焊接或粘接，场内运输等。

【工程量计算】 齿形堰板制作工程量，按不同堰板材料、堰板厚度，以堰板外围面积计算，即堰板设计宽度乘以长度，不扣除齿形间隔空隙所占面积。

齿形堰板安装工程量，按不同堰板材料、堰板厚度，以堰板外围面积计算。

（3）穿孔管钻孔

【工作内容】 切管，划线，钻孔，场内材料运输等。

【工程量计算】 按不同穿孔管材质、穿孔管直径，以钻孔的个数计算。

（4）斜板、斜管安装

【工作内容】 斜板、斜管铺装、固定，场内材料运输等。

【工程量计算】 斜板安装、聚丙烯斜管安装工程量，均按斜板、斜管的面积计算。

（5）地脚螺栓孔灌浆

【工作内容】 清扫，冲洗地脚螺栓孔，筛洗砂石，人工搅拌、捣固、找平、养护。

【工程量计算】 按不同设备的灌浆体积，以灌浆的体积计算。

（6）设备底座与基础间灌浆

【工作内容】 清扫，冲洗设备底座基础，制作和安装拆除模板，筛洗砂石，人工搅拌，捣固、抹平、养护。

【工程量计算】 按不同设备的灌浆体积，以灌浆的体积计算。

七、模板、钢筋、井字架工程

1. 现浇混凝土模板工程

（1）基础

【工作内容】 模板制作、安装、拆除，清理杂物，刷隔离剂，整理堆放，场内外运输。

【工程量计算】 混凝土基础垫层模板工程量，按模板与垫层混凝土接触面积计算。

杯型基础模板工程量，按不同模板材料，以模板与杯型基础混凝土接触面积计算。

设备基础模板工程量，按不同设备基础单体体积、模板材料，以模板与设备基础混凝土接触面积计算。

设备基础螺栓套孔模板工程量，按不同螺栓套孔深度，以螺栓套孔模板的个数计算。

设备基础二次灌浆工程量，按灌浆体积计算。

（2）构筑物及池类

【工作内容】 模板安装、拆除、涂刷隔离剂，清杂物，场内运输等。

【工程量计算】池底模板工程量，按不同池底形状、模板材料，以模板与池底混凝土接触面积计算。

池壁（隔墙）模板工程量，按不同池壁形状、模板材料，以模板与池壁混凝土接触面积计算。

池盖模板工程量，按不同池盖形式、模板材料，以模板与池盖混凝土接触面积计算。

柱、梁模板工程量，按不同柱、梁形式，模板材料，以模板与柱、梁混凝土接触面积计算。

板模板工程量，按不同板的形式、模板材料，以模板与板混凝土接触面积计算。

池槽模板工程量，按不同池槽功能、模板材料，以模板与池槽混凝土接触面积计算。

小型池槽模板工程量，按小型池槽的混凝土体积计算。

（3）管、渠道及其他

【工作内容】模板安装、拆除，涂刷隔离剂，清杂物，场内运输等。

【工程量计算】管、渠道平基、管座、渠（涵）直墙、顶（盖）板、井底流槽等模板工程量，均按不同模板材料，以模板与构件混凝土接触面积计算。

2. 预制混凝土模板工程

（1）构筑物及池类

【工作内容】工具式钢模板安装，清理，刷隔离剂，拆除，整理堆放，场内运输。

【工程量计算】壁板模板工程量，按不同壁板形式、模板材料，以壁板的混凝土体积计算。

柱、梁及池槽模板工程量，按不同柱、梁及池槽形式、模板材料，以柱、梁、池槽的混凝土体积计算。

（2）管、渠道及其他

【工作内容】工具式钢模板安装，清理，刷隔离剂，拆除，整理堆放，场内运输。

【工程量计算】按不同构件形式、模板材料，以构件的混凝土体积计算。

3. 钢筋（铁件）

（1）现浇、预制构件钢筋

【工作内容】钢筋解捆，除锈，调直，下料，弯曲，点焊，焊接，除碴，绑扎成型，运输入模。

【工程量计算】按不同钢筋直径，以钢筋的重量计算。

钢筋重量等于每米钢筋重量乘以钢筋长度。钢筋长度应按实际下料计算。

计算钢筋工程量时，设计已规定搭接长度的，按规定搭接长度计算；设计未规定搭接长度的，已包括在钢筋的损耗中，不另计算搭接长度。

（2）预应力钢筋

【工作内容】①先张法：制作，张拉，放张，切断等。

②后张法及钢丝束：制作，编束，穿筋，张拉，孔道灌浆，锚固，放张，切断等。

【工程量计算】 先张法预应力钢筋工程量，按不同预应力钢筋直径，以预应力钢筋的重量计算。先张法预应力钢筋长度按构件长度计算。

后张法预应力钢筋工程量，按不同预应力钢筋直径，以预应力钢筋的重量计算。后张法预应力钢筋长度，按下列规定计算：

①钢筋两端采用螺杆锚具时，预应力钢筋长度按预留孔道长度减 0.35m 计算，螺杆另计。

②钢筋一端采用镦头插片，另一端采用螺杆锚具时，预应力钢筋长度按预留孔道长度计算。

③钢筋一端采用镦头插片，另一端采用帮条锚具时，预应力钢筋长度按预留孔道长度加 0.15m 计算；如两端均采用帮条锚具，预应力钢筋长度按预留孔道长度加 0.3m 计算。

④采用后张自锚时，预应力钢筋长度按预留孔道长度加 0.35m 计算。

无黏结预应力钢丝束工程量，按钢丝束的重量计算。钢丝束，重量按每米钢丝束重量乘以钢丝束长度计算。钢丝束长度按其实际长度计算。

(3) 预埋铁件制作、安装

【工作内容】 加工，制作，埋设，焊接固定。

【工程量计算】 铁件、钢套管、止水螺旋制作工程量均按其重量计算。

4. 井字架

(1) 木制井字架

【工作内容】 木脚手杆安装，铺翻板子，拆除，堆放整齐，场内运输。

【工程量计算】 按不同井字架高度，以木制井字架座数计算。

(2) 钢管井字架

【工作内容】 各种构件安装，铺翻板子，拆除，场内运输。

【工程量计算】 按不同井字架高度，以钢管井字架的座数计算。

第七节　燃气与集中供热工程量计算

一、管道安装

1. 碳钢管安装

【工作内容】 切管，坡口，对口，调直，焊接，找坡，找正，安装等。

【工程量计算】 按不同碳钢管公称直径，以碳钢管中心线长度计算。不扣除管件、阀门、法兰所占长度。

2. 直埋式预制保温管安装

【工作内容】 收缩带下料，制塑料焊条，坡口及磨平，组对，安装，焊接，套管连接，找正，就位，固定，塑料焊，人工发泡，做收缩带，防毒等。

【工程量计算】 按不同保温管公称直径，以保温管中心线长度计算。

3. 碳素钢板卷管安装

【工作内容】 切管，坡口，对口，调直，焊接，找坡，找正，直管安装等。

【工程量计算】 按不同钢板卷管外径及壁厚，以碳素钢板卷管中心线长度计算。不扣管件、阀门、法兰所占长度。

4. 活动法兰承插铸铁管安装（机械接口）

【工 作 内 容】 上法兰，胶圈，紧螺栓，安装，试压等。

【工程量计算】 按不同铸铁管公称直径，以承插铸铁管中心线长度计算。不扣管件、阀门、法兰所占长度。

5. 塑料管安装

（1）塑料管安装（对接熔接）

【工 作 内 容】 管口切削，对口，升温，熔接等。

【工程量计算】 按不同塑料管外径，以塑料管中心线长度计算。

（2）塑料管安装（电熔管件熔接）

【工 作 内 容】 管口切削，上电熔管件、升温，熔接等。

【工程量计算】 按不同塑料管外径，以塑料管中心线长度计算。

6. 套管内铺设钢板卷管

【工 作 内 容】 铺设工具制作安装，焊口，直管安装，牵引推进等。

【工程量计算】 按不同钢板卷管外径，以钢板卷管的铺设长度计算。

7. 套管内铺设铸铁管（机械接口）

【工 作 内 容】 铺设工具制作安装，焊口，直管安装，牵引推进等。

【工程量计算】 按不同铸铁管公称直径，以铸铁管的铺设长度计算。

二、管件制作、安装

1. 焊接弯头制作

【工 作 内 容】 量尺寸，切管，组对，焊接成型，成品码垛等。

【工程量计算】 按不同弯头角度、管外径及壁厚，以焊接弯头制作的个数计算。

2. 弯头（异径管）安装

【工 作 内 容】 切管，管口修整，坡口，组对安装，点焊、焊接等。

【工程量计算】 按不同管外径及壁厚，以弯头（异径管）安装的个数计算。异径管以大口径为准。

3. 三通安装

【工 作 内 容】 切管，管口修整，坡口，组对安装，点焊，焊接等。

【工程量计算】 按不同管外径及壁厚，以三通安装的个数计算。

4. 挖眼接管

【工 作 内 容】 切割，坡口，组对安装，点焊，焊接等。

【工程量计算】 按不同管外径及壁厚，以挖眼接管的个数计算。

5. 钢管煨弯

（1）钢管煨弯（机械煨弯）

【工 作 内 容】 划线，涂机油，上管压紧，煨弯，修整等。

【工程量计算】 按不同钢管外径，以钢管煨弯的个数计算。

（2）钢管煨弯（中频弯管机煨弯）

【工 作 内 容】 划线，涂机油，上胎具，加热，煨弯，下胎具，成品检查等。
【工程量计算】 按不同钢管公称直径，以钢管煨弯的个数计算。

6. 铸铁管件安装（机械接口）

【工 作 内 容】 管口处理，找正，找平，上胶圈，法兰，紧螺栓等。
【工程量计算】 按不同铸铁管公称直径，以铸铁管件安装的件数计算。

7. 盲（堵）板安装

【工 作 内 容】 切管，坡口，焊接，上法兰，找平，找正，制加垫，紧螺栓，压力试验等。
【工程量计算】 按不同盲堵板公称直径，以盲（堵）板安装的组数计算。

8. 钢塑过渡接头安装

【工 作 内 容】 钢管接头焊接，塑料管接头熔接等。
【工程量计算】 按不同管外径，以钢塑过渡接头安装的个数计算。

9. 防雨环帽制作、安装

【工 作 内 容】 （1）制作：放样，下料，切割，坡口，卷圆，找圆，组对，点焊，焊接等。
（2）安装：吊装，组对，焊接等。
【工程量计算】 防雨环帽制作工程量，按不同单个环帽重量，以防雨环帽的重量计算。
防雨环帽安装工程量，按防雨环帽的重量计算。

10. 直埋式预制保温管管件安装

【工 作 内 容】 收缩带下料，制塑料焊条，切、坡口及打磨，组对，安装，焊接，连接套管，找正，就位，固定，塑料焊，人工发泡，做收缩带，防毒等。
【工程量计算】 按不同保温管公称直径，以保温管管件安装的个数计算。

三、法兰阀门安装

1. 法兰安装

【工 作 内 容】 切管，坡口，组对，制加垫，紧螺栓，焊接等。绝缘法兰工作内容另加制加绝缘垫片、绝缘套管，免除焊接等。
【工程量计算】 平焊法兰、对焊法兰、绝缘法兰安装工程量，均按法兰公称直径，以安装法兰的副数计算。

2. 阀门安装

（1）焊接法兰阀门安装

【工 作 内 容】 制加垫，紧螺栓等。
【工程量计算】 按不同法兰阀门公称直径，以焊接法兰阀门安装的个数计算。

（2）低压齿轮、电动传动阀门安装

【工 作 内 容】 除锈，制加垫，吊装，紧螺栓等。
【工程量计算】 按不同阀门公称直径，以阀门安装的个数计算。

（3）中压齿轮、电动传动阀门安装

【工 作 内 容】 除锈，制加垫，吊装，紧螺栓等。
【工程量计算】 按不同阀门公称直径，以阀门安装的个数计算。

3. 阀门水压试验

【工 作 内 容】 除锈，切管，焊接，制加垫，固定，紧螺栓，压力试验等。

【工程量计算】 按不同阀门公称直径，以阀门水压试验的个数计算。

4. 低压阀门解体、检查、清洗、研磨

【工 作 内 容】 阀门解体、检查、填料更换或增加、清洗、研磨、恢复，堵板制作，上堵板，试压等。

【工程量计算】 按不同阀门公称直径，以低压阀门解体的个数计算。

5. 中压阀门解体、检查、清洗、研磨

【工 作 内 容】 阀门解体、检查、填料更换或增加、清洗、研磨、恢复，堵板制作，上堵板，试压等。

【工程量计算】 按不同阀门公称直径，以中压阀门解体的个数计算。

6. 阀门操纵装置安装

【工 作 内 容】 部件检查及组合装配、找平、找正、安装、固定、试调、调整等。

【工程量计算】 按阀门操纵装置的重量计算。

四、燃气用设备安装

1. 凝水缸制作、安装

（1）低压碳钢凝水缸制作

【工 作 内 容】 放样，下料，切割，坡口，对口，点焊，焊接成型，强度试验等。

【工程量计算】 按不同凝水缸公称直径，以低压碳钢凝水缸制作的个数计算。

（2）中压碳钢凝水缸制作

【工 作 内 容】 放样，下料，切割，坡口，对口，点焊，焊接成型，强度试验等。

【工程量计算】 按不同凝水缸公称直径，以中压碳钢凝水缸制作的个数计算。

（3）低压碳钢凝水缸安装

【工 作 内 容】 安装罐体,找平,找正,对口,焊接,量尺寸,配管,组装,防护罩安装等。

【工程量计算】 按不同凝水缸公称直径，以低压碳钢凝水缸安装的组数计算。

（4）中压碳钢凝水缸安装

【工 作 内 容】 安装罐体，找平，找正，对口，焊接，量尺寸，配管，组装，头部安装，抽水缸小井砌筑等。

【工程量计算】 按不同凝水缸公称直径，以中压碳钢凝水缸安装的组数计算。

（5）低压铸铁凝水缸安装（机械接口）

【工 作 内 容】 抽水立管安装，抽水缸与管道连接，防护罩、井盖安装等。

【工程量计算】 按不同凝水缸公称直径，以低压铸铁凝水缸安装的组数计算。

（6）中压铸铁凝水缸安装（机械接口）

【工 作 内 容】 抽水立管安装，抽水缸与管道连接，凝水缸小井砌筑，防护罩、井座、井盖安装。

【工程量计算】 按不同凝水缸公称直径，以中压铸铁凝水缸安装的组数计算。

（7）低压铸铁凝水缸安装（青铅接口）

【工 作 内 容】 抽水立管安装，化铅，灌铅，打口，凝水缸小井砌筑，防护罩、井座、井盖安装等。

【工程量计算】 按不同凝水缸公称直径，以低压铸铁凝水缸安装的组数计算。

(8) 中压铸铁凝水缸安装（青铅接口）

【工 作 内 容】 抽水立管安装，头部安装，化铅，灌铅，打口，凝水缸小井砌筑，防护罩、井座、井盖安装。

【工程量计算】 按不同凝水缸公称直径，以中压铸铁凝水缸安装的组数计算。

2. 调压器安装

(1) 雷诺调压器安装

【工 作 内 容】 安装，调试等。

【工程量计算】 按不同雷诺调压器型号，以雷诺调压器安装的组数计算。

(2) T型调压器安装

【工 作 内 容】 安装，调试等。

【工程量计算】 按不同T型调压器型号，以T型调压器安装的组数计算。

(3) 箱式调压器安装

【工 作 内 容】 进、出管焊接，调试，调压器箱体安装等。

【工程量计算】 按不同箱式调压器型号，以箱式调压器安装的组数计算。

3. 鬃毛过滤器安装

【工 作 内 容】 成品安装，调试等。

【工程量计算】 按不同鬃毛过滤器公称直径，以鬃毛过滤器的安装组数计算。

4. 萘油分离器安装

【工 作 内 容】 成品安装，调试等。

【工程量计算】 按不同萘油分离器的公称直径，以萘油分离器安装的组数计算。

5. 安全水封、检漏管安装

【工 作 内 容】 排尺，下料，焊接法兰，紧螺栓等。

【工程量计算】 安全水封安装工程量，按不同水封型号，以安全水封安装的组数计算。检漏管安装工程量，按检漏管安装的组数计算。

6. 煤气调长器安装

【工 作 内 容】 熬制沥青，灌沥青，量尺寸，断管，焊法兰，制加垫，找平，找正，紧螺栓等。

【工程量计算】 按煤气调长器安装的个数计算。

五、集中供热用容器具安装

1. 除污器组成安装

(1) 除污器组成安装（带调温、调压装置）

【工 作 内 容】 清洗，切管，套丝，上零件，焊接，组对，制加垫，找平，找正，器具安装，压力试验等。

【工程量计算】 按不同除污器公称直径，以除污器组成安装的组数计算。

(2) 除污器组成安装（不带调温、调压装置）

【工 作 内 容】 同除污器组成安装（带调温、调压装置）。

【工程量计算】 同除污器组成安装（带调温、调压装置）。

(3) 除污器安装

【工 作 内 容】 切管，焊接，制加垫，除污器，放风管，阀门安装，压力试验等。

【工程量计算】 按不同除污器公称直径，以除污器安装的组数计算。

2. 补偿器安装

（1）焊接钢套筒补偿器安装

【工 作 内 容】 切管，补偿器安装，对口，焊接，制加垫，紧螺栓，压力试验等。

【工程量计算】 按不同套筒补偿器公称直径，以焊接钢套筒补偿器安装的个数计算。

（2）焊接法兰式波纹补偿器安装

【工 作 内 容】 除锈，切管，焊法兰，吊装，就位，找正，找平，制加垫，紧螺栓，水压试验等。

【工程量计算】 按不同波纹补偿器公称直径，以焊接法兰式波纹补偿器安装的个数计算。

六、管道试压、吹扫

1. 强度试验

【工 作 内 容】 准备工具、材料，装、拆临时管线，制、安盲堵板，充气加压，检查，找漏，清理现场等。

【工程量计算】 按不同管道公称直径，以进行强度试验的管道长度计算。

2. 气密性试验

【工 作 内 容】 准备工具、材料，装、拆临时管线，制、安盲（堵）板，充气试验，清理现场等。

【工程量计算】 按不同管道公称直径，以进行气密性试验的管道长度计算。

3. 管道吹扫

【工 作 内 容】 准备工具、材料，装拆临时管线，制、安盲堵板，加压，吹扫，清理等。

【工程量计算】 按不同管道公称直径，以进行吹扫的管道长度计算。

4. 管道总试压及冲洗

【工 作 内 容】 安装临时水、电源，制盲堵板，灌水，试压，检查放水，拆除水、电源，填写记录等。

【工程量计算】 按不同管道公称直径，以总试压及冲洗的管道长度计算。

管道总试压按每1km为一个打压次数，执行定额一项目，不足0.5km不计，超过0.5km计算一次。

5. 牺牲阳极、测试桩安装

【工 作 内 容】 牺牲阳极表面处理，焊接，配添料，牺牲阳极包制作、安装，测试桩安装、夯填，沥青防腐处理等。

【工程量计算】 按其安装的组数计算。

第八节 路灯工程量计算

一、变配电设备工程

1. 变压器安装

（1）杆上安装变压器

【工 作 内 容】 支架、横担、撑铁安装，变压器吊装固定，配线，接线，接地。

【工程量计算】 按不同变压器容量（kV·A），以变压器安装的台数计算。

（2）地上安装变压器

【工 作 内 容】 开箱检查，本体就位，砌身检查，油枕及散热器的清洗，油柱试验，风扇油泵电动机触体检查接线，附件安装，垫铁及齿轮器制作安装，补充注油及安装后的整体密封试验。

【工程量计算】 按其安装的台数计算。

（3）变压器油过滤

【工 作 内 容】 过滤前的准备以及过滤后的清理，油过滤，取油样，配合试验。

【工程量计算】 按变压器油的过滤量（重量）计算。可按制造厂提供的油量计算。

2. 组合型成套箱式变电站安装

【工 作 内 容】 开箱，检查，安装固定，接线，接地。

【工程量计算】 不带高压开关柜、带高压开关柜安装工程量，按不同变压器容量（kV·A），以开关柜安装的台数计算。

3. 电力电容器安装

【工 作 内 容】 开箱检查，安装固定，配合试验。

【工程量计算】 按不同电力电容器重量，以电力电容器安装的个（台）数计算。

4. 配电柜箱制作安装

（1）高压成套配电柜安装

【工 作 内 容】 开箱检查，安装固定，放注油，导电接触面的检查调整，附件的拆装，接地。

【工程量计算】 单母线柜的断路器柜、互感器柜安装工程量，均按其安装台数计算。
双母线柜的断路器柜、互感器柜安装工程量，均按其安装台数计算。

（2）成套低压路灯控制柜安装

【工 作 内 容】 开箱检查，柜体组装，导线挂锡压焊，接地，安装，设备调试，负载平衡。

【工程量计算】 计量柜、控制总柜、照明分柜、动力分柜、电容器分柜安装工程量，均按其安装的套数计算。

（3）落地式控制箱安装

【工 作 内 容】 箱体安装，接线，接地，调试和平衡分路负载，销链加油润滑。

【工程量计算】 按不同控制箱半周长、线路数，以落地式控制箱安装的套数计算。

（4）杆上配电设备安装

【工 作 内 容】 支架、横担、撑铁安装，设备安装固定，检查，调整，油开关注油，配线，接线，接地。

【工程量计算】 跌落式熔断器、避雷器、隔离开关安装工程量，按其安装的组数计算。
油开关、配电箱安装工程量，按其安装的台数计算。

（5）杆上控制箱安装

【工 作 内 容】 支架、横担、撑铁安装，箱体吊装固定，接线，试运行。

【工程量计算】 按不同线路数，以控制箱安装的套数计算。

（6）控制箱柜附件安装

【工 作 内 容】 开箱检查，安装固定，校验，接线，接地。

【工程量计算】 户外式端子箱、光电控制箱、时间控制器安装工程量，按其安装的个数计算。

（7）配电板制作安装

【工作内容】 制作，下料，做榫，拼缝，钻孔，拼装，砂光，油漆，包钉铁皮，安装，接线，接地。

【工程量计算】 配电板制作工程量，按不同配电板材质，以配电板的面积计算。

木配电板包铁皮工程量，按所包铁皮面积计算。

配电板安装工程量，按不同配电板半周长，以配电板安装的块数计算。

5. 铁构件制作安装及箱、盒制作

【工作内容】 制作，平直，划线，下料，钻孔，组对，焊接，刷油（喷漆），安装，补刷油。

【工程量计算】 一般铁构件制作、安装工程量，均按铁构件的重量计算。

轻型铁构件制作、安装工程量，均按铁构件的重量计算。

箱、盒制作工程量，按箱、盒的重量计算。

网门保护网制作安装工程量，按网门保护网的重量计算。

二次喷漆工程量，按所喷涂油漆的面积计算。

6. 成套配电箱安装

【工作内容】 开箱，检查，安装，接线，接地。

【工程量计算】 落地式成套配电箱安装工程量，按其安装的台数计算。

悬挂嵌入式成套配电箱安装工程量，按不同配电箱半周长，以其安装的台数计算。

7. 熔断器、限位开关安装

【工作内容】 开箱，检查，安装，接线，接地。

【工程量计算】 熔断器安装工程量，按不同熔断器形式，以熔断器安装的个数计算。

限位开关安装工程量，按限位开关安装的个数计算。

8. 控制器、启动器安装

【工作内容】 开箱，检查，安装，触头调整，注油，接线，接地。

【工程量计算】 主令、鼓形凸轮控制器的安装工程量，均按其安装的台数计算。

接触器、磁力启动器安装工程量，按其安装的台数计算。

9. 盘柜配线

【工作内容】 放线，下料，包绝缘带，排线，卡线，校线，接线。

【工程量计算】 按不同导线截面积，以实际配线长度计算。

实际配线长度等于设计配线长度加预留长度。预留长度见表4-3。

表4-3 盘柜配线预留长度

项次	项目	预留长度（m）	说明
1	各种开关柜、箱、板	高+宽	盘面尺寸
2	单独安装（无箱、盘）的铁壳开关、闸刀开关、启动器、母线槽进出线盒等	0.3	以安装对象中心计算
3	以安装对象中心计算	1	以管口计算

10. 接线端子

（1）焊铜接线端子

【工作内容】 削线头，套绝缘管，焊接头，包缠绝缘带。

【工程量计算】 按不同导线截面积以其安装的个数计算。

（2）压铜接线端子

【工 作 内 容】 削线头，套绝缘管，压接头，包缠绝缘带。

【工程量计算】 按不同导线截面积，以其安装的个数计算。

（3）压铝接线端子

【工 作 内 容】 削线头，套绝缘管，压线头，包缠绝缘带。

【工程量计算】 按不同导线截面积，以其安装的个数计算。

11. 控制继电器保护屏安装

【工 作 内 容】 开箱，检查，安装，电器、表计及继电器等附件的拆装，送交试验，盘内整理及一次校线，接线。

【工程量计算】 控制屏、继电及信号屏、配电屏、弱电控制返回屏、同期小屏控制箱安装工程量，均按其安装的台数计算。

12. 控制台安装

【工 作 内 容】 开箱，检查，安装，各种电器、表计等附件的拆装、送交试验，盘内整理，一次接线。

【工程量计算】 按不同控制台长度，以控制台安装的台数计算。

13. 仪表、电器、小母线、分流器安装

（1）仪表、电器、小母线

【工 作 内 容】 开箱，检查，盘上划线，钻眼，安装固定写字编号，下料布线，上卡子。

【工程量计算】 测量表计、继电器、电磁锁、屏上辅助设备、辅助电压互感器安装工程量，均按其安装的台数计算。

小母线安装工程量，按小母线安装的长度计算。

（2）分流器安装

【工 作 内 容】 接触面加工，钻眼，连接，固定。

【工程量计算】 按不同分流器电流（A），以分流器安装的个数计算。

二、架空线路工程

1. 底盘、卡盘、拉盘安装及电杆焊接、防腐

【工 作 内 容】 基坑整理，移运、盘安装，操平，找正，卡盘螺栓紧固，工器具转移，对口焊接，木杆根部烧焦涂防腐油。

【工程量计算】 底盘、卡盘、拉盘安装工程量，均按其安装块数计算。

水泥杆焊接工程量，按焊接对口的口数计算。

木杆根数防腐工程量，按木杆防腐的根数计算。

2. 立杆

（1）单杆

【工 作 内 容】 立杆，找正，绑地横木，根部刷油，工器具转移。

【工程量计算】 按不同单杆材质、单杆高度，以立单杆的根数计算。

（2）按腿杆

【工 作 内 容】 木杆加工，接腿，立杆，找正，绑地横木，根部刷油，工器具转移。

【工程量计算】 单腿接杆、双腿接杆、混合接腿杆工程量，均按不同接杆高度，以接腿杆的根数计算。

（3）撑杆

【工 作 内 容】 木杆加工，根部刷油，立杆，装抱箍，填土夯实。

【工程量计算】 按不同撑杆材质、撑杆高度，以立撑杆的根数计算。

（4）立金属杆

【工 作 内 容】 灯柱柱基杂物清理，立杆，找正，紧固螺栓并上防锈油。

【工程量计算】 按不同金属杆的长度，以立金属杆的根数计算。

3. 引下线支架安装

【工 作 内 容】 支架安装，找正，上瓷瓶，紧固。

【工程量计算】 按不同支架距地面高度，以引下线支架安装的副数计算。

4. 10kV 以下横担安装

【工 作 内 容】 量尺寸，定位，上抱箍，装横担，支撑及杆顶支座，安装绝缘子。

【工程量计算】 铁、木横担安装工程量，按不同横担根数，以横担安装的组数计算。
瓷横担安装工程量，区别直线杆、承力杆，以瓷横担安装的组数计算。

5. 1kV 以下横担安装

【工 作 内 容】 定位，上抱箍，装支架，横担，支撑及杆顶支座，装瓷瓶。

【工程量计算】 按不同线路数、横担根数，以横担安装的组数计算。其中瓷横担安装工程量，按其组数计算。

6. 进户线横担安装

【工 作 内 容】 测位，划线，打眼，钻孔，横担安装，装瓷瓶及防水弯头。

【工程量计算】 按不同埋设形式、线路数，以进户线横担安装的根数计算。

7. 拉线制作安装

【工 作 内 容】 放线，下料，上铁件，装拉线盘，调整，紧线，填土夯实。

【工程量计算】 按不同拉线形式、拉线截面积，以拉线制作安装的组数计算。

8. 导线架设

【工 作 内 容】 线材外观检查，架线盘，放线，直线接头连接，紧线，弛度观测，耐张终端头制作，绑扎，跳线安装。

【工程量计算】 按不同导线材质，导线截面积，以导线单线长度计算。
导线单线长度按设计长度加预留长度计算。

导线预留长度按表 4-4 规定。

表 4-4　导线预留长度

项　目		预留长度（m）
高　压	转　角	2.5
	分支、终端	2.0
低　压	分支、终端	0.5
	交叉跳线转交	1.5
与设备连接		0.5

9. 导线跨越架设

【工 作 内 容】 跨越架的搭拆，架线中的监护转移。

【工程量计算】 按不同跨越物（电力线、通讯线、公路、铁路、河流），以跨越的处数计算。每个跨越间距按 50m 以内为 1 处，大于 50m 而小于 100m 时，按两处计算。单线广播线不算跨越物。

10. 路灯设施编号

【工 作 内 容】 定位，去尘，杆刷漆，编号量高度，钉粘号牌。

【工程量计算】 开关箱编号、路灯杆编号、钉或粘路灯号牌工程量，按其编号或钉牌个数计算。开关箱编号不满 10 个按 10 个计算；路灯杆编号不满 15 个按 15 个计算。钉粘号牌不满 20 个按 20 个计算。

11. 基础制作

【工 作 内 容】 钢模板安装、拆除、清理，刷润滑剂；木模制作、安装、拆除，模板场外运输；钢筋制作、绑扎、安装；混凝土搅拌、浇捣、养护。

【工程量计算】 按有无钢筋，以基础的混凝土体积计算。

12. 绝缘子安装

【工 作 内 容】 开箱检查，清扫，绝缘测试，组合安装，固定，接地，刷漆。

【工程量计算】 按不同绝缘子孔数，以绝缘子安装的个数计算。

三、电缆工程

1. 电缆沟铺砂、盖板、揭盖板

【工 作 内 容】 调整电缆间距，铺砂，盖砖，盖保护板，埋设标桩，揭盖盖板。

【工程量计算】 铺砂盖砖、铺砂盖保护板工程量，按不同电缆根数，以电缆沟的长度计算。揭盖盖板工程量，按每块盖板长度，以每揭、盖一次的长度计算。如又揭又盖，则按两次计算。

2. 电缆保护管敷设

【工 作 内 容】 测位，沟底夯实，锯管，接口，敷设，刷漆，接口。

【工程量计算】 按不同保护管材质，保护管公称直径，以保护管敷设长度计算。

保护管敷设长度除按设计规定长度计算外，遇有下列情况，应按以下规定增加保护管长度。

（1）横穿道路，按路基宽度两端各加 2m。

（2）垂直敷设时管口离地面加 2m。

（3）穿过建筑物外墙时，按基础外缘以外加 2m。

（4）穿过排水沟，按沟壁外缘以外加 1m。

3. 顶管敷设

【工 作 内 容】 测位，安装机具，顶管接管，清理，扫管。

【工程量计算】 按每根顶管长度，以顶管敷设的长度计算。

4. 铝芯电缆敷设

【工 作 内 容】 开箱，检查，架线盘，敷设，锯断，排列，整理，固定，收盘，临时封头，挂牌。

【工程量计算】 铝芯水平电缆、竖直通道电缆敷设工程量，按不同电缆截面积，以电缆敷设的单根长度计算。

电缆敷设长度，应根据敷设路径的水平及垂直敷设长度，另加表 4-5 规定的预留长度。

表 4-5 电缆敷设预留长度

序	项 目	预留长度	说 明
1	电缆敷设弛度、波形弯度，交叉	2.5%	按电缆全长计算
2	电缆进入建筑物内	2.0m	规范规定最小值
3	电缆进入沟内或吊架时引上预留	1.5m	规范规定最小值
4	变电所进出线	1.5m	规范规定最小值
5	电缆终端头	1.5m	检修余量
6	电缆中间头盒	两端各 2.0m	检修余量
7	高压开关柜	2.0m	柜下进出线

5. 铜芯电缆敷设

【工 作 内 容】 开盘，检查，架线盘，敷设，锯断，排列，整理，固定，收盘，临时封头，挂牌。

【工程量计算】 铜芯水平电缆、竖直通道电缆敷设工程量，按不同电缆截面积，以电缆敷设的单根长度计算。电缆敷设长度中应按表 4-5 另加预留长度。

6. 电缆终端头制作安装

（1）干包式电力电缆终端头制作安装

【工 作 内 容】 定位，量尺寸，锯断，剥护套，焊接地线，装手套包缠绝缘，压接线端子，安装固定。

【工程量计算】 按不同电力电缆截面积，以电力电缆终端头制作安装的个数计算。一根电缆按两个终端头计算。

（2）浇注式电缆终端头制作安装

【工 作 内 容】 定位，量尺寸，锯断，剥切，焊接地线，缠涂绝缘层，压接线柱，装终端盒式手套，配料浇注。

【工程量计算】 按不同电缆截面积，以电缆终端头制作安装的个数计算。一根电缆按两个终端头计算。

（3）热缩式电缆终端头制作安装

【工 作 内 容】 定位，量尺寸，锯断，剥切清洗，内屏蔽层处理，焊接地线，套热缩管，压接线端子，装终端盒，配料浇注，安装。

【工程量计算】 按不同电缆截面积，以电缆终端头制作安装的个数计算。一根电缆按两个终端头计算。

7. 电缆中间头制作安装

（1）干包式电力电缆中间头制作

【工 作 内 容】 定位，量尺寸，锯断，剥护套及绝缘层、焊接地线，清洗，包缠绝缘，压连接管安装，接线。

【工程量计算】 按不同电力电缆截面积，以电力电缆中间头制作的个数计算。

（2）浇注式电缆中间头制作安装

【工 作 内 容】 定位，量尺寸，锯断，剥切，压边接管，包缠涂绝缘层，焊接地线，封铅管式装连接盒，配料浇注。

【工程量计算】 按不同电缆电压（kV）、电缆截面积，以电缆中间头制作安装的个数计算。

（3）热缩式电缆中间头制作安装

【工 作 内 容】 定位、量尺寸，锯断，剥切清洗，内屏蔽层处理，焊接地线，套热缩管，压接线端子，加热成型，安装。

【工程量计算】 按不同电缆电压（kV）、电缆截面积，以电缆中间头制作安装的个数计算。

8. 控制电缆头制作安装

【工 作 内 容】 定位，锯断，剥切，焊接头，包缠绝缘层，安装固定。

【工程量计算】 控制电缆终端头、中间头制作安装工程量，按不同电缆芯数，以电缆终端头、中间头制作安装的个数计算。

9. 电缆井设置

【工 作 内 容】 挖土方，运构件，坑底平整夯实，拼装壁、底、盖，回填夯实，余土外运，清理现场；调制砂浆，砌砖，搭拆简易脚手架，材料运输，安装等。

【工程量计算】 预制混凝土井安装工程量，按其安装的座数计算。

砖砌井工程量，按不同砖砌井形状，以砖砌井的实际砖砌体体积计算。

井盖安装工程量，按不同井盖（座）材质，以井盖安装的套数计算。

四、配管配线工程

1. 电线管敷设

（1）砖、混凝土结构明、暗配管

【工 作 内 容】 测位，划线，打眼，埋螺栓，锯管，套线，煨弯，配管，接地刷漆。

【工程量计算】 砖、混凝土结构明、暗配管工程量，按不同电线管公称直径，以电线管敷设长度计算。

（2）钢结构支架、钢索配管

【工 作 内 容】 测位，划线，打眼，上卡子，安装支架，锯管，套丝，煨弯，配管，接地刷漆。

【工程量计算】 钢结构支架配管、钢索配管工程量，均按不同电线管公称直径，以电线管敷设的长度计算。

2. 钢管敷设

（1）镀锌钢管地埋敷设

【工 作 内 容】 钢管内和管口去毛刺，套丝，敷设管子（包括连接，在井口锯断，去毛刺焊接地螺栓，弯管）。

【工程量计算】 按不同钢管公称直径，以镀锌钢管地埋敷设长度计算。

（2）砖、混凝土结构明配管

【工 作 内 容】 测位，划线，打眼，埋螺栓，锯管，套丝，煨弯，配管，接地刷漆。

【工程量计算】 按不同钢管公称直径，以明配钢管的长度计算。

（3）砖、混凝土结构暗配管

【工 作 内 容】 测位，划线，锯管，套丝，煨弯，配管，接地刷漆。

【工程量计算】 按不同钢管公称直径，以暗配钢管的长度计算。

（4）钢结构支架配管

【工作内容】测位，划线，打眼，安装支架，上卡子，锯管，套丝，煨弯，配管，接地刷漆。

【工程量计算】按不同钢管公称直径，以支架配钢管的长度计算。

（5）控制柜箱进出线管安装

【工作内容】定位，配料，横担，抱箍安装，竖钢管，上压板，螺栓紧固。

【工程量计算】镀锌管（进出线管）安装工程量，按不同镀锌管公称直径、沿杆安装高度，以镀锌管安装的套数计算。

3. 硬塑料管敷设

（1）硬塑料管地埋敷设

【工作内容】配管，锯管，煨弯，管口处理，接管，埋设，封管口。

【工程量计算】按不同硬塑料管公称直径，以硬塑料管地埋敷设的长度计算。

（2）砖、混凝土结构暗配及钢索配管

【工作内容】测位，划线，打眼，埋螺栓，锯管，煨弯，配管，接管。

【工程量计算】按不同硬塑料管公称直径，以配管的长度计算。

（3）砖、混凝土结构明配管

【工作内容】测位，划线，打眼，埋螺栓，锯管、煨弯，配管，接管。

【工程量计算】按不同硬塑料管公称直径，以配管的长度计算。

4. 管内穿线

【工作内容】穿引线，扫管，涂滑石粉，穿线，编号，接焊包头。

【工程量计算】按不同导线截面积，以管内穿导线的长度计算。

5. 塑料护套线明敷设

（1）木结构

【工作内容】测位，划线，打眼，下过墙管，上卡子，装盒子，配线，接焊包头。

【工程量计算】按不同导线芯数、导线截面积，以塑料护套线敷设的长度计算。

（2）砖、混凝土结构

【工作内容】测位，划线，打眼，埋螺栓，下过墙管，上卡子，装盒子，配线，接焊包头。

【工程量计算】按不同导线芯数、导线截面积，以塑料护套线敷设的长度计算。

（3）沿钢索

【工作内容】测位，划线，上卡子，装盒子，配线，接焊包头。

【工程量计算】按不同导线芯数、导线截面积，以塑料护套线敷设的长度计算。

（4）砖、混凝土结构粘接

【工作内容】测位、划线，打眼，下过墙管，配料，粘接底板，上卡子，装盒子，配线，接焊包头。

【工程量计算】按不同导线芯数、导线截面积，以粘接塑料护套线的长度计算。

6. 钢索架设

【工作内容】测位，断料，调直，架设，绑扎，拉紧，刷漆。

【工程量计算】按不同钢索直径、钢索用材，以钢索架设的长度计算。

7. 母线拉紧装置及钢索拉紧装置制作安装

【工 作 内 容】 下料，钻眼，煨弯，组装，测位，打眼，埋螺栓，连接固定，刷漆。

【工程量计算】 母线拉紧装置制作安装工程量，按不同母线截面积，以母线拉紧装置制作安装的套数计算。

钢索（钢绞线）拉紧装置制作安装工程量，按不同花篮螺栓直径，以钢索（钢绞线）拉紧装置制作安装的套数计算。

8. 接线箱安装

【工 作 内 容】 测位，打眼，埋螺栓，箱子开孔，刷漆，固定。

【工程量计算】 接线箱明装、暗装工程量，按不同接线箱半周长，以接线箱安装的个数计算。

9. 接线盒安装

【工 作 内 容】 测位，打眼，埋螺栓，箱子开孔，刷漆，固定。

【工程量计算】 接线盒、开关盒暗装工程量，按其安装个数计算。

普通接线盒明装工程量，按其安装的个数计算。

钢索上安装接线盒工程量，按其安装的个数计算。

10. 开关、按钮、插座安装

【工 作 内 容】 测位，划线，打眼，缠埋螺栓，清扫盒子，上木台，缠钢丝弹簧垫，装开关、按钮、插座、接线、装盖。

【工程量计算】 板式开关暗装工程量，按不同开关联数，以开关暗装的套数计算。

板式开关明装、拉线开关安装工程量，均按开关安装的套数计算。

一般按钮明装、暗装工程量，按其安装的套数计算。

明插座、暗插座安装工程量，按不同插座相数、孔数、额定电流（A），以插座安装的个数计算。

11. 带形母线安装

【工 作 内 容】 平直，下料，煨弯，钻眼，安装固定，刷项色漆。

【工程量计算】 带形铜母线安装、带形铝母线安装工程量，按每相一片截面积，以母线安装单项个数计算。

12. 带形母线引下线安装

【工 作 内 容】 平直，下料，煨弯，钻眼，安装固定，刷项色漆。

【工程量计算】 带形铜母线安装，带形铝母线安装工程量，按每相一片截面积，以带形母线引下线安装的个数计算。

五、照明器具安装工程

1. 单臂挑灯架安装

（1）抱箍式

【工 作 内 容】 定位，抱箍灯架安装，配线，接线。

【工程量计算】 按不同抱箍数、臂长，以单臂挑灯架安装的套数计算。

（2）顶套式

【工 作 内 容】 配件检查，安装，找正，螺栓固定，配线，接线。

【工程量计算】 按不同形式、臂长，以单臂挑灯架安装的套数计算。

2. 双臂悬挑灯架安装

【工作内容】配件检查，定位安装，螺栓固定，配线，接线。

【工程量计算】对称式、非对称式双臂悬挑灯架安装工程量，按不同形式（成套型、组装型）、臂长，以双臂悬挑灯架安装的套数计算。

3. 广场灯架安装

（1）成套型

【工作内容】灯架检查，测试定位，配线安装，螺栓紧固，导线连接，包头，试灯。

【工程量计算】按不同灯高、灯火数，以成套型广场灯架安装的套数计算。

（2）组装型

【工作内容】灯架检查，测试定位，灯具组装，配线安装，螺栓紧固，导线连接，包头，试灯。

【工程量计算】按不同灯高、灯火数，以组装型广场灯架安装的套数计算。

4. 高杆灯架安装

（1）成套型

【工作内容】测位，划线，成套吊装，找正螺栓紧固，配线，焊压包头，传动装置安装，清洗上油，试验。

【工程量计算】灯盘固定式成套型高杆灯架安装、灯盘升降式成套型高杆灯架安装工程量，均按不同灯火数，以成套型高杆灯架安装的套数计算。

（2）组装型

【工作内容】测位，划线，组合吊装，找正，螺栓紧固，配线，焊压包头，传动装置安装，清洗上油，试验。

【工程量计算】灯盘固定式组装型高杆灯架安装、灯盘升降式组装型高杆灯架安装工程量，均按不同灯火数，以组装型高杆灯架安装的套数计算。

5. 其他灯具安装

【工作内容】打眼，埋螺栓，支架安装，灯具组装，配线，接线，焊接包头，校试。

【工程量计算】桥栏杆灯安装、地道涵洞灯安装工程量，均按不同形式，以安装灯具的套数计算。

6. 照明器件安装

【工作内容】开箱检查，固定，配线，测位，划线，打眼，埋螺栓，支架安装，灯具组装，接线焊包头，灯泡安装。

【工程量计算】碘钨灯、管形氙灯、投光灯、高压汞灯泡、高（低）压钠灯泡、白炽灯泡安装工程量，均按其安装套数计算。

照明灯具安装工程量，按不同灯具形式，以灯具安装的套数计算。

镇流器、触发器、电容器、风雨灯头安装工程量，均按其安装的套数计算。

7. 杆座安装

【工作内容】座箱部件检查，安装，找正，箱体接地，接点防水，绝缘处理。

【工程量计算】成套型、组装型杆座安装工程量，按不同杆座材质，以杆座安装的只数计算。

六、防雷接地装置工程

1. 接地极（板）制作安装

【工 作 内 容】 下料，尖端加工，油漆，焊接并打入地下。

【工程量计算】 按不同接地极材料、土壤类别，以接地极（板）制作安装的根（块）数计算。

2. 接地母线敷设

【工 作 内 容】 挖地沟，接地线平直，下料，测位，打眼，埋卡子，煨弯，敷设，焊接，回填，夯实，刷漆。

【工程量计算】 按接地母线敷设长度计算。

接地母线敷设长度按施工图设计的水平和垂直规定长度另加3.9%的附加长度（包括转弯、上下波动，避绕障碍物、搭接头所占长度）。

3. 接地跨接线安装

【工 作 内 容】 下料、钻孔，煨弯，挖填土，固定，刷漆。

【工程量计算】 接地跨接线安装、构架接地安装工程量，均按其安装的处数计算，每跨接一次按一处计算。

4. 避雷针安装

【工 作 内 容】 底座制作，组装，焊接，吊装，找正，固定，补漆。

【工程量计算】 按不同安装针高，以独立避雷针安装的套数计算。

木杆上安装避雷针、水泥杆上安装避雷针、金属杆上安装避雷针的工程量，均按避雷针安装的套数计算。

5. 避雷引下线敷设

【工 作 内 容】 平直，下料，测位，打眼，埋卡子，焊接，固定，刷漆。

【工程量计算】 按不同高度，以避雷引下线敷设的长度计算。避雷引下线敷设长度按施工图设计的水平和垂直长度另加3.9%的附加长度。

高空引接地下线安装工程量，按引下线的长度计算。

七、路灯灯架制作安装工程

1. 设备支架制作安装

【工 作 内 容】 放样，号料，切割，剪切，调直，型钢煨制，坡口，修口，组对，焊接，吊装就位，找正，焊接，紧固螺栓。

【工程量计算】 按每组不同重量，以设备支架的重量计算。

2. 高杆灯架制作

（1）角钢架制作

【工 作 内 容】 号料，拼对点焊，滚圆切割，打磨堆放，编号。

【工程量计算】 按不同角钢架直径，以角钢架的重量计算。

（2）扁钢架制作

【工 作 内 容】 号料，切割，卷圈，找圆，焊接，堆放，编号。

【工程量计算】 按不同扁钢架直径，以扁钢架的重量计算。

3. 型钢煨制胎具

【工 作 内 容】 样板制作，号料，切割，打磨，组对，整形，成品检查等。

【工程量计算】 按不同型钢品种，煨制直径，以型钢煨制胎具的个数计算。

4. 钢管煨制灯架

【工 作 内 容】 样板制作，号料，切割，打磨，组对，焊接，整形，成品检查等。

【工程量计算】 按不同钢管长度，以灯架的重量计算。

5. 钢板卷材开卷与平直

【工 作 内 容】 样板制作，号料，切割，打磨，组对，焊接，整形，成品检查等。

【工程量计算】 按不同钢板厚度，以钢板的重量计算。

6. 无损探伤检验

（1）X 光透视

【工 作 内 容】 准备工作，机具搬运安装，焊缝除锈，固定底片，拍片，暗室处理，鉴定，技术报告。

【工程量计算】 按不同钢板厚度，以拍片的张数计算。

（2）超声波探伤

【工 作 内 容】 准备工作，机具搬运，焊道表面清理除锈，涂拌偶合剂，探伤，检查，记录，清理。

【工程量计算】 按不同钢板厚度，以超声波探伤的长度计算。

板面超声波探伤工程量，按探伤长度计算。

八、刷油防腐工程

1. 手工除锈

【工 作 内 容】 除锈、除尘。

【工程量计算】 灯杆、灯架手工除锈工程量，按不同锈蚀程度，以除锈的面积计算。

除锈分轻锈、中锈两种，区分标准为：

轻锈：部分氧化皮开始破裂脱落，轻锈开始发生。

中锈：氧化皮部分破裂脱落呈堆粉末状，除锈后用肉眼能见到腐蚀小凹点。

2. 喷射除锈

【工 作 内 容】 运砂，烘砂，喷砂，砂子回收，现场清理及修理工机具。

【工程量计算】 按不同喷射用砂，除锈物面（灯杆、灯架），以喷射除锈的面积计算。

3. 灯杆刷油

【工 作 内 容】 调配，涂刷。

【工程量计算】 按不同油漆材料、油漆遍次，以灯杆涂刷油漆的面积计算。

4. 一般钢结构刷油

【工 作 内 容】 调配，涂刷。

【工程量计算】 按不同油漆材料、油漆遍次，以刷油漆的钢结构重量计算。

第五章　园林工程预算定额

第一节　园林工程预算定额的现状

园林工程预算定额以前使用的是《仿古建筑及园林工程预算定额》第四册，此定额于1989年3月1日起试行，至今已有十余年，随着物价调整，定额中所列的人工费单价、材料费单价及机械费单价已不符合当前水平。为此，各省（自治区、直辖市）的定额管理部门根据当时当地工资水平及物价水平，在原有园林工程预算定额基础上，加以修改和调整，颁布了《××省（自治区、直辖市）园林工程预算定额》（简称《地区园林工程预算定额》）。

第二节　园林工程预算定额内容

《地区园林工程预算定额》分总说明、分章定额两部分，分章定额中有说明、工程量计算规则、分项子目定额表等。

总说明中主要包含以下几点：

1. 本定额主要内容及适用范围；
2. 本定额编制依据；
3. 本定额的功能；
4. 本定额所列的施工条件；
5. 本定额各项目的工作内容（包括范围）；
6. 关于工日量的说明；
7. 关于材料量的说明；
8. 关于施工机械量的说明；
9. 关于水平及垂直运输的说明；
10. 本定额中人工资、材料费、机械费计算的依据。

分章定额中的说明主要有以下内容：

1. 本章定额包括范围；
2. 基价中未包括的费用；
3. 本章定额调整方法及换算系数；
4. 其他有关定额的说明。

工程量计算规则中主要说明工程量计算方法及计量单位。

分项子目定额表中列有：分项子目名称；工作内容；计量单位；人工费、材料费、机械费单价；材料名称及数量；机械名称及台班数量等。

分项子目定额表中，有关乔木、灌木、花卉、单皮栽植，均不包括乔木、灌木、花卉、草皮的本身价格，应按当时当地花卉市场价格计算。

以下是栽植乔木（裸根）的分项子目定额表示例（表5-1）。

表5-1 栽植乔木（裸根）定额表

4 栽植乔木（裸根）

工作内容：挖圹、栽植（扶正、捣实、回土、筑水围），浇水，覆土，保墒，清理。 单位：株

定额编号				1-32	1-33	1-34	1-35	1-36
项目				栽植乔木（裸根）胸径在（厘米以内）				
				4	6	8	10	12
基价（元）				1.16	2.10	3.72	6.22	12.78
其中	人工费（元）			1.12	2.02	3.60	6.07	10.56
	材料费（元）			0.04	0.08	0.12	0.15	2.25
	机械费（元）			—	—	—	—	—
名称		单位	单价（元）	数量				
人工	综合工日	工日	22.47	0.05	0.09	0.16	0.27	0.47
材料	水	m^3	1.50	0.025	0.05	0.075	0.10	0.15
机械		—	—	—	—	—	—	—

从该定额表可以查出，栽植1株胸径为10cm的乔木，需用人工费6.07元，材料费0.15元，乔木本身价格另计。综合人工为0.27工日，水0.10m^3。

第三节 预算定额分部分项工程划分

园林工程分为4个分部工程，计有：园林绿化工程、堆砌假山及塑石山工程、园路及园桥工程、园林小品工程。

每个分部工程中又分有若干个分项工程。

园林绿化分部工程中分有：整理绿化地及起挖乔木（带土球）、栽植乔木（带土球）、起挖乔木（裸根）、栽植乔木（裸根）、起挖灌木（带土球）、栽植灌木（带土球）、起挖灌木（裸根）、栽植灌木（裸根）、起挖竹类（散生竹）、栽植竹类（散生竹）、起挖竹类（丛生竹）、栽植竹类（丛生竹）、栽植绿篱、露地花卉栽植、草皮铺种、栽植水生植物、树木支撑、草绳绕树干、栽植攀缘植物、假植、人工换土等21个分项工程。

表5-2 园林工程分部序号

分部工程序号	分部工程名称
1	园林绿化工程
2	堆砌假山及塑石山工程
3	园路及园桥工程
4	园林小品工程

堆砌假山及塑石山分部工程中分有：堆砌假山、塑假石山两个分项工程。

园路及园桥分部工程中分有：园路、园桥两个分项工程。

园林小品分部工程中分有：堆塑装饰、小型设施两个分项工程。

每个分项工程中又分有若干个子目，每个子目有一个编号，编号为×－×××，前位数为分部工程序号，后位数为该分部工程中子目序号。分部工程的序号见表5-2。

第六章　园林工程定额工程量计算

第一节　园林绿化工程量计算

1. 整理绿化地及起挖乔木（带土球）

【工 作 内 容】 清理场地；土厚30cm内的挖、填、找平；绿地整理；起挖（包括出圹、搬运集中、回土填圹）。

【工程量计算】 整理绿化地工程量，按整理绿化地的面积计算。

起挖乔木（带土球）工程量，按不同土球直径，以起挖乔木（带土球）的株数计算。

2. 栽植乔木（带土球）

【工 作 内 容】 挖圹，栽植（落圹、扶正、回土、捣实、筑水围），浇水，覆土，保墒，整形，清理。

【工程量计算】 按不同土球直径，以栽植乔木（带土球）的株数计算。

3. 起挖乔木（裸根）

【工 作 内 容】 起挖，出圹，修剪，打浆，搬运集中，回土填圹。

【工程量计算】 按不同树干胸径，以起挖乔木（裸根）的株数计算。

树干胸径是指离地1.2m处的树干直径。

4. 栽植乔木（裸根）

【工 作 内 容】 挖圹，栽植（扶正、捣实、回土、筑水围），浇水，覆土，保墒，整形，清理。

【工程量计算】 按不同树干胸径，以栽植乔木（裸根）的株数计算。

5. 起挖灌木（带土球）

【工 作 内 容】 起挖，包扎，出圹，搬运集中，回土填圹。

【工程量计算】 按不同土球直径，以起挖灌木（带土球）的株数计算。

6. 栽植灌木（带土球）

【工 作 内 容】 挖圹，栽植（扶正、捣实、回土、筑水围），浇水，覆土，保墒，整形，清理。

【工程量计算】 按不同土球直径，以栽植灌木（带土球）的株数计算。

7. 起挖灌木（裸根）

【工 作 内 容】 起挖，出圹，修剪，打浆，搬运集中，回土填圹。

【工程量计算】 按不同冠丛高度，以起挖灌木（裸根）的株数计算。

8. 栽植灌木（裸根）

【工 作 内 容】 挖圹、栽植（扶正、回土、捣实、浇水），覆土，保墒，整形，清理。

【工程量计算】 按不同冠丛高度，以栽植灌木（裸根）的株数计算。

9. 起挖竹类（散生竹）

【工 作 内 容】 起挖，包扎，出圹，修剪，搬运，集中，回土填圹。
【工程量计算】 按不同竹类胸径，以起挖竹类（散生竹）的株数计算。

10. 栽植竹类（散生竹）

【工 作 内 容】 挖圹，栽植（扶正、捣实、回土、筑水围），浇水，覆土，保墒，整形，清理。
【工程量计算】 按不同竹类胸径，以栽植竹类（散生竹）的株数计算。

11. 起挖竹类（丛生竹）

【工 作 内 容】 起挖，包扎，修剪，搬运集中，回土填圹。
【工程量计算】 按不同竹类根盘丛径，以起挖竹类（丛生竹）的丛数计算。

12. 栽植竹类（丛生竹）

【工 作 内 容】 挖圹，栽植（扶正、捣实、回土、筑水围），浇水，覆土，保墒，整形，清理。
【工程量计算】 按不同竹类根盘丛径，以栽植竹类（丛生竹）的丛数计算。

13. 栽植绿篱

【工 作 内 容】 开沟，排苗，回土，筑水围，浇水，覆土，整形，清理。
【工程量计算】 按不同绿篱排数、绿篱高度，以栽植绿篱的长度计算。

14. 露地花卉栽植

【工 作 内 容】 翻土整地，清除杂物，施基肥，放样，栽植，浇水，清理。
【工程量计算】 按不同花卉种类、花坛图案形式，以露地花卉栽植的面积计算。

15. 草皮铺种

【工 作 内 容】 翻土整地，清除杂物，搬运草皮，铺草皮，浇水，清理。
【工程量计算】 按不同铺种形式，以草皮铺种的面积计算。

16. 栽植水生植物

【工 作 内 容】 挖淤泥，搬运，种植，养护。
【工程量计算】 按不同水生植物，以栽植水生植物的株数计算。

17. 树木支撑

【工 作 内 容】 制桩，运桩，打桩，绑扎。
【工程量计算】 按不同桩的材料、桩的脚数及长短，以树木支撑的株数计算。

18. 草绳绕树干

【工 作 内 容】 搬运，绕干，余料清理。
【工程量计算】 按不同树干胸径，以草绳绕树干的长度计算。

19. 栽种攀缘植物

【工 作 内 容】 挖坑，栽植，回土，捣实；浇水，覆土，整理，施肥。
【工程量计算】 按不同攀缘植物生长年数，以栽种攀缘植物的株数计算。

20. 假植

【工 作 内 容】 挖假植沟，埋树苗，覆土，管理。
【工程量计算】 假植乔木（裸根）工程量，按不同树干胸径，以假植乔木（裸根）的株数计算。

假植灌木（裸根）工程量，按不同冠丛高度，以假植灌木（裸根）的株数计算。

21. 人工换土

【工 作 内 容】 装、运土到圹边。

【工程量计算】 按不同乔、灌木的土球直径，以人工换土的乔、灌木的株数计算。

如乔木裸根，则按不同乔木胸径，以乔木（裸根）的株数计算。

如灌木裸根，则按不同灌木冠丛高度，以灌木（裸根）的株数计算。

第二节　堆砌假山及塑假石山工程量计算

1. 堆砌假山

【工 作 内 容】 放样，选石，运石，调、制、运混凝土（砂浆），堆砌，塔、拆简单脚手架，塞垫嵌缝，清理，养护。

【工程量计算】 湖石假山、黄石假山、整块湖石峰、人造湖石峰、人造黄石峰工程量，均按不同高度，以实际堆砌的石料重量计算。

石笋安装工程量，按不同高度，以石笋安装的重量计算。

土山点石工程量，按不同土山高度，以点石的重量计算。

布置景石工程量，按不同景石重量，以布置景石的重量计算。

自然式护岸工程量，按护岸石料的重量计算。

堆砌石料重量 = 进料验收石料重量 - 石料剩余重量

2. 塑假石山

【工 作 内 容】 放样划线，挖土方，浇注混凝土垫层，砌骨架或焊接骨架，挂钢筋网，堆筑成型。

【工程量计算】 砖骨架塑假山工程量，按不同假山高度，以塑假山的外围表面积计算。

钢骨架钢网塑假山工程量，按其外围表面积计算。

第三节　园路及园桥工程量计算

1. 园路路床

【工 作 内 容】 厚度在 30cm 以内挖、填土，找平，夯实，整修，弃土 2m 以外。

【工程量计算】 园路土基整理路床工程量，按整理路床的面积计算。

2. 园路基础垫层

【工 作 内 容】 筛土，浇水，拌合，铺设，找平，灌浆，振实，养护。

【工程量计算】 按不同垫层材料，以垫层的体积计算。

3. 园路路面

【工 作 内 容】 放线，整修路槽，夯实，修平垫层，调浆，铺面层，嵌缝，清扫。

【工程量计算】 按不同路面材料及其厚度，以路面的面积计算。

4. 园桥

【工 作 内 容】 选、修、运石，调、运、铺砂浆，砌石，安装桥面。

【工程量计算】 毛石基础、条石桥墩工程量，均按其体积计算。

桥台、护坡工程量，按不同石料，以其体积计算。

石桥面工程量，按桥面的面积计算。

第四节　园林小品工程量计算

1. 堆塑装饰

【工作内容】（1）塑面层：调运砂浆，找平，二底二油，压光，塑面层，清理，养护。
（2）预制塑件：钢筋制作，绑扎，调制砂浆，底面层抹灰及现场安装。

【工程量计算】塑松（杉）树皮、塑竹节竹片，壁画面工程量，均按其展开面积计算。
预制塑松根、塑松皮柱、塑黄竹、塑金丝竹工程量，按不同直径，以其长度计算。

2. 小型设施（水磨石件）

【工作内容】制作、安装及拆除模板，制作及绑扎钢筋，制作及浇捣混凝土，砂浆抹平，构件养护，面层磨光，打蜡擦光及现场安装。

【工程量计算】白色水磨石景窗现场抹灰、预制、安装工程量，均按不同景窗构件断面积，以景窗的长度计算。
白色水磨石平板凳预制、现浇工程量，均按板凳的长度计算。
白色水磨石花檐、角花、博古架预制、安装工程量，均按其长度计算。
水磨木纹板、不水磨原色木纹板制作、安装工程量，均按木纹板的面积计算。
白色水磨石飞来椅制作工程量，按飞来椅的长度计算。

3. 小型设施（小摆设、栏杆）

【工作内容】放样，挖、做基础，调运砂浆，砌砖，抹灰，模板制作、安装、拆除，钢筋制作、绑扎，混凝土制作、浇捣、养护、清理。

【工程量计算】砖砌园林小摆设工程量，按砖砌体的体积计算。
砖砌园林小摆设抹灰工程量，按实际抹灰面积计算。
预制混凝土花色栏杆制作工程量，按不同栏杆断面尺寸、栏杆高度，以混凝土花式栏杆的长度计算。

4. 小型设施（金属栏杆）

【工作内容】钢材校正，划线下料，平直，钻孔，弯，锻打，焊接，材料、半成品及成品场内运输，整理堆放；除锈、刷防锈漆、厚漆、调和漆各一遍，放线，挖坑，安装校正，灌浆，覆土；混凝土栏杆刷白、养护。

【工程量计算】金属花色栏杆制作工程量，按栏杆花色的简繁，以金属花色栏杆的长度计算。
花色栏杆安装工程，按不同栏杆材质，以花色栏杆安装的长度计算。

第七章　市政工程主材计算

第一节　市政工程主材计算方法

要计算出市政工程某个分项子目的主要材料需用量，应在《全国统一市政工程预算定额》中相应的定额表上，查取该分项子目的材料名称及定额用量，再按下式计算出该分项子目的材料用量。

材料用量：工程量×定额材料用量

如是混合材料（如砂浆、混凝土等），再应按其配合比，计算出各种原材料的用量，计算式为：

原材料用量：混合材料用量×相应配合比

第二节　道路工程主材计算举例

现有水泥混凝土路面5328m^2，厚度为20cm，试计算其所需水泥、砂、石的用量。

查《全国统一市政工程预算定额》第二册道路工程第73页，编号为2－289的分项子目，每100m^2水泥混凝土路面，混凝土需用20.4m^3；板方材需0.049m^3；圆钉0.2kg；铁件6.5kg；水24m^3。

现有水泥混凝土路面5328m^2，合53.28（100m^2），则：

混凝土用量：　　$53.28\times20.4=1086.91m^3$

板方材用量：　　$53.28\times0.049=2.61m^3$

圆钉用量：　　$53.28\times0.2=10.66kg$

铁件用量：　　$53.28\times6.5=346.32kg$

查该分册第88页附录，找到水泥混凝土路面配合比，则混凝土的原材料用量为：

水泥用量：　　$1086.91\times330=358680kg$

中粗砂用量：　　$1086.91\times564=613017kg$

3.5～8cm碎石用量：$1086.91\times849=922787kg$

1～3cm碎石用量：　$1086.91\times212=230425kg$

0.5～2cm碎石用量：$1086.91\times354=384766kg$

水用量一般不计算，按水表计量。

第三节　排水工程主材计算举例

现有平接式定型混凝土管道基础（120°）2750m，管径为500mm，试计算其所需水泥、砂、石的用量。

查《全国统一市政工程预算定额》第六册排水工程第 6 页，编号为 6 − 3 的分项子目，每 100m 长管道基础，C15 混凝土用量为 13.33m^3；电 10.66kW · h；水 21.02m^3。

现有混凝土基础（120°）2750m，合 27.50（100m），则：

C15 混凝土用量：27.50 × 13.33 = 366.58m^3

查现浇混凝土配合比表，混凝土强度等级 C15 的配合比为：42.5 级水泥 323kg；中砂 746kg；5 ~ 25 碎石 1205kg。

水泥用量：　　　　366.58 × 323 = 118405kg

中砂用量：　　　　366.58 × 746 = 273469kg

5 ~ 25cm 碎石用量：366.58 × 1205 = 441729kg

水、电用量按水表、电表统一计量。

第八章　市政与园林工程工程量清单计价规范

为了更加广泛深入地推行工程量清单计价，规范建设工程发承包双方的计量、计价行为制定好准则；为了与当前国家相关法律、法规和政策性的变化规定相适应，使其能够正确地贯彻执行；为了适应新技术、新工艺、新材料日益发展的需要，措施规范的内容不断更新完善；为了总结实践经验，进一步建立健全我国统一的建设工程计价、计量规范标准体系，住房和城乡建设部标准定额司组织相关单位对《建设工程工程量清单计价规范》（GB 50500—2008）进行了修编，于2013年颁布实施了《建设工程工程量清单计价规范》（GB 50500—2013）（简称“13规范”）、《市政工程工程量计算规范》（GB 50857—2013）（简称“市政规范”）、《园林绿化工程工程量计算规范》（GB 50858—2013）（简称“园林规范”）等9本计量规范。

第一节　工程量清单计价规范总则

一、“13规范”总则

（1）为规范建设工程造价计价行为，统一建设工程计价文件的编制原则和计价方法，根据《中华人民共和国建筑法》、《中华人民共和国合同法》、《中华人民共和国招标投标法》等法律法规，制定本规范。

（2）本规范适用于建设工程发承包及实施阶段的计价活动。

（3）建设工程发承包及实施阶段的工程造价应由分部分项工程费、措施项目费、其他项目费、规费和税金组成。

（4）招标工程量清单、招标控制价、投标报价、工程计量、合同价款调整、合同价款结算与支付以及工程造价鉴定等工程造价文件的编制与核对，应由具有专业资格的工程造价人员承担。

（5）承担工程造价文件的编制与核对的工程造价人员及其所在单位，应对工程造价文件的质量负责。

（6）建设工程发承包及实施阶段的计价活动应遵循客观、公正、公平的原则。

（7）建设工程发承包及实施阶段的计价活动，除应符合本规范外，尚应符合国家现行有关标准的规定。

二、“市政规范”总则

（1）为规范市政工程造价计量行为，统一市政工程工程量计算规则、工程量清单的编制方法，制定本规范。

（2）本规范适用于市政工程发承包及实施阶段计价活动中的工程计量和工程量清单编制。

（3）市政工程计价，必须按本规范规定的工程量计算规则进行工程计量。

（4）市政工程计量活动，除应遵守本规范外，尚应符合国家现行有关标准的规定。

三、“园林规范”总则

（1）为规范园林绿化工程造价计量行为，统一园林绿化工程工程量计算规则、工程量清单的编制方法，制定本规范。

（2）本规范适用于园林绿化工程发承包及实施阶段计价活动中的工程计量和工程量清单编制。

（3）园林绿化工程计价，必须按本规范规定的工程量计算规则进行工程计量。

（4）园林绿化工程计量活动，除应遵守本规范外，尚应符合国家现行有关标准的规定。

第二节　工程量清单计价规范术语

1. 工程量清单

载明建设工程分部分项工程项目、措施项目、其他项目的名称和相应数量以及规费、税金项目等内容的明细清单。

2. 招标工程量清单

招标人依据国家标准、招标文件、设计文件以及施工现场实际情况编制的，随招标文件发布供投标报价的工程量清单，包括其说明和表格。

3. 已标价工程量清单

构成合同文件组成部分的投标文件中已标明价格，经算术性错误修正（如有）且承包人已确认的工程量清单，包括其说明和表格。

4. 工程量计算

指建设工程项目以工程设计图纸、施工组织设计或施工方案及有关技术经济文件为依据，按照相关工程国家标准的计算规则、计量单位等规定，进行工程数量的计算活动，在工程建设中简称工程计量。

5. 市政工程

指市政道路、桥梁、广（停车）场、隧道、管网、污水处理、生活垃圾处理、路灯等公用事业工程。

6. 园林工程

在一定地域内运用工程及艺术的手段，通过改造地形、建造建筑（构筑）物、种植花草树木、铺设园路、设置小品和水景等，对园林各个施工要素进行工程处理，使目标园林达到一定的审美要求和艺术氛围，这一工程的实施过程称为园林工程。

7. 绿化工程

树木、花卉、草坪、地被植物等的植物种植工程。

8. 分部分项工程

分部工程是单项或单位工程的组成部分，是按结构部位、路段长度及施工特点或施工任务将单项或单位工程划分为若干分部的工程；分项工程是分部工程的组成部分，是按不同施工方法、材料、工序及路段长度等将分部工程划分为若干个分项或项目的工程。

9. 园路

园林中的道路。

10. 园桥

园林内供游人通行的步桥。

11. 措施项目

为完成工程项目施工，发生于该工程施工准备和施工过程中的技术、生活、安全、环境保护等方面的项目。

12. 项目编码

分部分项工程和措施项目清单名称的阿拉伯数字标识。

13. 项目特征

构成分部分项工程项目、措施项目自身价值的本质特征。

14. 综合单价

完成一个规定清单项目所需的人工费、材料和工程设备费、施工机具使用费和企业管理费、利润以及一定范围内的风险费用。

15. 风险费用

隐含于已标价工程量清单综合单价中，用于化解发承包双方在工程合同中约定内容和范围内的市场价格波动风险的费用。

16. 工程成本

承包人为实施合同工程并达到质量标准，在确保安全施工的前提下，必须消耗或使用的人工、材料、工程设备、施工机械台班及其管理等方面发生的费用和按规定缴纳的规费和税金。

17. 单价合同

发承包双方约定以工程量清单及其综合单价进行合同价款计算、调整和确认的建设工程施工合同。

18. 总价合同

发承包双方约定以施工图及其预算和有关条件进行合同价款计算、调整和确认的建设工程施工合同。

19. 成本加酬金合同

发承包双方约定以施工工程成本再加合同约定酬金进行合同价款计算、调整和确认的建设工程施工合同。

20. 工程造价信息

工程造价管理机构根据调查和预算发布的建设工程人工、材料、工程设备、施工机械台班的价格信息，以及各类工程的造价指数、指标。

21. 工程造价指数

反映一定时期的工程造价相对于某一固定时期的工程造价变化程度的比值或比率。包括按单位或单项工程划分的造价指数，按工程造价构成要素划分的人工、材料、机械等价格指数。

22. 工程变更

合同工程实施过程中由发包人提出或由承包人提出经发包人批准的合同工程任何一项工作的增、减、取消或施工工艺、顺序、时间的改变；设计图纸的修改；施工条件的改变；招标工程量清单的错、漏从而引起合同条件的改变或工程量的增减变化。

23. 工程量偏差

承包人按照合同工程的图纸（含经发包人批准由承包人提供的图纸）实施，按照现行国家计量规范规定的工程量计算规则计算得到的完成合同工程项目应予计量的工程量与相应的招标工程量清单项目列出的工程量之间出现的量差。

24. 暂列金额

招标人在工程量清单中暂定并包括在合同价款中的一笔款项。用于工程合同签订时尚未确定或者不可预见的所需材料、工程设备、服务的采购，施工中可能发生的工程变更、合同约定调整因素出现时的合同价款调整以及发生的索赔、现场签证确认等的费用。

25. 暂估价

招标人在工程量清单中提供的用于支付必然发生但暂时不能确定价格的材料、工程设备的单价以及专业工程的金额。

26. 计日工

在施工过程中，承包人完成发包人提出的工程合同范围以外的零星项目或工作，按合同中约定的单价计价的一种方式。

27. 总承包服务费

总承包人为配合协调发包人进行的专业工程发包，对发包人自行采购的材料、工程设备等进行保管以及施工现场管理、竣工资料汇总整理等服务所需的费用。

28. 安全文明施工费

在合同履行过程中，承包人按照国家法律、法规、标准等规定，为保证安全施工、文明施工，保护现场内外环境和搭拆临时设施等所采用的措施而发生的费用。

29. 索赔

在工程合同履行过程中，合同当事人一方因非己方的原因而遭受损失，按合同约定或法律法规规定应由对方承担责任，从而向对方提出补偿的要求。

30. 现场签证

发包人现场代表（或其授权的监理人、工程造价咨询人）与承包人现场代表就施工过程中涉及的责任事件所作的签认证明。

31. 提前竣工（赶工）费

承包人应发包人的要求而采取加快工程进度措施，使合同工程工期缩短，由此产生的应由发包人支付的费用。

32. 误期赔偿费

承包人未按照合同工程的计划进度施工，导致实际工期超过合同工期（包括经发包人批准的延长工期），承包人应向发包人赔偿损失的费用。

33. 不可抗力

发承包双方在工程合同签订时不能预见的，对其发生的后果不能避免，并且不能克服的自然灾害和社会性突发事件。

34. 工程设备

指构成或计划构成永久工程一部分的机电设备、金属结构设备、仪器装置及其他类似的设备和装置。

35. 缺陷责任期

指承包人对已交付使用的合同工程承担合同约定的缺陷修复责任的期限。

36. 质量保证金

发承包双方在工程合同中约定，从应付合同价款中预留，用以保证承包人在缺陷责任期内履行缺陷修复义务的金额。

37. 费用

承包人为履行合同所发生或将要发生的所有合理开支，包括管理费和应分摊的其他费用，但不包括利润。

38. 利润

承包人完成合同工程获得的盈利。

39. 企业定额

施工企业根据本企业的施工技术、机械装备和管理水平而编制的人工、材料和施工机械台班等的消耗标准。

40. 规费

根据国家法律、法规规定，由省级政府或省级有关权力部门规定施工企业必须缴纳的，应计入建筑安装工程造价的费用。

41. 税金

国家税法规定的应计入建筑安装工程造价内的营业税、城市维护建设税、教育费附加和地方教育附加。

42. 发包人

具有工程发包主体资格和支付工程价款能力的当事人以及取得该当事人资格的合法继承人，有时又称招标人。

43. 承包人

被发包人接受的具有工程施工承包主体资格的当事人以及取得该当事人资格的合法继承人，有时又称投标人。

44. 工程造价咨询人

取得工程造价咨询资质等级证书，接受委托从事建设工程造价咨询活动的当事人以及取得该当事人资格的合法继承人。

45. 造价工程师

取得造价工程师注册证书，在一个单位注册、从事建设工程造价活动的专业人员。

46. 造价员

取得全国建设工程造价员资格证书，在一个单位注册、从事建设工程造价活动的专业人员。

47. 单价项目

工程量清单中以单价计价的项目，即根据合同工程图纸（含设计变更）和相关工程现行国家计量规范规定的工程量计算规则进行计量，与已标价工程量清单相应综合单价进行价款计算的项目。

48. 总价项目

工程量清单中以总价计价的项目，即此类项目在相关工程现行国家计量规范中无工程量计算规则，以总价（或计算基础乘费率）计算的项目。

49. 工程计量

发承包双方根据合同约定，对承包人完成合同工程的数量进行的计算和确认。

50. 工程结算

发承包双方根据合同约定，对合同工程在实施中、终止时、已完工后进行的合同价款计算、调整和确认。包括期中结算、终止结算、竣工结算。

51. 招标控制价

招标人根据国家或省级、行业建设主管部门颁发的有关计价依据和办法，以及拟定的招标文件和招标工程量清单，结合工程具体情况编制的招标工程的最高投标限价。

52. 投标价

投标人投标时响应招标文件要求所报出的对已标价工程量清单汇总后标明的总价。

53. 签约合同价（合同价款）

发承包双方在工程合同中约定的工程造价，即包括了分部分项工程费、措施项目费、其他项目费、规费和税金的合同总金额。

54. 预付款

在开工前，发包人按照合同约定，预先支付给承包人用于购买合同工程施工所需的材料、工程设备，以及组织施工机械和人员进场等的款项。

55. 进度款

在合同工程施工过程中，发包人按照合同约定对付款周期内承包人完成的合同价款给予支付的款项，也是合同价款期中结算支付。

56. 合同价款调整

在合同价款调整因素出现后，发承包双方根据合同约定，对合同价款进行变动的提出、计算和确认。

57. 竣工结算价

发承包双方依据国家有关法律、法规和标准规定，按照合同约定确定的，包括在履行合同过程中按合同约定进行的合同价款调整，是承包人按合同约定完成了全部承包工作后，发包人应付给承包人的合同总金额。

58. 工程造价鉴定

工程造价咨询人接受人民法院、仲裁机关委托，对施工合同纠纷案件中的工程造价争议，运用专门知识进行鉴别、判断和评定，并提供鉴定意见的活动。也称为工程造价司法鉴定。

第三节　市政与园林工程工程量清单编制

一、一般规定

（1）招标工程量清单应由具有编制能力的招标人或受其委托，具有相应资质的工程造价咨询人或招标代理人编制。

（2）招标工程量清单必须作为招标文件的组成部分，其准确性和完整性由招标人负责。

（3）招标工程量清单是工程量清单计价的基础，应作为编制招标控制价、投标报价、计算工程量、工程索赔等的依据之一。

（4）招标工程量清单应以单位（项）工程为单位编制，应由分部分项工程量清单、措施项目清单、其他项目清单、规费和税金项目清单组成。

（5）编制工程量清单应依据：

①“13 规范”、“市政规范”和“园林规范”。

② 国家或省级、行业建设主管部门颁发的计价依据和办法。

③ 建设工程设计文件。

④ 与建设工程项目有关的标准、规范、技术资料。

⑤ 拟定的招标文件。

⑥ 施工现场情况、工程特点及常规施工方案。

⑦ 其他相关资料。

（6）其他项目、规费和税金项目清单应按照“13 规范”的相关规定编制。

（7）编制工程量清单出现附录中未包括的项目，编制人应做补充，并报省级或行业工程造价管理机构备案，省级或行业工程造价管理机构应汇总报住房和城乡建设部标准定额研究所。

补充项目的编码由“市政规范”或“园林规范”的代码 02 与 B 和三位阿拉伯数字组成，并应从 02B001 起顺序编制，同一招标工程的项目不得重码。

补充的工程量清单需附有补充项目的名称、项目特征、计量单位、工程量计算规则、工作内容。不能计量的措施项目，需附有补充项目的名称、工作内容及包含范围。

二、分部分项工程项目

（1）工程量清单应根据附录规定的项目编码、项目名称、项目特征、计量单位和工程量计算规则进行编制。

（2）工程量清单的项目编码。应采用十二位阿拉伯数字表示，一至九位应按规定设置，十至十二位应根据拟建工程的工程量清单项目名称和项目特征设置，同一招标工程的项目编码不得有重码。

（3）工程量清单的项目名称应按附录的项目名称结合拟建工程的实际确定。

（4）工程量清单项目特征应按附录中规定的项目特征，结合拟建工程项目的实际予以描述。

（5）工程量清单中所列工程量应按附录中规定的工程量计算规则计算。

（6）工程量清单的计量单位应按附录中规定的计量单位确定。

三、措施项目

（1）措施项目清单必须根据相关工程现行国家计量规范的规定编制。

（2）措施项目清单应根据拟建工程的实际情况列项。

四、其他项目

（1）其他项目清单应按照下列内容列项：

① 暂列金额。

② 暂估价。包括材料暂估价、工程设备暂估单价、专业工程暂估价。

③ 计日工。

④ 总承包服务费。

（2）暂列金额应根据工程特点按有关计价规定估算。

（3）暂估价中的材料、工程设备暂估价应根据工程造价信息或参照市场价格估算，列出明细表；专业工程暂估价应分不同专业，按有关计价规定估算，列出明细表。

（4）计日工应列出项目名称、计量单位和暂估数量。

（5）综合承包服务费应列出服务项目及其内容等。

（6）出现第（1）条未列的项目，应根据工程实际情况补充。

五、规费

（1）规费项目清单应按照下列内容列项：

① 社会保障费：包括养老保险费、失业保险费、医疗保险费、工伤保险费、生育保险费。

② 住房公积金。

③ 工程排污费。

（2）出现第（1）条未列的项目，应根据省级政府或省级有关部门的规定列项。

六、税金

（1）税金项目清单应包括下列内容：

① 营业税。

② 城市维护建设税。

③ 教育费附加。

④ 地方教育附加。

（2）出现第（1）条未列的项目，应根据税务部门的规定列项。

第四节　市政与园林工程工程量清单计价编制

一、一般规定

1. 计价方式

（1）使用国有资金投资的建设工程发承包，必须采用工程量清单计价。

（2）非国有资金投资的建设工程，宜采用工程量清单计价。

（3）不采用工程量清单计价的建设工程，应执行“13 规范”除工程量清单等专门性规定外的其他规定。

（4）工程量清单应采用综合单价计价。

（5）措施项目中的安全文明施工费必须按国家或省级、行业建设主管部门的规定计算。不得作为竞争性费用。

（6）规费和税金必须按国家或省级、行业建设主管部门的规定计算。不得作为竞争性费用。

2. 发包人提供材料和工程设备

（1）发包人提供的材料和工程设备（以下简称甲供材料）应在招标文件中按照“13 规范”附录 L. 1 的规定填写《发包人提供材料和工程设备一览表》，写明甲供材料的名称、规格、数量、单价、交货方式、交货地点等。

承包人投标时，甲供材料单价应计入相应项目的综合单价中，签约后，发包人应按合同约定扣除甲供材料款，不予支付。

（2）承包人应根据合同工程进度计划的安排，向发包人提交甲供材料交货的日期计划。发包人应按计划提供。

（3）发包人提供的甲供材料如规格、数量或质量不符合合同要求，或由于发包人原因发生交货日期延误、交货地点及交货方式变更等情况的，发包人应承担由此增加的费用和（或）工期延误，并应向承包人支付合理利润。

（4）发承包双方对甲供材料的数量发生争议不能达成一致的，应按照相关工程的计价定额同类项目规定的材料消耗量计算。

（5）若发包人要求承包人采购已在招标文件中确定为甲供材料的，材料价格应由发承包双方根据市场调查确定，并应另行签订补充协议。

3. 承包人提供材料和工程设备

（1）除合同约定的发包人提供的甲供材料外，合同工程所需的材料和工程设备应由承包人提供，承包人提供的材料和工程设备均应由承包人负责采购、运输和保管。

（2）承包人应按合同约定将采购材料和工程设备的供货人及品种、规格、数量和供货时间等提交发包人确认，并负责提供材料和工程设备的质量证明文件，满足合同约定的质量标准。

（3）对承包人提供的材料和工程设备经检测不符合合同约定的质量标准，发包人应立即要求承包人更换，由此增加的费用和（或）工期延误应由承包人承担。对发包人要求检测承包人已具有合格证明的材料、工程设备，但经检测证明该项材料、工程设备符合合同约定的质量标准，发包人应承担由此增加的费用和（或）工期延误，并向承包人支付合理利润。

4. 计价风险

（1）建设工程发承包。必须在招标文件、合同中明确计价中的风险内容及其范围。不得采用无限风险、所有风险或类似语句规定计价中的风险内容及范围。

（2）由于下列因素出现，影响合同价款调整的，应由发包人承担：

① 国家法律、法规、规章和政策发生变化。

② 省级或行业建设主管部门发布的人工费调整，但承包人对人工费或人工单价的报价高于发布的除外。

③ 由政府定价或政府指导价管理的原材料等价格进行了调整。

（3）由于市场物价波动影响合同价款的，应由发承包双方合理分摊，按“13 规范”中附录 L. 2 或 L. 3 填写《承包人提供主要材料和工程设备一览表》作为合同附件；当合同中没有约定，发承包双方发生争议时，应按本章第四节“合同价款调整”中第 8 条的规定调整合同价款。

（4）由于承包人使用机械设备、施工技术以及组织管理水平等自身原因造成施工费用增加的，应由承包人全部承担。

（5）当不可抗力发生，影响合同价款时，应按本章第四节“合同借款调整”中第 10 条的规定执行。

二、招标控制价

1. 一般规定

（1）国有资金投资的建设工程招标。招标人必须编制招标控制价。

我国对国有资金投资项目的投资控制实行的是投资概算审批制度，国有资金投资的工程原则上不能超过批准的投资概算。

国有资金投资的工程实行工程量清单招标，为了客观、合理地评审投标报价和避免哄抬标价，避免造成国有资产流失，招标人必须编制招标控制价，规定最高投标限价。

（2）招标控制价应由具有编制能力的招标人或受其委托具有相应资质的工程造价咨询人编制和复核。

（3）工程造价咨询人接受招标人委托编制招标控制价，不得再就同一工程接受投标人委托编制投标报价。

（4）招标控制价应按照第 2 条中（1）的规定编制，不应上调或下浮。

（5）当招标控制价超过批准的概算时，招标人应将其报原概算审批部门审核。

（6）招标人应在发布招标文件时公布招标控制价，同时应将招标控制价及有关资料报送工程所在地或有该工程管辖权的行业管理部门工程造价管理机构备查。

招标控制价的作用决定了招标控制价不同于标底，无需保密。为体现招标的公平、公正性，防止招标人有意抬高或压低工程造价，招标人应在招标文件中如实公布招标控制价，同时，招标人应将招标控制价报工程所在地或有该工程管辖权的行业管理部门的工程造价管理机构备查。

2. 编制与复核

（1）招标控制价应根据下列依据编制与复核：

①“13 规范”。

② 国家或省级、行业建设主管部门颁发的计价定额和计价办法。

③ 建设工程设计文件及相关资料。

④ 拟定的招标文件及招标工程量清单。

⑤ 与建设项目相关的标准、规范、技术资料。

⑥ 施工现场情况、工程特点及常规施工方案。

⑦ 工程造价管理机构发布的工程造价信息，当工程造价信息没有发布时，参照市场价。

⑧ 其他的相关资料。

（2）综合单价中应包括招标文件中划分的应由投标人承担的风险范围及其费用。招标文件中没有明确的，如是工程造价咨询人编制，应提请招标人明确；如是招标人编制，应予明确。

（3）分部分项工程和措施项目中的单价项目，应根据拟定的招标文件和招标工程量清单项目中的特征描述及有关要求确定综合单价计算。

（4）措施项目中的总价项目应根据拟定的招标文件和常规施工方案按本章第四节“一般规定”第1条的（4）和（5）的规定计价。

（5）其他项目应按下列规定计价：

① 暂列金额应按招标工程量清单中列出的金额填写。

② 暂估价中的材料、工程设备单价应按招标工程量清单中列出的单价计入综合单价。

③ 暂估价中的专业工程金额应按招标工程量清单中列出的金额填写。

④ 计日工应按招标工程量清单中列出的项目根据工程特点和有关计价依据确定综合单价计算。

⑤ 总承包服务费应根据招标工程量清单列出的内容和要求估算。

（6）规费和税金应按本章第四节“一般规定”第1条的（6）的规定计算。

3. 投诉与处理

（1）投标人经复核认为招标人公布的招标控制价未按照“13规范”的规定进行编制的，应在招标控制价公布后5d内向招投标监督机构和工程造价管理机构投诉。

（2）投诉人投诉时，应当提交由单位盖章和法定代表人或其委托人签名或盖章的书面投诉书，投诉书应包括下列内容：

① 投诉人与被投诉人的名称、地址及有效联系方式。

② 投诉的招标工程名称、具体事项及理由。

③ 投诉依据及相关证明材料。

④ 相关的请求及主张。

（3）投诉人不得进行虚假、恶意投诉，阻碍投标活动的正常进行。

（4）工程造价管理机构在接到投诉书后应在2个工作日内进行审查，对有下列情况之一的，不予受理：

① 投诉人不是所投诉招标工程招标文件的收受人。

② 投诉书提交的时间不符合（1）规定的；投诉书不符合（2）条规定的。

③ 投诉事项已进入行政复议或行政诉讼程序的。

（5）工程造价管理机构应在不迟于结束审查的次日将是否受理投诉的决定书面通知投诉人、被投诉人以及负责该工程招投标监督的招投标管理机构。

（6）工程造价管理机构受理投诉后，应立即对招标控制价进行复查，组织投诉人、被投诉人或其委托的招标控制价编制人等单位人员对投诉问题逐一核对。有关当事人应当予以配合，并应保证所提供资料的真实性。

（7）工程造价管理机构应当在受理投诉的10d内完成复查，特殊情况下可适当延长，并作出书面结论通知投诉人、被投诉人及负责该工程招投标监督的招投标管理机构。

（8）当招标控制价复查结论与原公布的招标控制价误差大于±3%时，应当责成招标人改正。

（9）招标人根据招标控制价复查结论需要重新公布招标控制价的，其最终公布的时间至招标文件要求提交投标文件截止时间不足15d的，应相应延长投标文件的截止时间。

三、投标报价

1. 一般规定

（1）投标价应由投标人或受其委托具有相应资质的工程造价咨询人编制。

（2）投标人应依据“13规范”的规定自主确定投标报价。

（3）投标报价不得低于工程成本。

（4）投标人必须按招标工程量清单填报价格。项目编码、项目名称、项目特征、计量单位、工程量必须与招标工程量清单一致。

（5）投标人的投标报价高于招标控制价的应予废标。

2. 编制与复核

（1）投标报价应根据下列依据编制和复核：

①“13规范”。

② 国家或省级、行业建设主管部门颁发的计价办法。

③ 企业定额，国家或省级、行业建设主管部门颁发的计价定额和计价办法。

④ 招标文件、招标工程量清单及其补充通知、答疑纪要。

⑤ 建设工程设计文件及相关资料。

⑥ 施工现场情况、工程特点及投标时拟定的施工组织设计或施工方案。

⑦ 与建设项目相关的标准、规范等技术资料。

⑧ 市场价格信息或工程造价管理机构发布的工程造价信息。

⑨ 其他的相关资料。

（2）综合单价中应包括招标文件中划分的应由投标人承担的风险范围及其费用，招标文件中没有明确的，应提请招标人明确。

（3）分部分项工程和措施项目中的单价项目，应根据招标文件和招标工程量清单项目中的特征描述确定综合单价计算。

（4）措施项目中的总价项目金额应根据招标文件和投标时拟定的施工组织设计或施工方案按本章第四节“一般规定”第1条的（4）的规定自主确定。其中安全文明施工费应按照本章第四节“一般规定”第1条的（5）的规定确定。

（5）其他项目费应按下列规定报价：

① 暂列金额应按招标工程量清单中列出的金额填写。

② 材料、工程设备暂估价应按招标工程量清单中列出的单价计入综合单价。

③ 专业工程暂估价应按招标工程量清单中列出的金额填写。

④ 计日工应按招标工程量清单中列出的项目和数量，自主确定综合单价并计算计日工金额。

⑤ 总承包服务费应根据招标工程量清单中列出的内容和提出的要求自主确定。

（6）规费和税金应按本章第四节“一般规定”第1条的（6）的规定确定。

（7）招标工程量清单与计价表中列明的所有需要填写单价和合价的项目，投标人均应填写且只允许有一个报价。未填写单价和合价的项目，可视为此项费用已包含在已标价工程量清单中其他项目的单价和合价之中。当竣工结算时，此项目不得重新组价予以调整。

(8) 投标总价应当与分部分项工程费、措施项目费、其他项目费和规费、税金的合计金额一致。

四、合同价款约定

1. 一般规定

(1) 实行招标的工程合同价款应在中标通知书发出之日起 30d 内，由发承包双方依据招标文件和中标人的投标文件在书面合同中约定。

合同约定不得违背招标、投标文件中关于工期、造价、质量等方面的实质性内容。招标文件与中标人投标文件不一致的地方，应以投标文件为准。

(2) 不实行招标的工程合同价款，应在发承包双方认可的工程价款基础上，由发承包双方在合同中约定。

(3) 实行工程量清单计价的工程，应采用单价合同；建设规模较小，技术难度较低，工期较短，且施工图设计已审查批准的建设工程可采用总价合同；紧急抢险、救灾以及施工技术特别复杂的建设工程可采用成本加酬金合同。

2. 约定内容

(1) 发承包双方应在合同条款中对下列事项进行约定：

① 预付工程款的数额、支付时间及抵扣方式。

② 安全文明施工措施的支付计划，使用要求等。

③ 工程计量与支付工程进度款的方式、数额及时间。

④ 工程价款的调整因素、方法、程序、支付及时间。

⑤ 施工索赔与现场签证的程序、金额确认与支付时间。

⑥ 承担计价风险的内容、范围以及超出约定内容、范围的调整办法。

⑦ 工程竣工价款结算编制与核对、支付及时间。

⑧ 工程质量保证金的数额、预留方式及时间。

⑨ 违约责任以及发生合同价款争议的解决方法及时间。

⑩ 与履行合同、支付价款有关的其他事项等。

(2) 合同中没有按照上述 (1) 的要求约定或约定不明的，若发承包双方在合同履行中发生争议由双方协商确定；当协商不能达成一致时，应按“13 规范”的规定执行。

五、工程计量

1. 一般规定

(1) 工程量必须按照相关工程现行国家计量规范规定的工程量计算规则计算。

(2) 工程计量可选择按月或按工程形象进度分段计量，具体计量周期应在合同中约定。

(3) 因承包人原因造成的超出合同工程范围施工或返工的工程量，发包人不予计量。

(4) 成本加酬金合同应按“单价合同的计量”的规定计量。

(5) 有两个或两个以上计量单位的，应结合拟建工程项目的实际情况，确定其中一个为计量单位。同一工程项目的计量单位应一致。

(6) 市政与园林绿化工程，工程计量时每一项目汇总的有效位数应遵守下列规定：

① 以“t”为单位，应保留小数点后三位数字，第四位小数四舍五入。

② 以“m”、“m^2”、“m^3”、“kg”为单位，应保留小数点后两位数字，第三位小数四舍五入。

③ 以“株”、“从”、“缸”、“套”、“只”、“个”、“块”、“件”、“根”、“座”、“组”、“系统”为单位，应取整数。

2. 单价合同的计量

（1）工程量必须以承包人完成合同工程应予计量的工程量确定。

（2）施工中进行工程计量，当发现招标工程量清单中出现缺项、工程量偏差，或因工程变更引起工程量增减时，应按承包人在履行合同义务中完成的工程量计算。

（3）承包人应当按照合同约定的计量周期和时间向发包人提交当期已完工程量报告。发包人应在收到报告后7d内核实，并将核实计量结果通知承包人。发包人未在约定时间内进行核实的，承包人提交的计量报告中所列的工程量应视为承包人实际完成的工程量。

（4）发包人认为需要进行现场计量核实时，应在计量前24h通知承包人，承包人应为计量提供便利条件并派人参加。当双方均同意核实结果时，双方应在上述记录上签字确认。承包人收到通知后不派人参加计量，视为认可发包人的计量核实结果。发包人不按照约定时间通知承包人，致使承包人未能派人参加计量，计量核实结果无效。

（5）当承包人认为发包人核实后的计量结果有误时，应在收到计量结果通知后的7d内向发包人提出书面意见，并应附上其认为正确的计量结果和详细的计算资料。发包人收到书面意见后，应在7d内对承包人的计量结果进行复核后通知承包人。承包人对复核计量结果仍有异议的，按照合同约定的争议解决办法处理。

（6）承包人完成已标价工程量清单中每个项目的工程量并经发包人核实无误后，发承包双方应对每个项目的历次计量报表进行汇总，以核实最终结算工程量，并应在汇总表上签字确认。

3. 总价合同的计量。

（1）采用工程量清单方式招标形成的总价合同，其工程量应按照“单价合同的计量”的规定计算。

（2）采用经审定批准的施工图纸及其预算方式发包形成的总价合同，除按照工程变更规定的工程量增减外，总价合同各项目的工程量应为承包人用于结算的最终工程量。

（3）总价合同约定的项目计量应以合同工程经审定批准的施工图纸为依据，发承包双方应在合同中约定工程计量的形象目标或时间节点进行计量。

（4）承包人应在合同约定的每个计量周期内对已完成的工程进行计量，并向发包人提交达到工程形象目标完成的工程量和有关计量资料的报告。

（5）发包人应在收到报告后7d内对承包人提交的上述资料进行复核，以确定实际完成的工程量和工程形象目标。对其有异议的，应通知承包人进行共同复核。

六、合同价款调整

1. 一般规定

（1）下列事项（但不限于）发生，发承包双方应当按照合同约定调整合同价款：法律法规变化；工程变更；项目特征不符；工程量清单缺项；工程量偏差；计日工；物价变化；暂估价；不可抗力；提前竣工（赶工补偿）；误期赔偿；索赔；现场签证；暂列金额；发承包双方约定的其他调整事项。

（2）出现合同价款调增事项（不含工程量偏差、计日工、现场签证、索赔）后的14d内，承包人应向发包人提交合同价款调增报告并附上相关资料；承包人在14d内未提交合同价款调增报告的，应视为承包人对该事项不存在调整价款请求。

（3）出现合同价款调减事项（不含工程量偏差、索赔）后的14d内，发包人应向承包人提交合同价款调减报告并附相关资料；发包人在14d内未提交合同价款调减报告的，应视为发包人对该事项不存在调整价款请求。

（4）发（承）包人应在收到承（发）包人合同价款调增（减）报告及相关资料之日起14d内对其核实，予以确认的应书面通知承（发）包人。当有疑问时，应向承（发）包人提出协商意见。发（承）包人在收到合同价款调增（减）报告之日起14d内未确认也未提出协商意见的，应视为承（发）包人提交的合同价款调增（减）报告已被发（承）包人认可。发（承）包人提出协商意见的，承（发）包人应在收到协商意见后的14d内对其核实，予以确认的应书面通知发（承）包人。承（发）包人在收到发（承）包人的协商意见后14d内既不确认也未提出不同意见的，应视为发（承）包人提出的意见已被承（发）包人认可。

（5）发包人与承包人对合同价款调整的不同意见不能达成一致的，只要对发承包双方履约不产生实质影响，双方应继续履行合同义务，直到其按照合同约定的争议解决方式得到处理。

（6）经发承包双方确认调整的合同价款，作为追加（减）合同价款，应与工程进度款或结算款同期支付。

2. 法律法规变化

（1）招标工程以投标截止日前28d、非招标工程以合同签订前28d为基准日，其后因国家的法律、法规、规章和政策发生变化引起工程造价增减变化的，发承包双方应按照省级或行业建设主管部门或其授权的工程造价管理机构据此发布的规定调整合同价款。

（2）因承包人原因导致工期延误的，按（1）规定的调整时间，在合同工程原定竣工时间之后，合同价款调增的不予调整，合同价款调减的予以调整。

3. 工程变更

（1）因工程变更引起已标价工程量清单项目或其工程数量发生变化时，应按照下列规定调整：

① 已标价工程量清单中有适用于变更工程项目的，应采用该项目的单价；但当工程变更导致该清单项目的工程数量发生变化，且工程量偏差超过15%时，该项目单价应按照本章第四节“合同借款调整”中第6条的规定调整。

② 已标价工程量清单中没有适用但有类似于变更工程项目的，可在合理范围内参照类似项目的单价。

③ 已标价工程量清单中没有适用也没有类似于变更工程项目的，应由承包人根据变更工程资料、计量规则和计价办法、工程造价管理机构发布的信息价格和承包人报价浮动率提出变更工程项目的单价，并应报发包人确认后调整。承包人报价浮动率可按下列公式计算：

招标工程：承包人报价浮动率 $L=(1-\text{中标价}/\text{招标控制价})\times100\%$ （8-1）

非招标工程：承包人报价浮动率 $L=(1-\text{报价}/\text{施工图预算})\times100\%$ （8-2）

④ 已标价工程量清单中没有适用也没有类似于变更工程项目，且工程造价管理机构发布的信息价格缺价的，应由承包人根据变更工程资料、计量规则、计价办法和通过市场调查等取得有合法依据的市场价格提出变更工程项目的单价，并应报发包人确认后调整。

（2）工程变更引起施工方案改变并使措施项目发生变化时，承包人提出调整措施项目费的，应事先将拟实施的方案提交发包人确认，并应详细说明与原方案措施项目相比的变化情况。拟实施的方案经发承包双方确认后执行，并应按照下列规定调整措施项目费：

① 安全文明施工费应按照实际发生变化的措施项目依据本章第四节“一般规定”第1条的（5）的规定计算。

② 采用单价计算的措施项目费，应按照实际发生变化的措施项目，按（1）的规定确定单价。

③ 按总价（或系数）计算的措施项目费，按照实际发生变化的措施项目调整，但应考虑承包人报价浮动因素，即调整金额按照实际调整金额乘以（1）规定的承包人报价浮动率计算。

如果承包人未事先将拟实施的方案提交给发包人确认，则应视为工程变更不引起措施项目费的调整或承包人放弃调整措施项目费的权利。

（3）当发包人提出的工程变更因非承包人原因删减了合同中的某项原定工作或工程，致使承包人发生的费用或（和）得到的收益不能被包括在其他已支付或应支付的项目中，也未被包含在任何替代的工作或工程中时，承包人有权提出并应得到合理的费用及利润补偿。

4. 项目特征描述不符

（1）发包人在招标工程量清单中对项目特征的描述，应被认为是准确的和全面的，并且与实际施工要求相符合。承包人应按照发包人提供的招标工程量清单，根据项目特征描述的内容及有关要求实施合同工程，直到项目被改变为止。

（2）承包人应按照发包人提供的设计图纸实施合同工程，若在合同履行期间出现设计图纸（含设计变更）与招标工程量清单任一项目的特征描述不符，且该变化引起该项目工程造价增减变化的，应按照实际施工的项目特征，按本章第四节“合同价款调整”中第3条的相关条款的规定重新确定相应工程量清单项目的综合单价，并调整合同价款。

5. 工程量清单缺项

（1）合同履行期间，由于招标工程量清单中缺项，新增分部分项工程清单项目的，应按照本章第四节“合同价款调整”中第3条的（1）的规定确定单价，并调整合同价款。

（2）新增分部分项工程清单项目后，引起措施项目发生变化的，应按照1.3.6中“工程变更”的（2）的规定，在承包人提交的实施方案被发包人批准后调整合同价款。

（3）由于招标工程量清单中措施项目缺项，承包人应将新增措施项目实施方案提交发包人批准后，按照本章第四节“合同价款调整”中第3条的（1）、（2）的规定调整合同价款。

6. 工程量偏差

（1）合同履行期间，当应予计算的实际工程量与招标工程量清单出现偏差，且符合（2）、（3）规定时，发承包双方应调整合同价款。

（2）对于任一招标工程量清单项目，当因工程量偏差规定的“程量偏差”和本节“工程变更”规定的工程变更等原因导致工程量偏差超过15%时，可进行调整。当工程量增加15%以上时，增加部分的工程量的综合单价应予调低；当工程量减少15%以上时，减少后剩余部分的工程量的综合单价应予调高。

（3）当工程量出现（2）的变化，且该变化引起相关措施项目相应发生变化时，按系数或单一总价方式计价的，工程量增加的措施项目费调增，工程量减少的措施项目费调减。

7. 计日工

（1）发包人通知承包人以计日工方式实施的零星工作，承包人应予执行。

（2）采用计日工计价的任何一项变更工作，在该项变更的实施过程中，承包人应按合同约定提交下列报表和有关凭证送发包人复核：

① 工作名称、内容和数量。

② 投入该工作所有人员的姓名、工种、级别和耗用工时。

③ 投入该工作的材料名称、类别和数量。

④ 投入该工作的施工设备型号、台数和耗用台时。

⑤ 发包人要求提交的其他资料和凭证。

（3）任一计日工项目持续进行时，承包人应在该项工作实施结束后的24h内向发包人提交有计日工记录汇总的现场签证报告一式三份。发包人在收到承包人提交现场签证报告后的2d内予以确认并将其中一份返还给承包人，作为计日工计价和支付的依据。发包人逾期未确认也未提出修改意见的，应视为承包人提交的现场签证报告已被发包人认可。

（4）任一计日工项目实施结束后，承包人应按照确认的计日工现场签证报告核实该类项目的工程数量，并应根据核实的工程数量和承包人已标价工程量清单中的计日工单价计算，提出应付价款；已标价工程量清单中没有该类计日工单价的，由发承包双方按本章第四节“合同价款调整”中第3条的规定商定计日工单价计算。

（5）每个支付期末，承包人应按照“进度款”的规定向发包人提交本期间所有计日工记录的签证汇总表，并应说明本期间自己认为有权得到的计日工金额，调整合同价款，列入进度款支付。

8. 物价变化

（1）合同履行期间，因人工、材料、工程设备、机械台班价格波动影响合同价款时，应根据合同约定，按物价变化合同价款调整方法调整合同价款。

（2）承包人采购材料和工程设备的，应在合同中约定主要材料、工程设备价格变化的范围或幅度；当没有约定，且材料、工程设备单价变化超过5%时，超过部分的价格应按照“13规范”附录A的方法计算调整材料、工程设备费。

（3）发生合同工程工期延误的，应按照下列规定确定合同履行期的价格调整：

① 因非承包人原因导致工期延误的，计划进度日期后续工程的价格，应采用计划进度日期与实际进度日期两者的较高者。

② 因承包人原因导致工期延误的，计划进度日期后续工程的价格，应采用计划进度日期与实际进度日期两者的较低者。

（4）发包人供应材料和工程设备的，不适用（1）、（2）规定，应由发包人按照实际变化调整，列入合同工程的工程造价内。

9. 暂估价

（1）发包人在招标工程量清单中给定暂估价的材料、工程设备属于依法必须招标的，应由发承包双方以招标的方式选择供应商，确定价格，并应以此为依据取代暂估价，调整合同价款。

（2）发包人在招标工程量清单中给定暂估价的材料、工程设备不属于依法必须招标的，应由承包人按照合同约定采购，经发包人确认单价后取代暂估价，调整合同价款。

（3）发包人在工程量清单中给定暂估价的专业工程不属于依法必须招标的，应按照本章第四节“合同价款调整”中第3条相应条款的规定确定专业工程价款，并应以此为依据取代专业工程暂估价，调整合同价款。

（4）发包人在招标工程量清单中给定暂估价的专业工程，依法必须招标的，应当由发承包双方依法组织招标选择专业分包人，并接受有管辖权的建设工程招标投标管理机构的监督，还应符合下列要求：

① 除合同另有约定外，承包人不参加投标的专业工程发包招标，应由承包人作为招标人，但拟定的招标文件、评标工作、评标结果应报送发包人批准。与组织招标工作有关的费用应当被认为已经包括在承包人的签约合同价（投标总报价）中。

② 承包人参加投标的专业工程发包招标，应由发包人作为招标人，与组织招标工作有关的费用由发包人承担。同等条件下，应优先选择承包人中标。

③ 应以专业工程发包中标价为依据取代专业工程暂估价，调整合同价款。

10. 不可抗力

因不可抗力事件导致的人员伤亡、财产损失及其费用增加，发承包双方应按下列原则分别承担并调整合同价款和工期：

（1）合同工程本身的损害、因工程损害导致第三方人员伤亡和财产损失以及运至施工场地用于施工的材料和待安装的设备的损害，应由发包人承担。

（2）发包人、承包人人员伤亡应由其所在单位负责，并应承担相应费用。

（3）承包人的施工机械设备损坏及停工损失，应由承包人承担。

（4）停工期间，承包人应发包人要求留在施工场地的必要的管理人员及保卫人员的费用应由发包人承担。

（5）工程所需清理、修复费用，应由发包人承担。

11. 提前竣工（赶工补偿）

（1）招标人应依据相关工程的工期定额合理计算工期，压缩的工期天数不得超过定额工期的20%，超过者，应在招标文件中明示增加赶工费用。

（2）发包人要求合同工程提前竣工的，应征得承包人同意后与承包人商定采取加快工程进度的措施，并应修订合同工程进度计划。发包人应承担承包人由此增加的提前竣工（赶工补偿）费用。

（3）发承包双方应在合同中约定提前竣工每日历天应补偿额度，此项费用应作为增加合同价款列入竣工结算文件中，应与结算款一并支付。

12. 误期赔偿

（1）承包人未按照合同约定施工，导致实际进度迟于计划进度的，承包人应加快进度，实现合同工期。

合同工程发生误期，承包人应赔偿发包人由此造成的损失，并应按照合同约定向发包人支付误期赔偿费。即使承包人支付误期赔偿费，也不能免除承包人按照合同约定应承担的任何责任和应履行的任何义务。

（2）发承包双方应在合同中约定误期赔偿费，并应明确每日历天应赔额度。误期赔偿费应列入竣工结算文件中，并应在结算款中扣除。

（3）在工程竣工之前，合同工程内的某单项（位）工程已通过了竣工验收，且该单项（位）工程接收证书中表明的竣工日期并未延误，而是合同工程的其他部分产生了工期延误时，误期赔偿费应按照已颁发工程接收证书的单项（位）工程造价占合同价款的比例幅度予以扣减。

13. 索赔

（1）当合同一方向另一方提出索赔时，应有正当的索赔理由和有效证据，并应符合合同的相关约定。

（2）根据合同约定，承包人认为非承包人原因发生的事件造成了承包人的损失，应按下列程序向发包人提出索赔：

① 承包人应在知道或应当知道索赔事件发生后28d内，向发包人提交索赔意向通知书，说明发生索赔事件的事由。承包人逾期未发出索赔意向通知书的，丧失索赔的权利。

② 承包人应在发出索赔意向通知书后28d内，向发包人正式提交索赔通知书。索赔通知书应详细说明索赔理由和要求，并应附必要的记录和证明材料。

③ 索赔事件具有连续影响的，承包人应继续提交延续索赔通知，说明连续影响的实际情况和记录。

④ 在索赔事件影响结束后的28d内，承包人应向发包人提交最终索赔通知书，说明最终索赔要求，并应附必要的记录和证明材料。

（3）承包人索赔应按下列程序处理：

① 发包人收到承包人的索赔通知书后，应及时查验承包人的记录和证明材料。

② 发包人应在收到索赔通知书或有关索赔的进一步证明材料后的28d内，将索赔处理结果答复承包人，如果发包人逾期未作出答复，视为承包人索赔要求已被发包人认可。

③ 承包人接受索赔处理结果的，索赔款项应作为增加合同价款，在当期进度款中进行支付；承包人不接受索赔处理结果的，应按合同约定的争议解决方式办理。

（4）承包人要求赔偿时，可以选择下列一项或几项方式获得赔偿：

① 延长工期。

② 要求发包人支付实际发生的额外费用。

③ 要求发包人支付合理的预期利润。

④ 要求发包人按合同的约定支付违约金。

（5）当承包人的费用索赔与工期索赔要求相关联时，发包人在作出费用索赔的批准决定时，应结合工程延期，综合作出费用赔偿和工程延期的决定。

（6）发承包双方在按合同约定办理了竣工结算后，应被认为承包人已无权再提出竣工结算前所发生的任何索赔。承包人在提交的最终结清申请中，只限于提出竣工结算后的索赔，提出索赔的期限应自发承包双方最终结清时终止。

（7）根据合同约定，发包人认为由于承包人的原因造成发包人的损失，宜按承包人索赔的程序进行索赔。

（8）发包人要求赔偿时，可以选择下列一项或几项方式获得赔偿：

① 延长质量缺陷修复期限。

② 要求承包人支付实际发生的额外费用。

③ 要求承包人按合同的约定支付违约金。

（9）承包人应付给发包人的索赔金额可从拟支付给承包人的合同价款中扣除，或由承包人以其他方式支付给发包人。

14. 现场签证

（1）承包人应发包人要求完成合同以外的零星项目、非承包人责任事件等工作的，发包人应及时以书面形式向承包人发出指令，并应提供所需的相关资料；承包人在收到指令后，应及时向发包人提出现场签证要求。

（2）承包人应在收到发包人指令后的7d内向发包人提交现场签证报告，发包人应在收到现场签证报告后的48h内对报告内容进行核实，予以确认或提出修改意见。发包人在收到承包人现场签证报告后的48h内未确认也未提出修改意见的，应视为承包人提交的现场签证报告已被发包人认可。

（3）现场签证的工作如已有相应的计日工单价，现场签证中应列明完成该类项目所需的人工、材料、工程设备和施工机械台班的数量。

如现场签证的工作没有相应的计日工单价，应在现场签证报告中列明完成该签证工作所需的人工、材料设备和施工机械台班的数量及单价。

（4）合同工程发生现场签证事项，未经发包人签证确认，承包人便擅自施工的，除非征得发包人书面同意，否则发生的费用应由承包人承担。

（5）现场签证工作完成后的7d内，承包人应按照现场签证内容计算价款，报送发包人确认后，作为增加合同价款，与进度款同期支付。

（6）在施工过程中，当发现合同工程内容因场地条件、地质水文、发包人要求等不一致时，承包人应提供所需的相关资料，并提交发包人签证认可，作为合同价款调整的依据。

15. 暂列金额

（1）已签约合同价中的暂列金额应由发包人掌握使用。

（2）发包人按照1~14的规定支付后，暂列金额余额应归发包人所有。

七、合同价款期中支付

1. 预付款

（1）承包人应将预付款专用于合同工程。

（2）包工包料工程的预付款的支付比例不得低于签约合同价（扣除暂列金额）的10%，不宜高于签约合同价（扣除暂列金额）的30%。

（3）承包人应在签订合同或向发包人提供与预付款等额的预付款保函后向发包人提交预付款支付申请。

（4）发包人应在收到支付申请的7d内进行核实，向承包人发出预付款支付证书，并在签发支付证书后的7d内向承包人支付预付款。

（5）发包人没有按合同约定按时支付预付款的，承包人可催告发包人支付；发包人在预付款期满后的7d内仍未支付的，承包人可在付款期满后的第8d起暂停施工。发包人应承担由此增加的费用和延误的工期，并应向承包人支付合理利润。

(6) 预付款应从每一个支付期应支付给承包人的工程进度款中扣回，直到扣回的金额达到合同约定的预付款金额为止。

(7) 承包人的预付款保函的担保金额根据预付款扣回的数额相应递减，但在预付款全部扣回之前一直保持有效。发包人应在预付款扣完后的14d内将预付款保函退还给承包人。

2. 安全文明施工费

(1) 安全文明施工费包括的内容和使用范围，应符合国家有关文件和计量规范的规定。

(2) 发包人应在工程开工后的28d内预付不低于当年施工进度计划的安全文明施工费总额的60%，其余部分应按照提前安排的原则进行分解，并应与进度款同期支付。

(3) 发包人没有按时支付安全文明施工费的，承包人可催告发包人支付；发包人在付款期满后的7d内仍未支付的，若发生安全事故，发包人应承担相应责任。

(4) 承包人对安全文明施工费应专款专用，在财务账目中应单独列项备查，不得挪作他用，否则发包人有权要求其限期改正；逾期未改正的，造成的损失和延误的工期应由承包人承担。

3. 进度款

(1) 发承包双方应按照合同约定的时间、程序和方法，根据工程计量结果，办理期中价款结算，支付进度款。

(2) 进度款支付周期应与合同约定的工程计量周期一致。

(3) 已标价工程量清单中的单价项目，承包人应按工程计量确认的工程量与综合单价计算；综合单价发生调整的，以发承包双方确认调整的综合单价计算进度款。

(4) 已标价工程量清单中的总价项目和按照本章第四节“工程计量”中“总价合同的计量”的第②条的规定形成的总价合同，承包人应按合同中约定的进度款支付分解，分别列入进度款支付申请中的安全文明施工费和本周期应支付的总价项目的金额中。

(5) 发包人提供的甲供材料金额，应按照发包人签约提供的单价和数量从进度款支付中扣除，列入本周期应扣减的金额中。

(6) 承包人现场签证和得到发包人确认的索赔金额应列入本周期应增加的金额中。

(7) 进度款的支付比例按照合同约定，按期中结算价款总额计，不低于60%，不高于90%。

(8) 承包人应在每个计量周期到期后的7d内向发包人提交已完工程进度款支付申请一式四份，详细说明此周期认为有权得到的款额，包括分包人已完工程的价款。支付申请应包括下列内容：

① 累计已完成的合同价款。

② 累计已实际支付的合同价款。

③ 本周期合计完成的合同价款。

a. 本周期已完成单价项目的金额。

b. 本周期应支付的总价项目的金额。

c. 本周期已完成的计日工价款。

d. 本周期应支付的安全文明施工费。

e. 本周期应增加的金额。

④ 本周期合计应扣减的金额。

a. 本周期应扣回的预付款。

b. 本周期应扣减的金额。

⑤ 本周期实际应支付的合同价款。

(9) 发包人应在收到承包人进度款支付申请后的14d内，根据计量结果和合同约定对申请内容予以核实，确认后向承包人出具进度款支付证书。若发承包双方对部分清单项目的计量结果出现争议，发包人应对无争议部分的工程计量结果向承包人出具进度款支付证书。

(10) 发包人应在签发进度款支付证书后的14d内，按照支付证书列明的金额向承包人支付进度款。

(11) 若发包人逾期未签发进度款支付证书，则视为承包人提交的进度款支付申请已被发包人认可，承包人可向发包人发出催告付款的通知。发包人应在收到通知后的14d内，按照承包人支付申请的金额向承包人支付进度款。

(12) 发包人未按照(9)～(11)的规定支付进度款的，承包人可催告发包人支付，并有权获得延迟支付的利息；发包人在付款期满后的7d内仍未支付的，承包人可在付款期满后的第8d起暂停施工。发包人应承担由此增加的费用和延误的工期，向承包人支付合理利润，并应承担违约责任。

(13) 发现已签发的任何支付证书有错、漏或重复的数额，发包人有权予以修正，承包人也有权提出修正申请。经发承包双方复核同意修正的，应在本次到期的进度款中支付或扣除。

八、竣工结算与支付

1. 一般规定

(1) 工程完工后，发承包双方必须在合同约定时间内办理工程竣工结算。

(2) 工程竣工结算应由承包人或受其委托具有相应资质的工程造价咨询人编制，并应由发包人或受其委托具有相应资质的工程造价咨询人核对。

(3) 当发承包双方或一方对工程造价咨询人出具的竣工结算文件有异议时，可向工程造价管理机构投诉，申请对其进行执业质量鉴定。

(4) 工程造价管理机构对投诉的竣工结算文件进行质量鉴定，宜按“工程造价鉴定”的相关规定进行。

(5) 竣工结算办理完毕，发包人应将竣工结算文件报送工程所在地或有该工程管辖权的行业管理部门的工程造价管理机构备案，竣工结算文件应作为工程竣工验收备案、交付使用的必备文件。

2. 编制与复核

(1) 工程竣工结算应根据下列依据编制和复核：

①“13规范”。

② 工程合同。

③ 发承包双方实施过程中已确认的工程量及其结算的合同价款。

④ 发承包双方实施过程中已确认调整后追加（减）的合同价款。

⑤ 建设工程设计文件及相关资料。

⑥ 投标文件。

⑦ 其他依据。

(2) 分部分项工程和措施项目中的单价项目应依据发承包双方确认的工程量与已标价工程量清单的综合单价计算；发生调整的，应以发承包双方确认调整的综合单价计算。

(3) 措施项目中的总价项目应依据已标价工程量清单的项目和金额计算；发生调整的，应以发承包双方确认调整的金额计算，其中安全文明施工费应按本章第四节“一般规定”第1条的(5)的规定计算。

(4) 其他项目应按下列规定计价：

① 计日工应按发包人实际签证确认的事项计算。

② 暂估价应按本章第四节“合同价款调整”中第9条的规定计算。

③ 总承包服务费应依据已标价工程量清单金额计算；发生调整的，应以发承包双方确认调整的金额计算。

④ 索赔费用应依据发承包双方确认的索赔事项和金额计算。

⑤ 现场签证费用应依据发承包双方签证资料确认的金额计算。

⑥ 暂列金额应减去合同价款调整（包括索赔、现场签证）金额计算，如有余额归发包人。

(5) 规费和税金应按本章第四节“一般规定”第1条的(6)的规定计算。规费中的工程排污费应按工程所在地环境保护部门规定的标准缴纳后按实列入。

(6) 发承包双方在合同工程实施过程中已经确认的工程计量结果和合同价款，在竣工结算办理中应直接进入结算。

3. 竣工结算

(1) 合同工程完工后，承包人应在经发承包双方确认的合同工程期中价款结算的基础上汇总编制完成竣工结算文件，应在提交竣工验收申请的同时向发包人提交竣工结算文件。

承包人未在合同约定的时间内提交竣工结算文件，经发包人催告后14d内仍未提交或没有明确答复的，发包人有权根据已有资料编制竣工结算文件，作为办理竣工结算和支付结算款的依据，承包人应予以认可。

(2) 发包人应在收到承包人提交的竣工结算文件后的28d内核对。发包人经核实，认为承包人还应进一步补充资料和修改结算文件，应在上述时限内向承包人提出核实意见，承包人在收到核实意见后的28d内应按照发包人提出的合理要求补充资料，修改竣工结算文件，并应再次提交给发包人复核后批准。

(3) 发包人应在收到承包人再次提交的竣工结算文件后的28d内予以复核，将复核结果通知承包人，并应遵守下列规定：

① 发包人、承包人对复核结果无异议的，应在7d内在竣工结算文件上签字确认，竣工结算办理完毕。

② 发包人或承包人对复核结果认为有误的，无异议部分按照1)规定办理不完全竣工结算；有异议部分由发承包双方协商解决；协商不成的，应按照合同约定的争议解决方式处理。

(4) 发包人在收到承包人竣工结算文件后的28d内，不核对竣工结算或未提出核对意见的，应视为承包人提交的竣工结算文件已被发包人认可，竣工结算办理完毕。

（5）承包人在收到发包人提出的核实意见后的28d内，不确认也未提出异议的，应视为发包人提出的核实意见已被承包人认可，竣工结算办理完毕。

（6）发包人委托工程造价咨询人核对竣工结算的，工程造价咨询人应在28d内核对完毕，核对结论与承包人竣工结算文件不一致的，应提交给承包人复核；承包人应在14d内将同意核对结论或不同意见的说明提交工程造价咨询人。工程造价咨询人收到承包人提出的异议后，应再次复核，复核无异议的，应按（3）条①的规定办理，复核后仍有异议的，按（3）条②的规定办理。

承包人逾期未提出书面异议的，应视为工程造价咨询人核对的竣工结算文件已经承包人认可。

（7）对发包人或发包人委托的工程造价咨询人指派的专业人员与承包人指派的专业人员经核对后无异议并签名确认的竣工结算文件，除非发承包人能提出具体、详细的不同意见，发承包人都应在竣工结算文件上签名确认，如其中一方拒不签认的，按下列规定办理：

① 若发包人拒不签认的，承包人可不提供竣工验收备案资料，并有权拒绝与发包人或其上级部门委托的工程造价咨询人重新核对竣工结算文件。

② 若承包人拒不签认的，发包人要求办理竣工验收备案的，承包人不得拒绝提供竣工验收资料，否则，由此造成的损失，承包人承担相应责任。

（8）合同工程竣工结算核对完成，发承包双方签字确认后，发包人不得要求承包人与另一个或多个工程造价咨询人重复核对竣工结算。

（9）发包人对工程质量有异议，拒绝办理工程竣工结算的，已竣工验收或已竣工未验收但实际投人使用的工程，其质量争议应按该工程保修合同执行，竣工结算应按合同约定办理；已竣工未验收且未实际投入使用的工程以及停工、停建工程的质量争议，双方应就有争议的部分委托有资质的检测鉴定机构进行检测，并应根据检测结果确定解决方案，或按工程质量监督机构的处理决定执行后办理竣工结算，无争议部分的竣工结算应按合同约定办理。

4. 结算款支付

（1）承包人应根据办理的竣工结算文件向发包人提交竣工结算款支付申请。申请包括下列内容：

① 竣工结算合同价款总额。

② 累计已实际支付的合同价款。

③ 应预留的质量保证金。

④ 实际应支付的竣工结算款金额。

（2）发包人应在收到承包人提交竣工结算款支付申请后7d内予以核实，向承包人签发竣工结算支付证书。

（3）发包人签发竣工结算支付证书后的14d内，应按照竣工结算支付证书列明的金额向承包人支付结算款。

（4）发包人在收到承包人提交的竣工结算款支付申请后7d内不予核实，不向承包人签发竣工结算支付证书的，视为承包人的竣工结算款支付申请已被发包人认可；发包人应在收到承包人提交的竣工结算款支付申请7d后的14d内，按照承包人提交的竣工结算款支付申请列明的金额向承包人支付结算款。

（5）发包人未按照（3）、（4）规定支付竣工结算款的，承包人可催告发包人支付，并有权获得延迟支付的利息。发包人在竣工结算支付证书签发后或者在收到承包人提交的竣工结算款支付申请7d后的56d内仍未支付的，除法律另有规定外，承包人可与发包人协商将该工程折价，也可直接向人民法院申请将该工程依法拍卖。承包人应就该工程折价或拍卖的价款优先受偿。

5. 质量保证金

（1）发包人应按照合同约定的质量保证金比例从结算款中预留质量保证金。

（2）承包人未按照合同约定履行属于自身责任的工程缺陷修复义务的，发包人有权从质量保证金中扣除用于缺陷修复的各项支出。经查验，工程缺陷属于发包人原因造成的，应由发包人承担查验和缺陷修复的费用。

（3）在合同约定的缺陷责任期终止后，发包人应按照本章第四节“竣工结算与支付”中第6条的规定，将剩余的质量保证金返还给承包人。

6. 最终结清

（1）缺陷责任期终止后，承包人应按照合同约定向发包人提交最终结清支付申请。发包人对最终结清支付申请有异议的，有权要求承包人进行修正和提供补充资料。承包人修正后，应再次向发包人提交修正后的最终结清支付申请。

（2）发包人应在收到最终结清支付申请后的14d内予以核实，并应向承包人签发最终结清支付证书。

（3）发包人应在签发最终结清支付证书后的14d内，按照最终结清支付证书列明的金额向承包人支付最终结清款。

（4）发包人未在约定的时间内核实，又未提出具体意见的，应视为承包人提交的最终结清支付申请已被发包人认可。

（5）发包人未按期最终结清支付的，承包人可催告发包人支付，并有权获得延迟支付的利息。

（6）最终结清时，承包人被预留的质量保证金不足以抵减发包人工程缺陷修复费用的，承包人应承担不足部分的补偿责任。

（7）承包人对发包人支付的最终结清款有异议的，应按照合同约定的争议解决方式处理。

九、合同解除的价款结算与支付

（1）发承包双方协商一致解除合同的，应按照达成的协议办理结算和支付合同价款。

（2）由于不可抗力致使合同无法履行解除合同的，发包人应向承包人支付合同解除之日前已完成工程但尚未支付的合同价款，此外，还应支付下列金额：

① 本章第四节“合同价款调整”中第11条规定的由发包人承担的费用。

② 已实施或部分实施的措施项目应付价款。

③ 承包人为合同工程合理订购且已交付的材料和工程设备货款。

④ 承包人撤离现场所需的合理费用，包括员工遣送费和临时工程拆除、施工设备运离现场的费用。

⑤ 承包人为完成合同工程而预期开支的任何合理费用，且该项费用未包括在本款其他各项支付之内。

发承包双方办理结算合同价款时，应扣除合同解除之日前发包人应向承包人收回的价款。当发包人应扣除的金额超过了应支付的金额，承包人应在合同解除后的56d内将其差额退还给发包人。

（3）因承包人违约解除合同的，发包人应暂停向承包人支付任何价款。发包人应在合同解除后28d内核实合同解除时承包人已完成的全部合同价款以及按施工进度计划已运至现场的材料和工程设备货款，按合同约定核算承包人应支付的违约金以及造成损失的索赔金额，并将结果通知承包人。发承包双方应在28d内予以确认或提出意见，并应办理结算合同价款。如果发包人应扣除的金额超过了应支付的金额，承包人应在合同解除后的56d内将其差额退还给发包人。发承包双方不能就解除合同后的结算达成一致的，按照合同约定的争议解决方式处理。

（4）因发包人违约解除合同的，发包人除应按照（2）的规定向承包人支付各项价款外，应按合同约定核算发包人应支付的违约金以及给承包人造成损失或损害的索赔金额费用。该笔费用应由承包人提出，发包人核实后应与承包人协商确定后的7d内向承包人签发支付证书。协商不能达成一致的，应按照合同约定的争议解决方式处理。

十、合同价款争议的解决

1. 监理或造价工程师暂定

（1）若发包人和承包人之间就工程质量、进度、价款支付与扣除、工期延期、索赔、价款调整等发生任何法律上、经济上或技术上的争议，首先应根据已签约合同的规定，提交合同约定职责范围内的总监理工程师或造价工程师解决，并应抄送另一方。总监理工程师或造价工程师在收到此提交件后14d内应将暂定结果通知发包人和承包人。发承包双方对暂定结果认可的，应以书面形式予以确认，暂定结果成为最终决定。

（2）发承包双方在收到总监理工程师或造价工程师的暂定结果通知之后的14d内未对暂定结果予以确认也未提出不同意见的，应视为发承包双方已认可该暂定结果。

（3）发承包双方或一方不同意暂定结果的，应以书面形式向总监理工程师或造价工程师提出，说明自己认为正确的结果，同时抄送另一方，此时该暂定结果成为争议。在暂定结果对发承包双方当事人履约不产生实质影响的前提下，发承包双方应实施该结果，直到按照发承包双方认可的争议解决办法被改变为止。

2. 管理机构的解释或认定

（1）合同价款争议发生后，发承包双方可就工程计价依据的争议以书面形式提请工程造价管理机构对争议以书面文件进行解释或认定。

（2）工程造价管理机构应在收到申请的10个工作日内就发承包双方提请的争议问题进行解释或认定。

（3）发承包双方或一方在收到工程造价管理机构书面解释或认定后仍可按照合同约定的争议解决方式提请仲裁或诉讼。除工程造价管理机构的上级管理部门作出了不同的解释或认定，或在仲裁裁决或法院判决中不予采信的外，工程造价管理机构作出的书面解释或认定应为最终结果，并应对发承包双方均有约束力。

3. 协商和解

（1）合同价款争议发生后，发承包双方任何时候都可以进行协商。协商达成一致的，双方应签订书面和解协议，和解协议对发承包双方均有约束力。

（2）如果协商不能达成一致协议，发包人或承包人都可以按合同约定的其他方式解决争议。

4. 调解

（1）发承包双方应在合同中约定或在合同签订后共同约定争议调解人，负责双方在合同履行过程中发生争议的调解。

（2）合同履行期间，发承包双方可协议调换或终止任何调解人，但发包人或承包人都不能单独采取行动。除非双方另有协议，在最终结清支付证书生效后，调解人的任期应即终止。

（3）如果发承包双方发生了争议，任何一方可将该争议以书面形式提交调解人，并将副本抄送另一方，委托调解人调解。

（4）发承包双方应按照调解人提出的要求，给调解人提供所需要的资料、现场进入权及相应设施。调解人应被视为不是在进行仲裁人的工作。

（5）调解人应在收到调解委托后 28d 内或由调解人建议并经发承包双方认可的其他期限内提出调解书，发承包双方接受调解书的，经双方签字后作为合同的补充文件，对发承包双方均具有约束力，双方都应立即遵照执行。

（6）当发承包双方中任一方对调解人的调解书有异议时，应在收到调解书后 28d 内向另一方发出异议通知，并应说明争议的事项和理由。但除非并直到调解书在协商和解或仲裁裁决、诉讼判决中作出修改，或合同已经解除，承包人应继续按照合同实施工程。

（7）当调解人已就争议事项向发承包双方提交了调解书，而任一方在收到调解书后 28d 内均未发出表示异议的通知时，调解书对发承包双方应均具有约束力。

5. 仲裁、诉讼

（1）发承包双方的协商和解或调解均未达成一致意见，其中的一方已就此争议事项根据合同约定的仲裁协议申请仲裁，应同时通知另一方。

（2）仲裁可在竣工之前或之后进行，但发包人、承包人、调解人各自的义务不得因在工程实施期间进行仲裁而有所改变。当仲裁是在仲裁机构要求停止施工的情况下进行时，承包人应对合同工程采取保护措施，由此增加的费用应由败诉方承担。

（3）在（1）~（4）的期限之内，暂定或和解协议或调解书已经有约束力的情况下，当发承包中一方未能遵守暂定或和解协议或调解书时，另一方可在不损害他可能具有的任何其他权利的情况下，将未能遵守暂定或不执行和解协议或调解书达成的事项提交仲裁。

（4）发包人、承包人在履行合同时发生争议，双方不愿和解、调解或者和解、调解不成，又没有达成仲裁协议的，可依法向人民法院提起诉讼。

十一、工程造价鉴定

1. 一般鉴定

（1）在工程合同价款纠纷案件处理中，需作工程造价司法鉴定的，应委托具有相应资质的工程造价咨询人进行。

（2）工程造价咨询人接受委托时提供工程造价司法鉴定服务，应按仲裁、诉讼程序和要求进行，并应符合国家关于司法鉴定的规定。

(3) 工程造价咨询人进行工程造价司法鉴定时，应指派专业对口、经验丰富的注册造价工程师承担鉴定工作。

(4) 工程造价咨询人应在收到工程造价司法鉴定资料后10d内，根据自身专业能力和证据资料判断能否胜任该项委托，如不能，应辞去该项委托。工程造价咨询人不得在鉴定期满后以上述理由不作出鉴定结论，影响案件处理。

(5) 接受工程造价司法鉴定委托的工程造价咨询人或造价工程师如是鉴定项目一方当事人的近亲属或代理人、咨询人以及其他关系可能影响鉴定公正的，应当自行回避；未自行回避，鉴定项目委托人以该理由要求其回避的，必须回避。

(6) 工程造价咨询人应当依法出庭接受鉴定项目当事人对工程造价司法鉴定意见书的质询。如确因特殊原因无法出庭的，经审理该鉴定项目的仲裁机关或人民法院准许，可以书面形式答复当事人的质询。

2. 取证

(1) 工程造价咨询人进行工程造价鉴定工作时，应自行收集以下（但不限于）鉴定资料：

1) 适用于鉴定项目的法律、法规、规章、规范性文件以及规范、标准、定额。

2) 鉴定项目同时期同类型工程的技术经济指标及其各类要素价格等。

(2) 工程造价咨询人收集鉴定项目的鉴定依据时，应向鉴定项目委托人提出具体书面要求，其内容包括：

1) 与鉴定项目相关的合同、协议及其附件。

2) 相应的施工图纸等技术经济文件。

3) 施工过程中的施工组织、质量、工期和造价等工程资料。

4) 存在争议的事实及各方当事人的理由。

5) 其他有关资料。

(3) 工程造价咨询人在鉴定过程中要求鉴定项目当事人对缺陷资料进行补充的，应征得鉴定项目委托人同意，或者协调鉴定项目各方当事人共同签认。

(4) 根据鉴定工作需要现场勘验的，工程造价咨询人应提请鉴定项目委托人组织各方当事人对被鉴定项目所涉及的实物标的进行现场勘验。

(5) 勘验现场应制作勘验记录、笔录或勘验图表，记录勘验的时间、地点、勘验人、在场人、勘验经过、结果，由勘验人、在场人签名或者盖章确认。绘制的现场图应注明绘制的时间、测绘人姓名、身份等内容。必要时应采取拍照或摄像取证，留下影像资料。

(6) 鉴定项目当事人未对现场勘验图表或勘验笔录等签字确认的，工程造价咨询人应提请鉴定项目委托人决定处理意见，并在鉴定意见书中作出表述。

3. 鉴定

(1) 工程造价咨询人在鉴定项目合同有效的情况下应根据合同约定进行鉴定，不得任意改变双方合法的合意。

(2) 工程造价咨询人在鉴定项目合同无效或合同条款约定不明确的情况下应根据法律法规、相关国家标准和“13规范”的规定，选择相应专业工程的计价依据和方法进行鉴定。

(3) 工程造价咨询人出具正式鉴定意见书之前，可报请鉴定项目委托人向鉴定项目各方当事人发出鉴定意见书征求意见稿，并指明应书面答复的期限及其不答复的相应法律责任。

（4）工程造价咨询人收到鉴定项目各方当事人对鉴定意见书征求意见稿的书面复函后，应对不同意见认真复核，修改完善后再出具正式鉴定意见书。

（5）工程造价咨询人出具的工程造价鉴定书应包括下列内容：

① 鉴定项目委托人名称、委托鉴定的内容。

② 委托鉴定的证据材料。

③ 鉴定的依据及使用的专业技术手段。

④ 对鉴定过程的说明。

⑤ 明确的鉴定结论。

⑥ 其他需说明的事宜。

⑦ 工程造价咨询人盖章及注册造价工程师签名盖执业专用章。

（6）工程造价咨询人应在委托鉴定项目的鉴定期限内完成鉴定工作，如确因特殊原因不能在原定期限内完成鉴定工作时，应按照相应法规提前向鉴定项目委托人申请延长鉴定期限，并应在此期限内完成鉴定工作。

经鉴定项目委托人同意等待鉴定项目当事人提交、补充证据的，质证所用的时间不应计入鉴定期限。

（7）对于已经出具的正式鉴定意见书中有部分缺陷的鉴定结论，工程造价咨询人应通过补充鉴定作出补充结论。

十二、工程计价资料与档案

1. 计价资料

（1）发承包双方应当在合同中约定各自在合同工程中现场管理人员的职责范围，双方现场管理人员在职责范围内签字确认的书面文件是工程计价的有效凭证，但如有其他有效证据或经实证证明其是虚假的除外。

（2）发承包双方不论在何种场合对与工程计价有关的事项所给予的批准、证明、同意、指令、商定、确定、确认、通知和请求，或表示同意、否定、提出要求和意见等，均应采用书面形式，口头指令不得作为计价凭证。

（3）任何书面文件送达时，应由对方签收，通过邮寄应采用挂号、特快专递传送，或以发承包双方商定的电子传输方式发送，交付、传送或传输至指定的接收人的地址。如接收人通知了另外地址时，随后通信信息应按新地址发送。

（4）发承包双方分别向对方发出的任何书面文件，均应将其抄送现场管理人员，如系复印件应加盖合同工程管理机构印章，证明与原件相同。双方现场管理人员向对方所发任何书面文件，也应将其复印件发送给发承包双方，复印件应加盖合同工程管理机构印章，证明与原件相同。

（5）发承包双方均应当及时签收另一方送达其指定接收地点的来往信函，拒不签收的，送达信函的一方可以采用特快专递或者公证方式送达，所造成的费用增加（包括被迫采用特殊送达方式所发生的费用）和延误的工期由拒绝签收一方承担。

（6）书面文件和通知不得扣压，一方能够提供证据证明另一方拒绝签收或已送达的，应视为对方已签收并应承担相应责任。

2. 计价档案

（1）发承包双方以及工程造价咨询人对具有保存价值的各种载体的计价文件，均应收集齐全，整理立卷后归档。

（2）发承包双方和工程造价咨询人应建立完善的工程计价档案管理制度，并应符合国家和有关部门发布的档案管理相关规定。

（3）工程造价咨询人归档的计价文件，保存期不宜少于五年。

（4）归档的工程计价成果文件应包括纸质原件和电子文件，其他归档文件及依据可为纸质原件、复印件或电子文件。

（5）归档文件应经过分类整理，并应组成符合要求的案卷。

（6）归档可以分阶段进行，也可以在项目竣工结算完成后进行。

（7）向接受单位移交档案时，应编制移交清单，双方应签字、盖章后方可交接。

第五节　市政与园林工程工程量清单计价格式

一、计价表格组成与格式

1. 工程计价文件封面

（1）招标工程量清单封面

招标工程量清单封面格式如表 8-1 所示。

表 8-1　招标工程量清单封面

________________工程 招标工程量清单 招　标　人：________________ （单位盖章） 造价咨询人：________________ （单位盖章） 年　　月　　日

招标工程量清单封面应填写招标工程项目的具体名称，招标人应盖单位公章，如委托工程造价咨询人编制，还应由其加盖相同单位公章。

（2）招标控制价封面

招标控制价封面格式如表 8-2 所示。

表 8-2　招标控制价封面

<table>
<tr><td>

______________工程

招 标 控 制 价

招　标　人：______________
（单位盖章）

造价咨询人：______________
（单位盖章）

年　　月　　日

</td></tr>
</table>

招标控制价封面应填写招标工程项目的具体名称，招标人应盖单位公章，如委托工程造价咨询人编制，还应由其加盖相同单位公章。

（3）投标总价封面

投标总价封面格式如表 8-3 所示。

表 8-3　投标总价封面

<table>
<tr><td>

______________工程

投　标　总　价

投　标　人：______________
（单位盖章）

年　　月　　日

</td></tr>
</table>

投标总价封面应填写投标工程的具体名称，投标人应盖单位公章。

（4）竣工结算书封面

竣工结算书封面格式如表 8-4 所示。

表 8-4 竣工结算书封面

<table>
<tr><td>
______________工程

竣 工 结 算 书

发 包 人：______________
（单位盖章）

承 包 人：______________
（单位盖章）

造价咨询人：______________
（单位盖章）

年 月 日
</td></tr>
</table>

竣工结算书封面应填写竣工工程的具体名称，发承包双方应盖其单位公章，如委托工程造价咨询人办理的，还应加盖其单位公章。

（5）工程造价鉴定意见书封面

工程造价鉴定意见书封面格式如表 8-5 所示。

表 8-5 工程造价鉴定意见书封面

<table>
<tr><td>
__________工程
编号：××× ［2×××］ ××号

工程造价鉴定意见书

造价咨询人：______________
（单位盖章）

年 月 日
</td></tr>
</table>

工程造价鉴定意见书封面应填写鉴定工程项目的具体名称，填写意见书文号，工程造价咨询人盖单位公章。

2. 工程计价文件扉页

（1）招标工程量清单扉页

招标工程量清单扉页格式如表 8-6 所示。

表 8-6　招标工程量清单扉页

________工程

招 标 工 程 量 清 单

招　标　人：________	造价咨询人：________
（单位盖章）	（单位资质专用章）
法定代表人 或其授权人：________	法定代表人 或其授权人：________
（签字或盖章）	（签字或盖章）
编　制　人：________	复　核　人：________
（造价人员签字盖专用章）	（造价工程师签字盖专用章）
编制时间：　年　月　日	复核时间：　年　月　日

招标人自行编制工程量清单时，由招标人单位注册的造价人员编制，招标人盖单位公章，法定代表人或其授权人签字或盖章。编制人是造价工程师的，由其签字盖执业专用章；编制人是造价员的。在编制人栏签字盖专用章，应由造价工程师复核，并在复核人栏签字盖执业专用章。

招标人委托工程造价咨询人编制工程量清单时，由工程造价咨询人单位注册的造价人员编制，工程造价咨询人盖单位资质专用章，法定代表人或其授权人签字或盖章。编制人是造价工程师的，由其签字盖执业专用章；编制人是造价员的，在编制人栏签字盖专用章，应由造价工程师复核，并在复核人栏签字盖执业专用章。

（2）招标控制价扉页

招标控制价扉页格式如表 8-7 所示。

表 8-7　招标控制价扉页

________工程

招 标 控 制 价

招标控制价（小写）：________

（大写）：________

招　标　人：________	造价咨询人：________
（单位盖章）	（单位资质专用章）
法定代表人 或其授权人：________	法定代表人 或其授权人：________
（签字或盖章）	（签字或盖章）
编　制　人：________	复　核　人：________
（造价人员签字盖专用章）	（造价工程师签字盖专用章）
编制时间：　年　月　日	复核时间：　年　月　日

招标人自行编制招标控制价时，由招标人单位注册的造价人员编制，招标人盖单位公章，法定代表人或其授权人签字或盖章。编制人是造价工程师的，由其签字盖执业专用章；编制人是造价员的，由其在编制人栏签字盖专用章，应由造价工程师复核，并在复核人栏签字盖执业专用章。

招标人委托工程造价咨询人编制招标控制价时，由工程造价咨询人单位注册的造价人员编制，工程造价咨询人盖单位资质专用章，法定代表人或其授权人签字或盖章。编制人是造价工程师的，由其签字盖执业专用章；编制人是造价员的，在编制人栏签字盖专用章，应由造价工程师复核，并在复核人栏签字盖执业专用章。

（3）投标总价扉页

投标总价扉页格式如表 8-8 所示。

表 8-8　投标总价扉页

投　标　总　价

招　标　人：______________________________

工 程 名 称：______________________________

投标总价(小写)：______________________________

(大写)：______________________________

投　标　人：______________________________

(单位盖章)

法定代表人

或其授权人：______________________________

(签字或盖章)

编　制　人：______________________________

(造价人员签字盖专用章)

编制时间：　　年　　月　　日

投标人编制投标报价时，由投标人单位注册的造价人员编制，投标人盖单位公章，法定代表人或其授权人签字或盖章，编制的造价人员（造价工程师或造价员）签字盖执业专用章。

（4）竣工结算总价扉页

竣工结算总价扉页格式如表 8-9 所示。

表 8-9　竣工结算总价扉页

<table>
<tr><td>

______________工程

竣工结算总价

签约合同价（小写）：______________（大写）：______________
竣工结算价（小写）：______________（大写）：______________

发包人：__________　承包人：__________　造价咨询人：__________
（单位盖章）　（单位盖章）　（单位资质专用章）

法定代表人　法定代表人　法定代表人
或其授权人：__________　或其授权人：__________　或其授权人：__________
（签字或盖章）　（签字或盖章）　（签字或盖章）

编　制　人：______________　核　对　人：______________
（造价人员签字盖专用章）　（造价工程师签字盖专用章）

编制时间：　年　月　日　核对时间：　年　月　日

</td></tr>
</table>

承包人自行编制竣工结算总价，由承包人单位注册的造价人员编制，承包人盖单位公章，法定代表人或其授权人签字或盖章，编制的造价人员（造价工程师或造价员）在编制人栏签字盖执业专用章。

发包人自行核对竣工结算时，由发包人单位注册的造价工程师核对，发包人盖单位公章，法定代表人或其授权人签字或盖章，造价工程师在核对人栏签字盖执业专用章。

发包人委托工程造价咨询人核对竣工结算时，由工程造价咨询人单位注册的造价工程师核对，发包人盖单位公章，法定代表人或其授权人签字或盖章；工程造价咨询人盖单位资质专用章，法定代表人或其授权人签字或盖章，造价工程师在核对人栏签字盖执业专用章。

除非出现发包人拒绝或不答复承包人竣工结算书的特殊情况，竣工结算办理完毕后，竣工结算总价封面发承包双方的签字、盖章应当齐全。

(5) 工程造价鉴定意见书扉页

工程造价鉴定意见书扉页格式如表 8-10 所示。

表 8-10 工程造价鉴定意见书扉页

<table>
<tr><td>

________________工程

工 程 造 价 鉴 定 意 见 书

鉴定结论：

造价咨询人：________________________________
（盖单位章及资质专用章）

法定代表人：________________________________
（签字或盖章）

造价工程师：________________________________
（签字盖专用章）

年　　月　　日

</td></tr>
</table>

工程造价咨询人应盖单位资质专用章，法定代表人或其授权人签字或盖章，造价工程师签字盖章执业专用章。

3. 工程计价总说明

总说明格式如表 8-11 所示。

表 8-11 总 说 明

工程名称：　　　　　　　　　　　　　　　　　　第　页　共　页

<table>
<tr><td> </td></tr>
</table>

（1）工程量清单，总说明的内容应包括：
① 工程概况：如建设地址、建设规模、工程特征、交通状况、环保要求等。
② 工程发包、分包范围。
③ 工程量清单编制依据：如采用的标准、施工图纸、标准图集等。
④ 使用材料设备、施工的特殊要求等。
⑤ 其他需要说明的问题。
（2）招标控制价，总说明的内容应包括：
① 采用的计价依据。
② 采用的施工组织设计。
③ 采用的材料价格来源。
④ 综合单价中风险因素、风险范围（幅度）。
⑤ 其他。
（3）投标报价，总说明的内容应包括：
① 采用的计价依据。
② 采用的施工组织设计。
③ 综合单价中风险因素、风险范围（幅度）。
④ 措施项目的依据。
⑤ 其他有关内容的说明等。
（4）竣工结算，总说明的内容应包括：
① 工程概况。
② 编制依据。
③ 工程变更。
④ 工程价款调整。
⑤ 索赔。
⑥ 其他等。
4. 工程计价汇总表
（1）建设项目招标控制价/投标报价汇总表
建设项目招标控制价/投标报价汇总表格式如表 8-12 所示。

表 8-12　建设项目招标控制价/投标报价汇总表

工程名称：　　　　　　　　　　　　　　　　　　　　　　第　页　共　页

序号	单项工程名称	金额（元）	其中：（元）		
			暂估价	安全文明施工费	规费
合计					

注：本表适用于建设项目招标控制价或投标报价的汇总。

(2) 单项工程招标控制价/投标报价汇总表

单项工程招标控制价/投标报价汇总表格式如表8-13所示。

表8-13 单项工程招标控制价/投标报价汇总表

工程名称： 第 页 共 页

序号	单项工程名称	金额（元）	其中：（元）		
			暂估价	安全文明施工费	规费
	合计				

注：本表适用于单项工程招标控制价或投标报价的汇总。暂估价包括分部分项工程中的暂估价和专业工程暂估价。

(3) 单位工程招标控制价/投标报价汇总表

单位工程招标控制价/投标报价汇总表格式如表8-14所示。

表8-14 单位工程招标控制价/投标报价汇总表

工程名称： 标段： 第 页 共 页

序号	汇总内容	金额（元）	其中：暂估价（元）
1	分部分项工程		
1. 1			
1. 2			
1. 3			
1. 4			
1. 5			
2	措施项目		—
2. 1	其中：安全文明施工费		—
3	其他项目		—
3. 1	其中：暂列金额		—
3. 2	其中：专业工程暂估价		—
3. 3	其中：计日工		—
3. 4	其中：总承包服务费		—
4	规费		—
5	税金		—
招标控制价合计=1+2+3+4+5			

注：本表适用于单位工程招标控制价或投标报价的汇总，单项工程也使用本表汇总。

（4）建设项目竣工结算汇总表

建设项目竣工结算汇总表格式如表 8-15 所示。

表 8-16　建设项目竣工结算汇总表

工程名称：　　　　　　　　　　　　　　　　　　　　第　页　共　页

序号	单项工程名称	金额（元）	其中：（元）	
			安全文明施工费	规费
合计				

（5）单项工程竣工结算汇总表

单项工程竣工结算汇总表格式如表 8-16 所示。

表 8-16　单项工程竣工结算汇总表

工程名称：　　　　　　　　　　　　　　　　　　　　第　页　共　页

序号	单位工程名称	金额（元）	其中：（元）	
			安全文明施工费	规费
合计				

（6）单位工程竣工结算汇总表

单位工程竣工结算汇总表格式如表8-17所示。

表8-17　单位工程竣工结算汇总表

工程名称：　　　　　　　　　　　　　　标段：　　　　　　　　　　　　　　第　页　共　页

序号	汇　总　内　容	金额（元）
1	分部分项工程	
1.1		
1.2		
1.3		
1.4		
1.5		
2	措施项目	
2.1	其中：安全文明施工费	
3	其他项目	
3.1	其中：专业工程结算价	
3.2	其中：计日工	
3.3	其中：总承包服务费	
3.4	其中：索赔与现场签证	
4	规费	
5	税金	
竣工结算总价合计=1+2+3+4+5		

注：如无单位工程划分，单项工程也使用本表汇总。

5. 分部分项工程和措施项目计价表

（1）分部分项工程和单价措施项目清单与计价表

分部分项工程和单价措施项目清单与计价表格式如表8-18所示。

表8-18　分部分项工程和单价措施项目清单与计价表

工程名称：　　　　　　　　　　　　　　标段：　　　　　　　　　　　　　　第　页　共　页

序号	项目编码	项目名称	项目特征描述	计量单位	工程量	金额（元）		
						综合单价	合价	其中
								暂估价
本页小计								
合计								

注：为计取规费等的使用，可在表中增设其中：“定额人工费”。

编制工程量清单时，“工程名称”栏应填写具体的工程称谓。“项目编码”栏应按相关工程国家计量规范项目编码栏内规定的9位数字另加3位顺序码填写。“项目名称”栏应按相关工程国家计量规范根据拟建工程实际确定填写。“项目描述”栏应按相关工程国家计量规范根据拟建工程实际予以描述。

编制招标控制价时，其项目编码、项目名称、项目特征、计量单位、工程量栏不变，对“综合单价”、“合价”以及“其中：暂估价”按相关规定填写。

编制投标报价时，招标人对表中的“项目编码”、“项目名称”、“项目特征”、“计量单位”、“工程量”均不应作改动。“综合单价”、“合价”自主决定填写，对其中的“暂估价”栏，投标人应将招标文件中提供了暂估材料单价的暂估价进入综合单价，并应计算出暂估单价的材料栏“综合单价”其中的“暂估价”。

（2）综合单价分析表

综合单价分析表格式如表8-19所示。

表8-19　综合单价分析表

工程名称：　　　　　　　　　　　　　　　标段：　　　　　　　　　　第　页　共　页

<table>
<tr><td colspan="2">项目编码</td><td></td><td colspan="2">项目名称</td><td></td><td colspan="2">计量单位</td><td></td><td colspan="2">工程量</td><td></td></tr>
<tr><td colspan="12">清单综合单价组成明细</td></tr>
<tr><td rowspan="2">定额编号</td><td rowspan="2">定额项目名称</td><td rowspan="2">定额单位</td><td rowspan="2">数量</td><td colspan="4">单价</td><td colspan="4">合价</td></tr>
<tr><td>人工费</td><td>材料费</td><td>机械费</td><td>管理费和利润</td><td>人工费</td><td>材料费</td><td>机械费</td><td>管理费和利润</td></tr>
<tr><td></td><td></td><td></td><td></td><td></td><td></td><td></td><td></td><td></td><td></td><td></td><td></td></tr>
<tr><td></td><td></td><td></td><td></td><td></td><td></td><td></td><td></td><td></td><td></td><td></td><td></td></tr>
<tr><td colspan="2">人工单价</td><td colspan="6">小计</td><td></td><td></td><td></td><td></td></tr>
<tr><td colspan="2">元/工日</td><td colspan="6">未计价材料费</td><td colspan="4"></td></tr>
<tr><td colspan="8">清单项目综合单价</td><td colspan="4"></td></tr>
<tr><td rowspan="5">材料费明细</td><td colspan="5">主要材料名称、规格、型号</td><td>单位</td><td>数量</td><td>单价（元）</td><td>合价（元）</td><td>暂估单价（元）</td><td>暂估合价（元）</td></tr>
<tr><td colspan="5"></td><td></td><td></td><td></td><td></td><td></td><td></td></tr>
<tr><td colspan="5"></td><td></td><td></td><td></td><td></td><td></td><td></td></tr>
<tr><td colspan="5">其他材料费</td><td>—</td><td></td><td>—</td><td></td><td></td><td></td></tr>
<tr><td colspan="5">材料费小计</td><td>—</td><td></td><td>—</td><td></td><td></td><td></td></tr>
</table>

注：1. 如不使用省级或行业建设主管部门发布的计价依据，可不填定额编号、名称等。

2. 招标文件提供了暂估单价的材料，按暂估的单价填入表内“暂估单价”栏及“暂估合价”栏。

工程量清单综合单价分析表是评标委员会评审和判别综合单价组成以及其价格完整性、合理性的主要基础，对因工程变更、工程量偏差等原因调整综合单价也是必不可少的基础价格数据来源。采用经评审的最低投标价法评标时，该分析表的重要性更加突出。

综合单价分析表集中反映了构成每一个清单项目综合单价的各个价格要素的价格及主要的“工、料、机”消耗量。投标人在投标报价时，需要对每一个清单项目进行组价，为了使组价工作具有可追溯性（回复评标质疑时尤其需要），需要表明每一个数据的来源。该分析表实际上是投标人投标组价工作的一个阶段性成果文件，借助计算机辅助报价系统，可以由电脑自动生成，并不需要投标人付出太多额外劳动。

综合单价分析表一般随投标文件一同提交，作为已标价工程量清单的组成部分，以便中标后，作为合同文件的附属文件。投标人须知中需要就该分析表提交的方式作出规定，该规定需要考虑是否有必要对该分析表的合同地位给予定义。一般而言，该分析表所载明的价格数据对投标人是有约束力的，但是投标人能否以此作为投标报价中的错报和漏报等的依据而寻求招标人的补偿是实践中值得注意的问题。比较恰当的做法似乎应当是，通过评标过程中的清标、质疑、澄清、说明和补正机制，不但解决工程量清单综合单价的合理性问题，而且将合理化的综合单价反馈到综合单价分析表中，形成相互衔接、相互呼应的最终成果，在这种情况下，即便是将综合单价分析表定义为有合同约束力的文件，上述顾虑也就没有必要了。

编制综合单价分析表对辅助性材料不必细列，可归并到其他材料费中以金额表示。

（3）综合单价调整表

综合单价调整表格式如表8-20所示。

表8-20　综合单价调整表

工程名称：　　　　　　　　　　　　标段：　　　　　　　　　　　　第　页　共　页

<table>
<tr><th rowspan="3">序号</th><th rowspan="3">项目编码</th><th rowspan="3">项目名称</th><th colspan="5">已标价清单综合单价（元）</th><th colspan="5">调整后综合单价（元）</th></tr>
<tr><th rowspan="2">综合单价</th><th colspan="4">其中</th><th rowspan="2">综合单价</th><th colspan="4">其中</th></tr>
<tr><th>人工费</th><th>材料费</th><th>机械费</th><th>管理费和利润</th><th>人工费</th><th>材料费</th><th>机械费</th><th>管理费和利润</th></tr>
<tr><td></td><td></td><td></td><td></td><td></td><td></td><td></td><td></td><td></td><td></td><td></td><td></td><td></td></tr>
<tr><td></td><td></td><td></td><td></td><td></td><td></td><td></td><td></td><td></td><td></td><td></td><td></td><td></td></tr>
<tr><td></td><td></td><td></td><td></td><td></td><td></td><td></td><td></td><td></td><td></td><td></td><td></td><td></td></tr>
<tr><td></td><td></td><td></td><td></td><td></td><td></td><td></td><td></td><td></td><td></td><td></td><td></td><td></td></tr>
<tr><td></td><td></td><td></td><td></td><td></td><td></td><td></td><td></td><td></td><td></td><td></td><td></td><td></td></tr>
<tr><td></td><td></td><td></td><td></td><td></td><td></td><td></td><td></td><td></td><td></td><td></td><td></td><td></td></tr>
<tr><td></td><td></td><td></td><td></td><td></td><td></td><td></td><td></td><td></td><td></td><td></td><td></td><td></td></tr>
<tr><td></td><td></td><td></td><td></td><td></td><td></td><td></td><td></td><td></td><td></td><td></td><td></td><td></td></tr>
<tr><td></td><td></td><td></td><td></td><td></td><td></td><td></td><td></td><td></td><td></td><td></td><td></td><td></td></tr>
<tr><td></td><td></td><td></td><td></td><td></td><td></td><td></td><td></td><td></td><td></td><td></td><td></td><td></td></tr>
<tr><td></td><td></td><td></td><td></td><td></td><td></td><td></td><td></td><td></td><td></td><td></td><td></td><td></td></tr>
<tr><td colspan="6">造价工程师（签章）：发包人代表（签章）：

日期：</td><td colspan="7">造价人员（签章）：发包人代表（签章）：

日期：</td></tr>
</table>

注：综合单价调整应附调整依据。

综合单价调整表用于由于各种合同约定调整因素出现时调整综合单价，此表实际上是一个汇总性质的表，各种调整依据应附表后，并且注意，项目编码、项目名称必须与已标价工程量清单保持一致，不得发生错漏，以免发生争议。

（4）总价措施项目清单与计价表

总价措施项目清单与计价表格式如表8-21所示。

表8-21　总价措施项目清单与计价表

工程名称：　　　　　　　　　　标段：　　　　　　　　　　第　页　共　页

序号	项目编码	项目名称	计算基础	费率（%）	金额（元）	调整费率（%）	调整后金额（元）	备注
		安全文明施工费						
		夜间施工增加费						
		二次搬运费						
		冬雨季施工增加费						
		已完工程及设备保护费						
合计								

编制人（造价人员）：　　　　　　　　复核人（造价工程师）：

注：1.“计算基础”中安全文明施工费可为“定额基价”、“定额人工费”或“定额人工费＋定额机械费”，其他项目可为“定额人工费”或“定额人工费＋定额机械费”。

2. 按施工方案计算的措施费，若无“计算基础”和“费率”的数值，也可只填“金额”数值，但应在备注栏说明施工方案出处或计算方法。

① 编制工程量清单时，表中的项目可根据工程实际情况进行增减。

② 编制招标控制价时，计费基础、费率应按省级或行业建设主管部门的规定记取。

③ 编制投标报价时，除“安全文明施工费”必须按《建设工程工程量清单计价规范》（GB 50500—2013）的强制性规定，按省级或行业建设主管部门的规定记取外，其他措施项目均可根据投标施工组织设计自主报价。

④ 编制工程结算时，如省级或行业建设主管部门调整了安全文明施工费，应按调整后的标准计算此费用，其他总价措施项目经发承包双方协商进行了调整的，按调整后的标准计算。

6. 其他项目计价表

（1）其他项目清单与计价汇总表

其他项目清单与计价汇总表格式如表8-22所示。

表8-22　其他项目清单与计价汇总表

工程名称：　　　　　　　　　　　　　　　　标段：　　　　　　　　　　　　第　页　共　页

序号	项目名称	金额（元）	结算金额（元）	备　注
1	暂列金额			
2	暂估价			
2.1	材料（工程设备）暂估价/结算价	—	—	
2.2	专业工程暂估价/结算价			
3	计日工			
4	总承包服务费			
5	索赔与现场签证	—		
合计				—

注：材料（工程设备）暂估价进入清单项目综合单价，此处不汇总。

使用本表时，由于计价阶段的差异，应注意：

① 编制招标工程量清单时，应汇总“暂列金额”和“专业工程暂估价”，以提供给投标报价。

② 编制招标控制价时，应按有关计价规定估算“计日工”和“总承包服务费”。入招标工程量清单中未列“暂列金额”，应按有关规定编列。

③ 编制投标报价时，应按招标工程量清单提供的“暂估金额”和“专业工程暂估价”填写金额，不得变动。“计日工”、“总承包服务费”自主确定报价。

④ 编制或核对工程结算，“专业工程暂估价”按实际分包结算价填写，“计日工”、“总承包服务费”按双方认可的费用填写，如发生“索赔”或“现场签证”费用，按双方认可的金额计入该表。

（2）暂列金额明细表

暂列金额明细表格式如表8-23所示。

表8-23　暂列金额明细表

工程名称：　　　　　　　　　　　　　　　　标段：　　　　　　　　　　　　第　页　共　页

序号	项目名称	计量单位	暂定金额（元）	备　注
1				
2				
3				
4				
5				
6				
合计				—

注：此表由招标人填写，如不能详列，也可只列暂定金额总额，投标人应将上述暂列金额计入投标总价中。

要求招标人能将暂列金额与拟用项目列出明细，但如确实不能详列也可只列暂定金额总额，投标人应将上述暂列金额计入投标总价中。

(3) 材料（工程设备）暂估单价及调整表

材料（工程设备）暂估单价及调整表格式如表8-24所示。

表8-24　材料（工程设备）暂估单价及调整表

工程名称：　　　　　　　　　　　　　　标段：　　　　　　　　　　　　　　第　页　共　页

序号	材料（工程设备）名称、规格、型号	计量单位	数量		暂估（元）		确认（元）		差额±（元）		备注
			暂估	确认	单价	合价	单价	合价	单价	合价	
合计											

注：此表由招标人填写"暂估单价"，并在备注栏说明暂估价的材料、工程设备拟用在哪些清单项目上，投标人应将上述材料暂估单价计入工程量清单综合单价报价中。

暂估价是在招标阶段预见肯定要发生，只是因为标准不明确或者需要由专业承包人完成，暂时无法确定材料、工程设备的具体价格而采用的一种临时性计价方式。暂估价的材料、工程设备数量应在表内填写，拟用项目应在本表备注栏给予补充说明。

要求招标人针对每一类暂估价给出相应的拟用项目，即按照材料、工程设备的名称分别给出，这样的材料、工程设备暂估价能够纳入到清单项目的综合单价中。

还有一种是给一个原则性的说明，原则性说明对招标人编制工程量清单而言比较简单，能降低招标人出错的概率。但是，对投标人而言，则很难准确把握招标人的意图和目的，很难保证投标报价的质量，轻则影响合同的可执行力，极端的情况下，可能导致招标失败，最终受损失的也包括招标人自己，因此，这种处理方式是不可取的方式。

一般而言，招标工程量清单中列明的材料、工程设备的暂估价仅指此类材料、工程设备本身运至施工现场内工地地面价。不包括这些材料、工程设备的安装以及安装所必需的辅助材料以及发生在现场内的验收、存储、保管、开箱、二次搬运、从存放地点运至安装地点以及其他任何必要的辅助工作（以下简称"暂估价项目的安装及辅助工作"）所发生的费用。暂估价项目的安装及辅助工作所发生的费用应该包括在投标报价中的相应清单项目的综合单价中并且固定包死。

(4) 专业工程暂估价及结算价表

专业工程暂估价及结算价表格式如表8-25所示。

表 8-25　专业工程暂估价及结算价表

工程名称：　　　　　　　　　　　　　　标段：　　　　　　　　　　　　　　第　页　共　页

序号	工程名称	工程内容	暂估金额（元）	结算金额（元）	差额 ±（元）	备注
合计						

注：此表“暂估金额”由招标人填写，投标人应将“暂估金额”计入投标总价中，结算时按合同约定结算金额填写。

专业工程暂估价应在表内填写工程名称、工程内容、暂估金额，投标人应将上述金额计入投标总价中。

专业工程暂估价项目及其表中列明的专业工程暂估价，是指分包人实施专业工程的含税拿后的完整价（即包含了该专业工程中所有供应、安装、完工、调试、修复缺陷等全部工作），除了合同约定的发包人应承担的总包管理、协调、配合和服务责任所对应的总承包服务费用以外，承包人为履行其总包管理、配合、协调和服务等所需发生的费用应该包括在投标报价中。

（5）计日工表

计日工表格式如表 8-26 所示。

表 8-26　计　日　工　表

工程名称：　　　　　　　　　　　　　　标段：　　　　　　　　　　　　　　第　页　共　页

编号	项目名称	单位	暂定数量	实际数量	综合单价（元）	合价（元）	
						暂定	实际
一	人工						
1							
2							
人工小计							
二	材料						
1							
2							
材料小计							
三	施工机械						
1							
2							
施工机械小计							
四、企业管理费和利润							
总计							

注：此表项目名称、暂定数量由招标人填写，编制招标控制价时，单价由招标人按有关计价规定确定；投标时，单价由投标人自主报价，按暂定数量计算合价计入投标总价中。结算时，按发承包双方确认的实际数量计算合价。

编制工程量清单时，“项目名称”、“计量单位”、“暂估数量”由招标人填写。

编制招标控制价时，人工、材料、机械台班单价由招标人按有关计价规定填写并计算合价。

编制投标报价时，人工、材料、机械台班单价由招标人自主确定，按已给暂估数量计算合价计入投标总价中。

结算时，实际数量按发承包双方确认的填写。

（6）总承包服务费计价表

总承包服务费计价表格式如表 8-27 所示。

表 8-27　总承包服务费计价表

工程名称：　　　　　　　　　　　　　　标段：　　　　　　　　　　　　　　第　页　共　页

序号	项目名称	项目价值（元）	服务内容	计算基础	费率（%）	金额（元）
1	发包人发包专业工程					
2	发包人供应材料					
	合　计	—	—		—	

注：此表项目名称、服务内容有招标人填写，编制招标控制价时，费率及金额由招标人按有关计价规定确定；投标时，费率及金额由投标人自主报价，计入投标总价中。

编制招标工程量清单时，招标人应将拟定进行专业发包的专业工程，自行采购的材料设备等决定清楚，填写项目名称、服务内容，以便投标人决定报价。

编制招标控制价时，招标人按有关计价规定计价。

编制投标报价时，由投标人根据工程量清单中的总承包服务内容，自主决定报价。

办理工程结算时，发承包双发应按承包人已标价工程量清单中的报价计算，发承包双方确定调整的，按调整后的金额计算。

（7）索赔与现场签证计价汇总表

索赔与现场签证计价汇总表格式如表 8-28 所示。

表 8-28　索赔与现场签证计价汇总表

工程名称：　　　　　　　　　　　　　　标段：　　　　　　　　　　　　　　第　页　共　页

序号	签证及索赔项目名称	计量单位	数量	单价（元）	合价（元）	索赔及签证依据

续表

序号	签证及索赔项目名称	计量单位	数量	单价（元）	合价（元）	索赔及签证依据
—	本页小计	—	—	—		—
—	合计	—	—	—		—

注：签证及索赔依据是指经双方认可的签证单和索赔依据的编号。

本表是对发承包双方签证认可的“费用索赔申请（核准）表”和“现场签证表”的汇总。

（8）费用索赔申请（核准）表

费用索赔申请（核准）表格式如表8-29所示。

表8-29　费用索赔申请（核准）表

工程名称：　　　　　　　　　　　　　标段：　　　　　　　　　　　　　编号：

<table>
<tr><td colspan="2">致：________________________________（发包人全称）
根据施工合同条款第________条的约定，由于________原因，我方要求索赔金额（大写）（小写________），请予核准。
附：1. 费用索赔的详细理由和依据：
2. 索赔金额的计算：
3. 证明材料：

承包人（章）
造价人员__________　　承包人代表__________　　日期__________</td></tr>
<tr><td>复核意见：
根据施工合同条款第________条的约定，你方提出的费用索赔申请经复核：
□不同意此项索赔，具体意见见附件。
□同意此项索赔，索赔金额的计算，由造价工程师复核。

监理工程师________
日　　期________</td><td>复核意见：
根据施工合同条款第____条的约定，你方提出的费用索赔申请经复核，索赔金额为（大写）________（小写________）。

造价工程师________
日　　期________</td></tr>
<tr><td colspan="2">审核意见：
□不同意此项索赔。
□同意此项索赔，与本期进度款同期支付。

发包人（章）
发包人代表________
日　　期________</td></tr>
</table>

注：1. 在选择栏中的“□”内作标识“√”。

2. 本表一式四份，由承包人填报，发包人、监理人、造价咨询人、承包人各存一份。

本表将费用索赔申请与核准设置于一个表，非常直观。使用本表时，承包人代表应按合同条款的约定阐述原因，附上索赔证据、费用计算报发包人，经监理工程师复核（按照发包人的授权不论是监理工程师或发包人现场代表均可），经造价工程师（此处造价工程师可以是承包人现场管理人员，也可以是发包人委托的工程造价咨询企业的人员）复核具体费用，经发包人审核后生效，该表以在选择栏中“□”内作标识“√”表示。

（9）现场签证表

现场签证表格式如表 8-30 所示。

表 8-31　现场签证表

工程名称：　　　　　　　　　　　　标段：　　　　　　　　　　　　编号：

<table>
<tr><td>施工单位</td><td></td><td>日　期</td><td></td></tr>
<tr><td colspan="4">致：________________________________（发包人全称）
根据______（指令人姓名）____年____月____日的口头指令或你方______（或监理人）______年______月______日的书面通知，我方要求完成此项工作应支付价款金额为（大写）______（小写______），请予核准。
附：1. 签证事由及原因：
2. 附图及计算式：
承包人（章）
造价人员________　　承包人代表________　　日　期________</td></tr>
<tr><td colspan="2">复核意见：
你方提出的此项签证申请经复核：
□不同意此项签证，具体意见见附件。
□同意此项签证，签证金额的计算，由造价工程师复核。
监理工程师________
日　期________</td><td colspan="2">复核意见：
□此项签证按承包人中标的计日工单价计算，金额为（大写）______元，（小写）______元。
□此项签证因无计日工单价，金额为（大写）______元，（______小写）。
造价工程师________
日　期________</td></tr>
<tr><td colspan="4">审核意见：
□不同意此项签证。
□同意此项签证，价款与本期进度款同期支付。
承包人（章）
承包人代表________
日　期________</td></tr>
</table>

注：1. 在选择栏中的“□”内作标识“√”。

2. 本表一式四份，由承包人在收到发包人（监理人）的口头或书面通知后填写，发包人、监理人、造价咨询人、承包人各存一份。

现场签证种类繁多，发承包双方在工程实施过程中来往信函就责任事件的证明均可称为现场签证，但并不是所有的签证均可马上算出价款，有的需要经过索赔程序，这时的签证仅是索赔的依据，有的签证可能根本不涉及价款。本表仅是针对现场签证需要价款结算支付的一种，其他内容的签证也可适用。考虑到招标时招标人对计日工项目的预估难免会有遗漏，造成实际施工发生后．无相应的计日工单价，现场签证只能包括单价一并处理，因此，在汇总时，有计日工单价的，可归并于计日工，如无计日工单价的，归并于现场签证，以示区别。当然，现场签证全部汇总于计日工也是一种可行的处理方式。

7. 规费、税金项目计价表

规费、税金项目计价表格式如表 8-31 所示。

表 8-31　规费、税金项目计价表

工程名称：　　　　　　　　　　　　　　标段：　　　　　　　　　　　　第　页　共　页

序号	项目名称	计算基础	计算基数	计算费率（%）	金额（元）
1	规费	定额人工费			
1.1	社会保险费	定额人工费			
(1)	养老保险费	定额人工费			
(2)	失业保险费	定额人工费			
(3)	医疗保险费	定额人工费			
(4)	工伤保险费	定额人工费			
(5)	生育保险费	定额人工费			
1.2	住房公积金	定额人工费			
1.3	工程排污费	按工程所在地环境保护部门收取标准，按时计入			
2	税金	分部分项工程费＋措施项目费＋其他项目费＋规费－按规定不计税的工程设备金额			
		合计			

编制人（造价人员）：　　　　　　　　　　　　　　复核人（造价工程师）：

在施工实践中，有的规费项目，如工程排污费，并非每个工程所在地都要征收，实践中可作为按实计算的费用处理。

8. 工程计量申请（核准）表

工程计量申请（核准）表格式如表 8-32 所示。

表 8-32　工程计量申请（核准）表

工程名称：　　　　　　　　　　　　　　标段：　　　　　　　　　　　　第　页　共　页

序号	项目编码	项目名称	计量单位	承包人申报数量	发包人核实数量	发承包人确认数量	备注
承包人代表： 日　期：		监理工程师： 日期：		造价工程师： 日　期：		发包人代表： 日　期：	

本表填写的“项目编码”、“项目名称”、“计量单位”应与已标价工程量清单表中的一致，承包人应在合同约定的计量周期结束时，将申报数量填写在申报数量栏，发包人核对后如与承包人不一致，填在核实数量栏，经发承包双发共同核对确认的计量填在确认数量栏。

9. 合同价款支付申请（核准）表

(1) 预付款支付申请（核准）表

预付款支付申请（核准）表格式如表8-33所示。

表8-33 预付款支付申请（核准）表

工程名称： 标段： 编号：

致：________________（发包人全称）

我方根据施工合同的约定，先申请支付工程预付款额为（大写）________（小写________），请予核准。

序号	名　称	申请金额（元）	复核金额（元）	备注
1	已签约合同价款金额			
2	其中：安全文明施工费			
3	应支付的预付款			
4	应支付的安全文明施工费			
5	合计应支付的预付款			

承包人（章）

造价人员________________ 承包人代表________________ 日　期________

复核意见：	复核意见：
□与合同约定不相符，修改意见见附件。 □与合约约定相符，具体金额由造价工程师复核。 监理工程师________ 日　期________	你方提出的支付申请经复核，应支付预付款金额为（大写）________（小写________）。 造价工程师________ 日　期________

审核意见：

□不同意。

□同意，支付时间为本表签发后的15天内。

发包人（章）

发包人代表________

日　期________

注：1. 在选择栏中的“□”内作标识“√”。

2. 本表一式四份，由承包人填报，发包人、监理人、造价咨询人、承包人各存一份。

（2）总价项目进度款支付分解表

总价项目进度款支付分解表格式如表8-34所示。

表8-34　总价项目进度款支付分解表

工程名称：　　　　　　　　　　　　　　　　标段：　　　　　　　　　　　　　　　　单位：元

序号	项目名称	总价金额	首次支付	二次支付	三次支付	四次支付	五次支付	
	安全文明施工费							
	夜间施工增加费							
	二次搬运费							
	社会保险费							
	住房公积金							
合计								

编制人（造价人员）：　　　　　　　　　　　　复核人（造价工程师）：

注：1. 本表应由承包人在投标报价时根据发包人在招标文件明确的进度款支付周期与报价填写，签订合同时，发承包双方可就支付分解协商调整后作为合同附件。

2. 单价合同使用本表，“支付”栏时间应与单价项目进度款支付周期相同。

3. 总价合同使用本表，“支付”栏时间应与约定的工程计量周期相同。

（3）进度款支付申请（核准）表

进度款支付申请（核准）表格式如表 8-35 所示。

表 8-35　进度款支付申请（核准）表

工程名称：　　　　　　　　　　　　　标段：　　　　　　　　　　　　　编号：

致：________________________________（发包人全称）

我方于________至________期间已完成了________工作，根据施工合同的约定，现申请支付本期的工程款额为（大写）________（小写________），请予核准。

序号	名　称	实际金额（元）	申请金额（元）	复核金额（元）	备注
1	累计已完成的合同价款				
2	累计已实际支付的合同价款				
3	本周期合计完成的合同价款				
3.1	本周期已完成单价项目的金额				
3.2	本周期应支付的总价项目的金额				
3.3	本周期已完成的计日工价款				
3.4	本周期应支付的安全文明施工费				
3.5	本周期应增加的合同价款				
4	本周期合计应扣减的金额				
4.1	本周期应抵扣的预付款				
4.2	本周期应扣减的金额				
5	本周期应支付的合同价款				

附：上述 3、4 详见附件清单。

承包人（章）

造价人员________　　　　承包人代表________　　　　日　　期________

复核意见：

□与实际施工情况不相符，修改意见见附件。

□与实际施工情况相符，具体金额由造价工程师复核。

监理工程师________

日　　期________

复核意见：

你方提供的支付申请经复核，本期间已完成工程款额为（大写）________（小写________），本期间应支付金额为（大写________）（小写________）。

造价工程师________

日　　期________

审核意见：

□不同意。

□同意，支付时间为本表签发后的 15 天内。

发包人（章）

发包人代表________

日　　期________

注：1. 在选择栏中的“□”内作标识“√”。

2. 本表一式四份，由承包人填报，发包人、监理人、造价咨询人、承包人各存一份。

（4）竣工结算款支付申请（核准）表

竣工结算款支付申请（核准）表格式如表8-36所示。

表8-36　竣工结算款支付申请（核准）表

工程名称：　　　　　　　　　　　　　　标段：　　　　　　　　　　　　　　编号：

致：____（发包人全称）

我方于______至______期间已完成合同约定的工作，工程已经完工，根据施工合同的约定，现申请支付竣工结算合同款额为（大写）______（小写______），请予核准。

序号	名　　称	申请金额（元）	复核金额（元）	备　　注
1	竣工结算合同价款总额			
2	累计已实际支付的合同价款			
3	应预留的质量保证金			
4	应支付的竣工结算款金额			

承包人（章）

造价人员______________　　承包人代表______________　　日　　期______

复核意见：

□与实际施工情况不相符，修改意见见附件。

□与实际施工情况相符，具体金额由造价工程师复核。

监理工程师______

日　　期______

复核意见：

你方提出的竣工结算款支付申请经复核，竣工结算款总额为（大写）______（小写______），扣除前期支付以及质量保证金后应支付金额为（大写）______（小写______）。

造价工程师______

日　　期______

审核意见：

□不同意。

□同意，支付时间为本表签发后的15天内。

发包人（章）

发包人代表______

日　　期______

注：1. 在选择栏中的“□”内作标识“√”。

2. 本表一式四份，由承包人填报，发包人、监理人、造价咨询人、承包人各存一份。

（5）最终结清支付申请（核准）表

最终结清支付申请（核准）表格式如表8-37所示。

表8-37　最终结清支付申请（核准）表

工程名称：　　　　　　　　　　　　标段：　　　　　　　　　　　　编号：

致：____（发包人全称）

我方于________至________期间已完成了缺陷修复工作，根据施工合同的约定，现申请支付最终结清合同款额为（大写）________（小写________），请予核准。

序号	名　　称	申请金额（元）	复核金额（元）	备注
1	已预留的质量保证金			
2	应增加因发包人原因造成缺陷的修复金额			
3	应扣减承包人不修复缺陷、发包人组织修复的金额			
4	最终应支付的合同价款			

承包人（章）

造价人员________________　承包人代表________________　日　　期________

复核意见：

□与实际施工情况不相符，修改意见见附件。

□与实际施工情况相符，具体金额由造价工程师复核。

监理工程师________

日　　期________

复核意见：

你方提出的支付申请经复核，最终应支付金额为（大写）（小写________）。

造价工程师________

日　　期________

审核意见：

□不同意。

□同意，支付时间为本表签发后的15天内。

发包人（章）

发包人代表________

日　　期________

注：1. 在选择栏中的“□”内作标识“√”。

2. 本表一式四份，由承包人填报，发包人、监理人、造价咨询人、承包人各存一份。

10. 主要材料、工程设备一览表

(1) 发包人提供材料和工程设备一览表

发包人提供材料和工程设备一览表格式如表8-38所示。

表8-38　发包人提供材料和工程设备一览表

工程名称：　　　　　　　　　　　　标段：　　　　　　　　　　第　页　共　页

序号	材料（工程设备）名称、规格、型号	单位	数量	单价（元）	交货方式	送达地点	备注

注：此表由招标人填写，供投标人在投标报价、确定总承包服务费时参考。

(2) 承包人提供主要材料和工程设备一览表（适用于造价信息差额调整法）

承包人提供主要材料和工程设备一览表（适用于造价信息差额调整法）格式如表8-39所示。

表8-39　承包人提供主要材料和工程设备一览表

（适用于造价信息差额调整法）

工程名称：　　　　　　　　　　　　标段：　　　　　　　　　　第　页　共　页

序号	名称、规格、型号	单位	数量	风险系数（%）	基准单价（元）	投标单价（元）	发承包人确认单价（元）	备注

注：1. 此表由招标人填写除"投标单价"栏的内容，投标人在投标时自主确定投标单价。

2. 投标人应优先采用工程造价管理机构发布的单价作为基准单价，未发布的，通过市场调查确定其基准单价。

本表"风险系数"应由发包人在招标文件中按照"13规范"的要求合理确定。本表将风险系数、基准单价、投标单价、发承包人确认单价在一个表内全部表示，可以大大减少发承包双方不必要的争议。

（3）承包人提供主要材料和工程设备一览表（适用于价格指数差额调整法）

承包人提供主要材料和工程设备一览表（适用于价格指数差额调整法）格式如表 8-40 所示。

表 8-40　承包人提供主要材料和工程设备一览表

（适用于价格指数差额调整法）

工程名称：　　　　　　　　　　　　标段：　　　　　　　　　　　　第　页　共　页

序号	名称、规格、型号	变值权重 B	基本价格指数 F_0	现行价格指数 F_t	备　注
	定值权重 A		—	—	
	合 计	1	—	—	

注：1.“名称、规格、型号”、“基本价格指数”栏由招标人填写，基本价格指数应首先采用程造价管理机构发布的工价格指数，没有时，可采用发布的价格代替。如人工、机械费也采用本法调整由招标人在“名称”栏填写。

2.“变值权重”栏由投标人根据该项人工、机械费和材料、工程设备值在投标总报价中所占的比例填写，1 减去其比例为定值权重。

3.“现行价格指数”按约定的付款证书相关周期最后一天的前 42 天的各项价格指数填写，该指数应首先采用工程造价管理机构发布的价格指数，没有时，可采用发布的价格代替。

二、计价表格使用规定

（1）工程计价表宜采用统一格式。各省、自治区、直辖市建设行政主管部门和行业建设主管部门可根据本地区、本行业的实际情况，在“13 规范”中附录 B 至附录 L 计价表格的基础上补充完善。

（2）工程计价表格的设置应满足工程计价的需要，方便使用。

（3）工程量清单的编制使用表格包括：表 8-1、表 8-6、表 8-11、表 8-18、表 8-21、表 8-22、表 8-23、表 8-24、表 8-25、表 8-26、表 8-27、表 8-31、表 8-38、表 8-39 或表 8-40。

（4）招标控制价、投标报价、竣工结算的编制使用表格包括：

① 招标控制价使用表格包括：表 8-2、表 8-7、表 8-11、表 8-12、表 8-13、表 8-14、表 8-18、表 8-19、表 8-21、表 8-22、表 8-23、表 8-24、表 8-25、表 8-26、表 8-27、表 8-31、表 8-38、表 8-39 或表 8-40。

② 投标报价使用的表格包括：表 8-3、表 8-8、表 8-11、表 8-12、表 8-13、表 8-14、表 8-18、表 8-19、表 8-21、表 8-22、表 8-23、表 8-24、表 8-25、表 8-26、表 8-27、表 8-31、表 8-34、招标文件提供的表 8-38、表 8-39 或表 8-40。

③ 竣工结算使用的表格包括：表 8-4、表 8-9、表 8-11、表 8-15、表 8-16、表 8-17、表

8-18、表8-19、表8-20、表8-21、表8-22、表8-23、表8-24、表8-25、表8-26、表8-27、表8-28、表8-29、表8-30、表8-31、表8-32、表8-33、表8-34、表8-35、表8-36、表8-37、表8-38、表8-39或表8-40。

（5）工程造价鉴定使用表格包括：表8-5、表8-10、表8-11、表8-15、表8-16、表8-17、表8-18、表8-19、表8-20、表8-21、表8-22、表8-23、表8-24、表8-25、表8-26、表8-27、表8-28、表8-29、表8-30、表8-31、表8-32、表8-33、表8-34、表8-35、表8-36、表8-37、表8-38、表8-39或表8-40。

（6）投标人应按招标文件的要求，附工程量清单综合单价分析表。

第九章　市政与园林工程工程量清单分部分项工程划分

第一节　市政工程分部分项工程划分

“市政规范”中包含10个分部工程以及措施项目。10个分部工程包括：土石方工程；道路工程；桥涵工程；隧道工程；管网工程；水处理工程；生活垃圾处理工程；路灯工程；钢筋工程；拆除工程。措施项目包括：脚手架工程、混凝土模板及支架；围堰；便道及便桥；洞内临时设施；大型机械设备进出场及安拆；施工排水、降水；处理、监测、监控；安全文明施工及其他措施项目。

每个分部工程又分为若干个子分部工程。

每个子分部工程中又分为若干个分项工程。

每个分项工程有一个项目编码。

市政工程的分部工程名称、子分部工程名称、分项工程名称列表9-1。分项工程的项目编码的分项工程量计算中列出。

表9-1　市政工程分部分项

分部工程	子分部工程	分项工程
土石方工程	土方工程	挖一般土方；挖沟槽土方；挖基坑土方；暗挖土方；挖淤泥、流砂
	石方工程	挖一般石方；挖沟槽石方；挖基坑石方
	回填方及土石方运输	回填方；余方弃置
道路工程	路基处理	预压地基；强夯地基；振冲密实（不填料）；掺石灰；掺干土；掺石；抛石挤淤；袋装砂井；塑料排水板；振冲桩（填料）；砂石桩；水泥粉煤灰碎石桩；深层水泥搅拌桩；粉喷桩；高压水泥旋喷桩；石灰桩；灰土（土）挤密桩；柱锤冲扩桩；地基注浆；褥垫层；土工合成材料；排水沟、截水沟；盲沟
	道路基层	路床（槽）整形；石灰稳定土；水泥稳定土；石灰、粉煤灰、土；石灰、碎石、土；石灰、粉煤灰、碎（砾）石；粉煤灰；矿渣；砂砾石；卵石；碎石；块石；山皮石；粉煤灰三渣；水泥稳定碎（砾）石；沥青稳定碎石
	道路面层	沥青表面处治；沥青贯入式；透层、粘层；封层；黑色碎石；沥青混凝土；水泥混凝土；块料面层；弹性面层
	人行道及其他	人行道整形碾压；人行道块料铺设；现浇混凝土人行道及进口坡；安砌侧（平、缘）石；现浇侧（平、缘）石；检查井升降；树池砌筑；预制电缆沟铺设
	交通管理设施	人（手）孔井；电缆保护管；标杆；标志板；视线诱导器；标线；标记；横道线；清除标线；环形检测线圈；值警亭；隔离护栏；架空走线；信号灯；设备控制机箱；管内配线；防撞筒（墩）；警示柱；减速垄；监控摄像机；数码相机；道闸机；可变信息情报板；交通智能系统调试

续表

分部工程	子分部工程	分项工程
桥涵工程	桩基	预制钢筋混凝土方桩；预制钢筋混凝土管桩；钢管桩；泥浆护壁成孔灌注桩；沉管灌注桩；干作业成孔灌注桩；挖孔桩土（石）方；人工挖孔灌注桩；钻孔压浆桩；灌注桩后注浆；截桩头；声测管
	基坑和边坡支护	圆木桩；预制钢筋混凝土板桩；地下连续墙；咬合灌注桩；型钢水泥土搅拌墙；锚杆（索）；土钉；喷射混凝土
	现浇混凝土构件	混凝土垫层；混凝土基础；混凝土承台；混凝土墩（台）帽；混凝土墩（台）身；混凝土支撑梁及横梁；混凝土墩（台）盖梁；混凝土拱桥拱座；混凝土拱桥拱肋；混凝土拱上构件；混凝土箱梁；混凝土连续板；混凝土板梁；混凝土板拱；混凝土挡墙墙身；混凝土挡墙压顶；混凝土楼梯；混凝土防撞护栏；桥面铺装；混凝土桥头搭板；混凝土搭板枕梁；混凝土桥塔身；混凝土连系梁；混凝土其他构件；钢管拱混凝土
	预制混凝土构件	预制混凝土梁；预制混凝土柱；预制混凝土板；预制混凝土挡土墙墙身；预制混凝土其他构件
	砌筑	垫层；干砌块料；浆砌块料；砖砌体；护坡
	立交箱涵	透水管；滑板；箱涵底板；箱涵侧墙；箱涵顶板；箱涵顶进；箱涵接缝
	钢结构	钢箱梁；钢板梁；钢桁梁；钢拱；劲性钢结构；钢结构；叠合梁；其他钢构件；悬（斜拉）索；钢拉杆
	装饰	水泥砂浆抹面；剁斧石饰面；镶贴面层；涂料；油漆
	其他	金属栏杆；石质栏杆；混凝土栏杆；橡胶支座；钢支座；盆式支座；桥梁伸缩装置；隔声屏障；桥面排（泄）水管；防水层
隧道工程	隧道岩石开挖	平洞开挖；斜井开挖；竖井开挖；地沟开挖；小导管；管棚；注浆
	岩石隧道衬砌	混凝土仰拱衬砌；混凝土顶拱衬砌；混凝土边墙衬砌；混凝土竖井衬砌；混凝土沟道；拱部喷射混凝土；边墙喷射混凝土；拱圈砌筑；边墙砌筑；砌筑沟道；洞门砌筑；锚杆；充填压浆；仰拱填充；透水管；沟道盖板；变形缝；施工缝；柔性防水层
	盾构掘进	盾构吊装及吊拆；盾构掘进；衬砌壁后压浆；预制钢筋混凝土管片；管片设置密封条；隧道洞口柔性接缝环；管片嵌缝；盾构机调头；盾构机转场运输；盾构基座
	管节顶升、旁通道	钢筋混凝土顶升管节；垂直顶升设备安装、拆除；管节垂直顶升；安装止水框、连系梁；阴极保护装置；安装取、排水头；隧道内旁通道开挖；旁通道结构混凝土；隧道内集水井；防爆门；钢筋混凝土复合管片；钢管片
	隧道沉井	沉井井壁混凝土；沉井下沉；沉井混凝土封底；沉井混凝土底板；沉井填心；沉井混凝土隔墙；钢封门
	混凝土结构	混凝土地梁；混凝土底板；混凝土柱；混凝土墙；混凝土梁；混凝土平台、顶板；圆隧道内架空路面；隧道内其他结构混凝土
	沉管隧道	预制沉管底垫层；预制沉管钢底板；预制沉管混凝土板底；预制沉管混凝土侧墙；预制沉管混凝土顶板；沉管外壁防锚层；鼻托垂直剪力键；端头钢壳；端头钢封门；沉管管段浮运临时供电系统；沉管管段浮运临时供排水系统；沉管管段浮运临时通风系统；航道疏浚；沉管河床基槽开挖；钢筋混凝土块沉石；基槽抛铺碎石；沉管管节浮运；管段沉放连接；砂肋软体排覆盖；沉管水下压石；沉管接缝处理；沉管底部压浆固封充填

续表

分部工程	子分部工程	分项工程
管网工程	管道铺设	混凝土管；钢管；铸铁管；塑料管；直埋式预制保温管；管道架空跨越；隧道（沟、管）内管道；水平导向钻进；夯管；顶（夯）管工作坑；预制混凝土工作坑；顶管；土壤加固；新旧管连接；临时放水管线；砌筑方沟；混凝土方沟；砌筑渠道；混凝土渠道；警示（示踪）带铺设
	管件、阀门及附件安装	铸铁管管件；钢管管件制作、安装；塑料管管件；转换件；阀门；法兰；盲堵板制作、安装；套管制作、安装；水表；消火栓；补偿器（波纹管）；除污器组成、安装；凝水缸；调压器；过滤器；分离器；安全水封；检漏（水）管
	支架制作安装	砌筑支墩；混凝土支墩；金属支架制作、安装；金属吊架制作、安装
	管道附属构筑物	砌筑井；混凝土井；塑料检查井；砖砌井筒；预制混凝土井筒；砌体出水口；混凝土出水口；整体化粪池；雨水口
水处理工程	水处理构筑物	现浇混凝土沉井井壁及隔墙；沉井下沉；沉井混凝土底板；沉井内地下混凝土结构；沉井混凝土顶板；现浇混凝土池底；现浇混凝土池壁（隔墙）；现浇混凝土池柱；现浇混凝土池梁；现浇混凝土池盖板；现浇混凝土板；池槽；砌筑导流壁、筒；混凝土导流壁、筒；混凝土楼梯；金属扶梯、栏杆；其他现浇混凝土构件；预制混凝土板；预制混凝土槽；预制混凝土支墩；其他预制混凝土构件；滤板；折板；壁板；滤料铺设；尼龙网板；刚性防水；柔性防水；沉降（施工）缝；井、池渗漏试验
	水处理设备	格栅；格栅除污机；滤网清污机；压榨机；刮砂机；吸砂机；刮泥机；吸泥机；刮吸泥机；撇渣机；砂（泥）水分离器；曝气机；曝气器；布气管；滗水器；生物转盘；搅拌机；推进器；加药设备；加氯机；氯吸收装置；水射器；管式混合器；冲洗装置；带式压滤机；污泥脱水机；污泥浓缩机；污泥浓缩脱水一体机；污泥输送机；污泥切割机；闸门；旋转门；堰门；拍门；启闭机；升杆式铸铁泥阀；平底盖闸；集水槽；堰板；斜板；斜管；紫外线消毒设备；臭氧消毒设备；除臭设备；膜处理设备；在线水质检测设备
生活垃圾处理工程	垃圾卫生填埋	场地平整；垃圾坝；压实黏土防渗层；高密度聚乙烯（HDPD）膜；钠基膨润土防水毯（GCL）；土工合成材料；袋装土保护层；帷幕灌浆垂直防渗；碎（卵）石导流层；穿孔管铺设；无孔管铺设；盲沟；导气石笼；浮动覆盖膜；燃烧火炬装置；监测井；堆体整形处理；覆盖植被层；防风网；垃圾压缩设备
	垃圾焚烧	汽车衡；自动感应洗车装置；破碎机；垃圾卸料门；垃圾抓斗起重机；焚烧炉体
路灯工程	变配电设备工程	杆上变压器；地上变压器；组合型成套箱式变电站；高压成套配电柜；低压成套控制柜；落地式控制箱；杆上控制箱；杆上配电箱；悬挂嵌入式配电箱；落地式配电箱；控制屏；继电、信号屏；低压开关柜（配电屏）；弱电控制返回屏；控制台；电力电容器；跌落式熔断器；避雷器；低压熔断器；隔离开关；负荷开关；真空断路器；限位开关；控制器；接触器；磁力启动器；分流器；小电器；照明开关；插座；线缆断线报警装置；铁构件制作、安装；其他电器
	10kV 以下架空线路工程	电杆组立；横担组装；导线架设
	电缆工程	电缆；电缆保护管；电缆排管；管道包封；电缆终端头；电缆中间头；铺砂、盖保护板（砖）

续表

分部工程	子分部工程	分项工程
路灯工程	配管、配线工程	配管；配线；接线箱；接线盒；带形母线
	照明器具安装工程	常规照明灯；中杆照明灯；高杆照明灯；景观照明灯；桥栏杆照明灯；地道涵洞照明灯
	防雷接地装置工程	接地极；接地母线；避雷引下线；避雷针；降阻剂
	电气调整工程	变压器系统调试；供电系统调试；接地装置调试；电缆试验
钢筋与拆除工程	钢筋工程	现浇构件钢筋；预制构件钢筋；钢筋网片；钢筋笼；先张法预应力钢筋（钢丝、钢绞线）；后张法预应力钢筋（钢丝束、钢绞线）；型钢；植筋；预埋铁件；高强螺栓
	拆除工程	拆除路面；拆除人行道；拆除基层；铣刨路面；拆除侧、平（缘）石；拆除管道；拆除砖石结构；拆除混凝土结构；拆除井；拆除电杆；拆除管片
措施项目	脚手架工程	墙面脚手架；柱面脚手架；仓面脚手架；沉井脚手架；井字架
	混凝土模板及支架	垫层模板；基础模板；承台；墩（台）帽模板；墩（台）身模板；支撑梁及横梁模板；墩（台）盖梁模板；拱桥拱座模板；拱桥拱肋模板；拱上构件模板；箱梁模板；柱模板；梁模板；板模板；板梁模板；板拱模板；挡墙模板；压顶模板；防撞护栏模板；楼梯模板；小型构件模板；箱涵滑（底）板模板；箱涵侧墙模板；箱涵顶板模板；拱部衬砌模板；边墙衬砌模板；竖井衬砌模板；沉井井壁；（隔墙）模板；沉井顶板模板；沉井底板模板；管（渠）道平基模板；管（渠）道管座模板；井顶（盖）板模板；池底模板；池壁（隔墙）模板；池盖模板；其他现浇构件模板；设备螺栓套；水上桩基础支架、平台；桥涵支架
	围堰	围堰；筑岛
	便道及便桥	便道；便桥
	洞内临时设施	洞内通风设施；洞内供水设施；洞内供电及照明设施；洞内通信设施；洞内外轨道铺设
	大型机械设备进出场及安拆	大型机械设备进出场及安拆
	施工排水、降水	成井；排水、降水
	处理、监测、监控	地下管线交叉处理；施工监测、监控
	安全文明施工及其他措施项目	安全文明施工；夜间施工；二次搬运；冬雨季施工；行车、行人干扰；地上、地下设施、建筑物的临时保护设施；已完工程及设备保护

第二节　园林绿化工程分部分项工程划分

“园林规范”中包含3个分部工程以及措施项目。3个分部工程包括：绿化工程；园路、园桥工程；园林景观工程。措施项目包括：脚手架工程、模板工程；树木支撑架、草绳绕树干、搭设遮阴（防寒）棚工程；围堰、排水工程；安全文明施工及其他措施项目。

每个分部工程又分为若干个子分部工程。

每个子分部工程中又分为若干个分项工程。

每个分项工程有一个项目编码。

园林工程的分部工程名称、子分部工程名称、分项工程名称列表9-2。分项工程的项目编码的分项工程量计算中列出。

表9-2　园林绿化工程分部分项

分部工程	子分部工程	分项工程
绿化工程	绿地整理	砍伐乔木、挖树根（蔸）砍挖灌木丛及根、砍挖竹及根、砍挖芦苇（或其他水生植物）及根、清除草皮、清除地被植物、屋面清理、种植土回（换）填、整理绿化用地、绿地起坡造型、屋顶花园基底处理
	栽植花木	栽植乔木、栽植灌木、栽植竹类、栽植棕榈类、栽植绿篱、栽植攀缘植物、栽植色带、栽植花卉、栽植水生植物、垂直墙体绿化种植、花卉立体布置、铺种草皮、喷播植草（灌木）籽、植草砖内植草、挂网、箱/钵栽植
	绿地喷灌	喷灌管线安装、喷灌配件安装
园路、园桥工程	园路、园桥工程	园路；踏（蹬）道；路牙铺设；树池围牙、盖板（箅子）；嵌草砖（格）铺装；桥基础；石桥墩、石桥台；拱券石；石券脸；金刚墙砌筑；石桥面铺筑；石桥面檐板；石汀步（步石、飞石）；木制步桥；栈道
	驳岸、护岸	石（卵石）砌驳岸、原木桩驳岸、满（散）铺砂卵石护岸（自然护岸）、点（散）布大卵石、框格花木护坡
园林景观工程	堆塑假山	堆筑土山丘、堆砌石假山、塑假山、石笋、点风景石、池石、盆景山、山（卵）石护角、山坡（卵）石台阶
	原木、竹构件	原木（带树皮）柱、梁、檩、椽；原木（带树皮）墙；树枝吊挂楣子；竹柱、梁、檩、椽；竹编墙；竹吊挂楣子
	亭廊屋面	草屋面、竹屋面、树皮屋面、油毡瓦屋面、预制混凝土穹顶、彩色压型钢板（夹芯板）攒尖亭屋面板、彩色压型钢板（夹芯板）穹顶、玻璃屋面、支（防腐木）屋面
	花架	现浇混凝土花架柱、梁；预制混凝土花架柱、梁；金属花架柱、梁；木花架柱、梁；竹花架柱、梁
	园林桌椅	预制钢筋混凝土飞来椅；水磨石飞来椅；竹制飞来椅；现浇混凝土桌凳；预制混凝土桌凳；石桌石凳；水磨石桌凳；塑树根桌凳；塑树节椅；塑料、铁艺、金属椅
	喷泉安装	喷泉管道、喷泉电缆、水下艺术装饰灯具、电气控制柜、喷泉设备
	杂项	石灯；石球；塑仿石音箱；塑树皮梁、柱；塑竹梁、柱；铁艺栏杆；塑料栏杆；钢筋混凝土艺术围栏；标志牌；景墙；景窗；花饰；博古架；花盆（坛箱）；摆花；花池、垃圾箱、砖石砌小摆设；其他景观小摆设；柔性水池

第三节　市政与园林工程清单项目编码

分部分项工程量清单的项目编码由十二位阿拉伯数字组成。

项目编码第一、二位为专业工程代码（01—房屋建筑与装饰工程；02—仿古建筑工程；03—通用安装工程；04—市政工程；05—园林绿化工程；06—矿山工程；07—构筑物工程；08—城市轨道交通工程；09—爆破工程。以后进入国标的专业工程代码以此类推）；三、四位为工程分类顺序码；五、六位为分部工程顺序码；七、八、九位为分项工程项目名称顺序码；十至十二位为清单项目名称顺序码，并应自001起顺序编制。

例如：项目编码为040202001表示市政工程（04）道路工程（02）道路基层（02）路床（槽）整形（001）。

又如：项目编码为050102010表示园林绿化工程（05）绿化工程（01）栽植花木（02）垂直墙体绿化种植（010）。

第十章　市政工程清单工程量计算

第一节　土石方工程量计算

一、土方工程

1. 挖一般土方（040101001）

【工 程 内 容】 排地表水；土方开挖；围护（挡土板）及拆除；基底钎探；场内运输。

【工程量计算】 按设计图示尺寸以体积计算，计量单位：m^3。

2. 挖沟槽土方（040101002）

【工 程 内 容】 排地表水；土方开挖；围护（挡土板）及拆除；基底钎探；场内运输。

【工程量计算】 按设计图示尺寸以基础垫层底面积乘以挖土深度计算，计量单位：m^3。

3. 挖基坑土方（040101003）

【工 程 内 容】 排地表水；土方开挖；围护（挡土板）及拆除；基底钎探；场内运输。

【工程量计算】 按设计图示尺寸以基础垫层底面积乘以挖土深度计算，计量单位：m^3。

4. 暗挖土方（040101004）

【工 程 内 容】 排地表水；土方开挖；场内运输。

【工程量计算】 按设计图示断面乘以长度以体积计算，计量单位：m^3。

5. 挖淤泥、流砂（040101005）

【工 程 内 容】 开挖；运输。

【工程量计算】 按设计图示位置、界限以体积计算，计量单位：m^3。

注：1. 沟槽、基坑、一般土方的划分为：底宽≤7m 且底长 >3 倍底宽为沟槽，底长≤3 倍底宽且底面积≤150m^2为基坑。超出上述范围则为一般土方。

2. 土壤的分类应按表 10-1 确定。

3. 如土壤类别不能准确划分时，招标人可注明为综合，由投标人根据地勘报告决定报价。

4. 土方体积应按挖掘前的天然密实体积计算。

5. 挖沟槽、基坑土方中的挖土深度，一般指原地面标高至槽、坑底的平均高度。

6. 挖沟槽、基坑、一般土方因工作面和放坡增加的工程量，是否并入各土方工程量中，按各省、自治区、直辖市或行业建设主管部门的规定实施。如并入各土方工程量中，编制工程量清单时，可按表 10-2、表 10-3 规定计算；办理工程结算时，按经发包人认可的施工组织设计规定计算。

7. 挖沟槽、基坑、一般土方和暗挖土方清单项目的工作内容中仅包括了土方场内平衡所需的运输费用，如需土方外运时，按 040103002“余方弃置”项目编码列项。

8. 挖方出现流砂、淤泥时，如设计未明确，在编制工程量清单时，其工程数量可为暂估值。结算时，应根据实际情况由发包人与承包人双方现场签证确认工程量。

9. 挖淤泥、流砂的运距可以不描述，但应注明由投标人根据施工现场实际情况自行考虑决定报价。

二、石方工程

1. 挖一般石方（040102001）

【工 程 内 容】 排地表水；石方开凿；修整底、边；场内运输。

【工程量计算】 按设计图示尺寸以体积计算，计量单位：m^3。

2. 挖沟槽石方（040102002）

【工 程 内 容】 排地表水；石方开凿；修整底、边；场内运输。

【工程量计算】 按设计图示尺寸以基础垫层底面积乘以挖石深度计算，计量单位：m^3。

3. 挖基坑石方（040102003）

【工 程 内 容】 排地表水；石方开凿；修整底、边；场内运输。

【工程量计算】 按设计图示尺寸以基础垫层底面积乘以挖石深度计算，计量单位：m^3。

注：1. 沟槽、基坑、一般石方的划分为：底宽≤7m 且底长＞3 倍底宽为沟槽；底长≤3 倍底宽且底面积≤150m^2为基坑；超出上述范围则为一般石方。

2. 岩石的分类应按表 10-4 确定。

3. 石方体积应按挖掘前的天然密实体积计算。

4. 挖沟槽、基坑、一般石方因工作面和放坡增加的工程量，是否并入各石方工程量中，按各省、自治区、直辖市或行业建设主管部门的规定实施。如并入各石方工程量中，编制工程量清单时，其所需增加的工程数量可为暂估值，且在清单项目中予以注明；办理工程结算时，按经发包人认可的施工组织设计规定计算。

5. 挖沟槽、基坑、一般石方清单项目的工作内容中仅包括了石方场内平衡所需的运输费用，如需石方外运时，按 040103002“余方弃置”项目编码列项。

6. 石方爆破按现行国家标准《爆破工程工程量计算规范》（GB 50862—2013）相关项目编码列项。

三、回填方及土石方运输

1. 回填方（040103001）

【工 程 内 容】 运输；回填；压实。

【工程量计算】 1. 按挖方清单项目工程量加原地面线至设计要求标高间的体积，减基础、构筑物等埋入体积计算，计量单位：m^3。

2. 按设计图示尺寸以体积计算，计量单位：m^3。

2. 余方弃置（040103002）

【工 程 内 容】 余方点装料运输至弃置点。

【工程量计算】 按挖方清单项目工程量减利用回填方体积（正数）计算，计量单位：m^3。

四、其他相关处理方法

1. 隧道石方开挖按“隧道工程”中相关项目编码列项。

2. 废料及余方弃置清单项目中，如需发生弃置、堆放费用的，投标人应根据当地有关规定计取相应费用，并计入综合单价中。

五、附表

表10-1　土 壤 分 类 表

土壤分类	土 壤 名 称	开 挖 方 法
一、二类土	粉土、砂土（粉砂、细砂、中砂、粗砂、砾砂）、粉质黏土、弱中盐渍土、软土（淤泥质土、泥炭、泥炭质土）、软塑红黏土、冲填土	用锹，少许用镐、条锄开挖。机械能全部直接铲挖满载者
三类土	黏土、碎石土（圆砾、角砾）、混合土、可塑红黏土、硬塑红黏土、强盐渍土、素填土、压实填土	主要用镐、条锄，少许用锹开挖。机械需部分刨松方能铲挖满载者或可直接铲挖但不能满载者
四类土	碎石土（卵石、碎石、漂石、块石）、坚硬红黏土、超盐渍土、杂填土	全部用镐、条锄挖掘，少许用撬棍挖掘。机械需普遍刨松方能铲挖满载者

注：本表土的名称及其含义按现行国家标准《岩土工程勘察规范》（GB 50021—2001）（2009年局部修订版）定义。

表10-2　放 坡 系 数 表

土壤类别	放坡起点深度（m）	机 械 挖 土			人工挖土
		在沟槽、坑内作业	在沟槽侧、坑边上作业	顺沟槽方向坑上作业	
一、二类土	1.20	1:0.33	1:0.75	1:0.50	1:0.50
三类土	1.50	1:0.25	1:0.67	1:0.33	1:0.33
四类土	2.00	1:0.10	1:0.33	1:0.25	1:0.25

注：1. 沟槽、基坑中土类别不同时，分别按其放坡起点、放坡系数，依不同土类别厚度加权平均计算。

2. 计算放坡时，在交接处的重复工程量不予扣除，原槽、坑做基础垫层时，放坡自垫层上表面开始计算。

3. 本表按《全国统一市政工程预算定额》（GYD-301—1999）整理，并增加机械挖土顺沟槽方向坑上作业的放坡系数。

表11-3　管沟底部每侧工作面宽度　　（单位：mm）

管道结构宽	混凝土管道基础90°	混凝土管道基础>90°	金属管道	构 筑 物	
				无防潮层	有防潮层
500以内	400	400	300	400	600
1000以内	500	500	400		
2500以内	600	500	400		
2500以上	700	600	500		

注：1. 管道结构宽：有管座按管道基础外缘，无管座按管道外径计算；构筑物按基础外缘计算。

2. 本表按《全国统一市政工程预算定额》（GYD-301—1999）整理，并增加管道结构宽2500mm以上的工作面宽度值。

表10-4 岩石分类表

<table>
<tr><th colspan="2">岩石分类</th><th>代表性岩石</th><th>开挖方法</th></tr>
<tr><td colspan="2">极软岩</td><td>1. 全风化的各种岩石
2. 各种半成岩</td><td>部分用手凿工具、部分用爆破法开挖</td></tr>
<tr><td rowspan="2">软质岩</td><td>软岩</td><td>1. 强风化的坚硬岩或较硬岩
2. 中等风化-强风化的较软岩
3. 未风化-微风化的页岩、泥岩、泥质砂岩等</td><td>用风镐和爆破法开挖</td></tr>
<tr><td>较软岩</td><td>1. 中等风化-强风化的坚硬岩或较硬岩
2. 未风化-微风化的凝灰岩、千枚岩、泥灰岩、砂质泥岩等</td><td rowspan="3">用爆破法开挖</td></tr>
<tr><td rowspan="2">硬质岩</td><td>较硬岩</td><td>1. 微风化的坚硬岩
2. 未风化-微风化的大理岩、板岩、石灰岩、白云岩、钙质砂岩等</td></tr>
<tr><td>坚硬岩</td><td>未风化-微风化的花岗岩、闪长岩、辉绿岩、玄武岩、安山岩、片麻岩、石英岩、石英砂岩、硅质砾岩、硅质石灰岩等</td></tr>
</table>

注：本表依据现行国家标准《工程岩体分级级标准》（GB 50218—1994）和《岩土工程勘察规范》（GB 50021—2001）（2009年局部修订版）整理。

第二节 道路工程量计算

一、路基处理

1. 预压地基（040201001）

【工程内容】设置排水竖井、盲沟、滤水管；铺设砂垫层、密封膜；堆载、卸载或抽气设备安拆、抽真空；材料运输。

【工程量计算】按设计图示尺寸以加固面积计算，计量单位：m^2。

2. 强夯地基（040201002）

【工程内容】铺设夯填材料；强夯；夯填材料运输。

【工程量计算】按设计图示尺寸以加固面积计算，计量单位：m^2。

3. 振冲密实（不填料）（040201003）

【工程内容】振冲加密；泥浆运输。

【工程量计算】按设计图示尺寸以加固面积计算，计量单位：m^2。

4. 掺石灰（040201004）

【工程内容】掺石灰；夯实。

【工程量计算】按设计图示尺寸以体积计算，计量单位：m^3。

5. 掺干土（040201005）

【工程内容】掺干土；夯实。

【工程量计算】 按设计图示尺寸以体积计算，计量单位：m^3。

6. 掺石（040201006）

【工 程 内 容】 掺石；夯实。

【工程量计算】 按设计图示尺寸以体积计算，计量单位：m^3。

7. 抛石挤淤（040201007）

【工 程 内 容】 抛石挤淤；填塞垫平、压实。

【工程量计算】 按设计图示尺寸以体积计算，计量单位：m^3。

8. 袋装砂井（040201008）

【工 程 内 容】 制作砂袋；定位沉管；下砂袋；拔管。

【工程量计算】 按设计图示尺寸以体积计算，计量单位：m^3。

9. 塑料排水板（040201009）

【工 程 内 容】 安装排水板；沉管插板；拔管。

【工程量计算】 按设计图示尺寸以体积计算，计量单位：m^3。

10. 振冲桩（填料）（040201010）

【工 程 内 容】 振冲成孔、填料、振实；材料运输；泥浆运输

【工程量计算】 1. 以米计量，按设计图示尺寸以桩长计算，计量单位：m。
2. 以立方米计量，按设计桩截面乘以桩长以体积计算，计量单位：m^3。

11. 砂石桩（040201011）

【工 程 内 容】 成孔；填充、振实；材料运输。

【工程量计算】 1. 以米计量，按设计图示尺寸以桩长（包括桩尖）计算，计量单位：m。
2. 以立方米计量，按设计桩截面乘以桩长（包括桩尖）以体积计算，计量单位：m^3。

12. 水泥粉煤灰碎石桩（040201012）

【工 程 内 容】 成孔；混合料制作、灌注、养护；材料运输。

【工程量计算】 按设计图示尺寸以桩长（包括桩尖）计算，计量单位：m。

13. 深层水泥搅拌桩（040201013）

【工 程 内 容】 预搅下钻、水泥浆制作、喷浆搅拌提升成桩；材料运输。

【工程量计算】 按设计图示尺寸以桩长计算，计量单位：m。

14. 粉喷桩（040201014）

【工 程 内 容】 预搅下钻、喷粉搅拌提升成桩；材料运输。

【工程量计算】 按设计图示尺寸以桩长计算，计量单位：m。

15. 高压水泥旋喷桩（040201015）

【工 程 内 容】 成孔；水泥浆制作、高压旋喷注浆；材料运输。

【工程量计算】 按设计图示尺寸以桩长计算，计量单位：m。

16. 石灰桩（040201016）

【工 程 内 容】 成孔；混合料制作、运输、夯填。

【工程量计算】 按设计图示尺寸以桩长（包括桩尖）计算，计量单位：m。

17. 灰土（土）挤密桩（040201017）

【工 程 内 容】 成孔；灰土拌和、运输、填充、夯实。

【工程量计算】 按设计图示尺寸以桩长（包括桩尖）计算，计量单位：m。

18. 柱锤冲扩桩（040201018）

【工 程 内 容】 安拔套管；冲孔、填料、夯实；桩体材料制作、运输。

【工程量计算】 按设计图示尺寸以桩长计算，计量单位：m。

19. 地基注浆（040201019）

【工 程 内 容】 成孔；注浆导管制作、安装；浆液制作、压浆；材料运输。

【工程量计算】 1. 以米计量，按设计图示尺寸以深度计算，计量单位：m。

2. 以立方米计量，按设计图示尺寸以加固体积计算，计量单位：m^3。

20. 褥垫层（040201020）

【工 程 内 容】 材料拌和、运输；铺设；压实。

【工程量计算】 1. 以平方米计量，按设计图示尺寸以铺设面积计算，计量单位：m^2。

2. 以立方米计量，按设计图示尺寸以铺设体积计算，计量单位：m^3。

21. 土工合成材料（040201021）

【工 程 内 容】 基层整平；铺设；固定。

【工程量计算】 按设计图示尺寸以面积计算，计量单位：m^2。

22. 排水沟、截水沟（040201022）

【工 程 内 容】 模板制作、安装、拆除；基础、垫层铺筑；混凝土拌和、运输、浇筑；侧墙浇捣或砌筑；勾缝、抹面；盖板安装。

【工程量计算】 按设计图示以长度计算，计量单位：m。

23. 盲沟（040201023）

【工 程 内 容】 铺筑。

【工程量计算】 按设计图示以长度计算，计量单位：m。

注：1. 地层情况按表 10-1 和表 10-4 的规定，并根据岩土工程勘察报告按单位工程各地层所占比例（包括范围值）进行描述。对无法准确描述的地层情况，可注明由投标人根据岩土工程勘察报告自行决定报价。

2. 项目特征中的桩长应包括桩尖，空桩长度 = 孔深 - 桩长，孔深为自然地面至设计桩底的深度。

3. 如采用碎石、粉煤灰、砂等作为路基处理的填方材料时，应按土石方工程中“回填方”项目编码列项。

4. 排水沟、截水沟清单项目中，当侧墙为混凝土时，还应描述侧墙的混凝土强度等级。

二、道路基层

1. 路床（槽）整形（040202001）

【工 程 内 容】 放样；整修路拱；碾压成型。

【工程量计算】 按设计道路底基层图示尺寸以面积计算，不扣除各类井所占面积，计量单位：m^2。

2. 石灰稳定土（040202002）

【工 程 内 容】 拌和；运输；铺筑；找平；碾压；养护。

【工程量计算】 按设计图示尺寸以面积计算，不扣除各类井所占面积，计量单位：m^2。

3. 水泥稳定土（040202003）

【工 程 内 容】 拌和；运输；铺筑；找平；碾压；养护。

【工程量计算】 按设计图示尺寸以面积计算，不扣除各类井所占面积，计量单位：m^2。

4. 石灰、粉煤灰、土（040202004）

【工 程 内 容】 拌和；运输；铺筑；找平；碾压；养护。

【工程量计算】 按设计图示尺寸以面积计算，不扣除各类井所占面积，计量单位：m^2。

5. 石灰、碎石、土（040202005）

【工 程 内 容】 拌和；运输；铺筑；找平；碾压；养护。

【工程量计算】 按设计图示尺寸以面积计算，不扣除各类井所占面积，计量单位：m^2。

6. 石灰、粉煤灰、碎（砾）石（040202006）

【工 程 内 容】 拌和；运输；铺筑；找平；碾压；养护。

【工程量计算】 按设计图示尺寸以面积计算，不扣除各类井所占面积，计量单位：m^2。

7. 粉煤灰（040202007）

【工 程 内 容】 拌和；运输；铺筑；找平；碾压；养护。

【工程量计算】 按设计图示尺寸以面积计算，不扣除各类井所占面积，计量单位：m^2。

8. 矿渣（040202008）

【工 程 内 容】 拌和；运输；铺筑；找平；碾压；养护。

【工程量计算】 按设计图示尺寸以面积计算，不扣除各类井所占面积，计量单位：m^2。

9. 砂砾石（040202009）

【工 程 内 容】 拌和；运输；铺筑；找平；碾压；养护。

【工程量计算】 按设计图示尺寸以面积计算，不扣除各类井所占面积，计量单位：m^2。

10. 卵石（040202010）

【工 程 内 容】 拌和；运输；铺筑；找平；碾压；养护。

【工程量计算】 按设计图示尺寸以面积计算，不扣除各类井所占面积，计量单位：m^2。

11. 碎石（040202011）

【工 程 内 容】 拌和；运输；铺筑；找平；碾压；养护。

【工程量计算】 按设计图示尺寸以面积计算，不扣除各类井所占面积，计量单位：m^2。

12. 块石（040202012）

【工 程 内 容】 拌和；运输；铺筑；找平；碾压；养护。

【工程量计算】 按设计图示尺寸以面积计算，不扣除各类井所占面积，计量单位：m^2。

13. 山皮石（040202013）

【工 程 内 容】 拌和；运输；铺筑；找平；碾压；养护。

【工程量计算】 按设计图示尺寸以面积计算，不扣除各类井所占面积，计量单位：m^2。

14. 粉煤灰三渣（040202014）

【工 程 内 容】 拌和；运输；铺筑；找平；碾压；养护。

【工程量计算】 按设计图示尺寸以面积计算，不扣除各类井所占面积，计量单位：m^2。

15. 水泥稳定碎（砾）石（040202015）

【工 程 内 容】 拌和；运输；铺筑；找平；碾压；养护。

【工程量计算】 按设计图示尺寸以面积计算，不扣除各类井所占面积，计量单位：m^2。

16. 沥青稳定碎石（040202016）

【工 程 内 容】 拌和；运输；铺筑；找平；碾压；养护。

【工程量计算】 按设计图示尺寸以面积计算，不扣除各类井所占面积，计量单位：m^2。

注：1. 道路工程厚度应以压实后为准。

2. 道路基层设计截面如为梯形时，应按其截面平均宽度计算面积，并在项目特征中对截面参数加以描述。

三、道路面层

1. 沥青表面处治（040203001）

【工 程 内 容】 喷油、布料；碾压。

【工程量计算】 按设计图示尺寸以面积计算，不扣除各种井所占面积，带平石的面层应扣除平石所占面积，计量单位：m^2。

2. 沥青贯入式（040203002）

【工 程 内 容】 摊铺碎石；喷油、布料；碾压。

【工程量计算】 按设计图示尺寸以面积计算，不扣除各种井所占面积，带平石的面层应扣除平石所占面积，计量单位：m^2。

3. 透层、粘层（040203003）

【工 程 内 容】 清理下承面；喷油、布料。

【工程量计算】 按设计图示尺寸以面积计算，不扣除各种井所占面积，带平石的面层应扣除平石所占面积，计量单位：m^2。

4. 封层（040203004）

【工 程 内 容】 清理下承面；喷油、布料；压实。

【工程量计算】 按设计图示尺寸以面积计算，不扣除各种井所占面积，带平石的面层应扣除平石所占面积，计量单位：m^2。

5. 黑色碎石（040203005）

【工 程 内 容】 清理下承面；拌和、运输；摊铺、整型；压实。

【工程量计算】 按设计图示尺寸以面积计算，不扣除各种井所占面积，带平石的面层应扣除平石所占面积，计量单位：m^2。

6. 沥青混凝土（040203006）

【工 程 内 容】 清理下承面；拌和、运输；摊铺、整型；压实。

【工程量计算】 按设计图示尺寸以面积计算，不扣除各种井所占面积，带平石的面层应扣除平石所占面积，计量单位：m^2。

7. 水泥混凝土（040203007）

【工 程 内 容】 模板制作、安装、拆除；混凝土拌和、运输、浇筑；拉毛；压痕或刻防滑槽；伸缝；缩缝；锯缝、嵌缝；路面养护。

【工程量计算】 按设计图示尺寸以面积计算，不扣除各种井所占面积，带平石的面层应扣除平石所占面积，计量单位：m^2。

8. 块料面层（040203008）

【工 程 内 容】 铺筑垫层；铺砌块料；嵌缝、勾缝。

【工程量计算】 按设计图示尺寸以面积计算，不扣除各种井所占面积，带平石的面层应扣除平石所占面积，计量单位：m^2。

9. 弹性面层（040203009）

【工 程 内 容】 配料；铺贴。

【工程量计算】 按设计图示尺寸以面积计算，不扣除各种井所占面积，带平石的面层应扣除平石所占面积，计量单位：m^2。

注：水泥混凝土路面中传力杆和拉杆的制作、安装应按“钢筋工程”中相关项目编码列项。

四、人行道及其他

1. 人行道整形碾压（040204001）

【工 程 内 容】 放样；碾压。

【工程量计算】 按设计人行道图示尺寸以面积计算，不扣除侧石、树池和各类井所占面积，计量单位：m^2。

2. 人行道块料铺设（040204002）

【工 程 内 容】 基础、垫层铺筑；块料铺设。

【工程量计算】 按设计图示尺寸以面积计算，不扣除各类井所占面积，但应扣除侧石、树池所占面积，计量单位：m^2。

3. 现浇混凝土人行道及进口坡（040204003）

【工 程 内 容】 模板制作、安装、拆除；基础、垫层铺筑；混凝土拌和、运输、浇筑。

【工程量计算】 按设计图示尺寸以面积计算，不扣除各类井所占面积，但应扣除侧石、树池所占面积，计量单位：m^2。

4. 安砌侧（平、缘）石（040204004）

【工 程 内 容】 开槽；基础、垫层铺筑；侧（平、缘）石安砌。

【工程量计算】 按设计图示中心线长度计算，计量单位：m。

5. 现浇侧（平、缘）石（040204005）

【工 程 内 容】 模板制作、安装、拆除；开槽；基础、垫层铺筑；混凝土拌和、运输、浇筑。

【工程量计算】 按设计图示中心线长度计算，计量单位：m。

6. 检查井升降（040204006）

【工 程 内 容】 提升；降低。

【工程量计算】 按设计图示路面标高与原有的检查井发生正负高差的检查井的数量计算，计量单位：座。

7. 树池砌筑（040204007）

【工 程 内 容】 基础、垫层铺筑；树池砌筑；盖面材料运输、安装。

【工程量计算】 按设计图示数量计算，计量单位：个。

8. 预制电缆沟铺设（040204008）

【工 程 内 容】 基础、垫层铺筑；预制电缆沟安装；盖板安装。

【工程量计算】 按设计图示中心线长度计算，计量单位：m。

五、交通管理设施

1. 人（手）孔井（040205001）

【工 程 内 容】 基础、垫层铺筑；井身砌筑；勾缝（抹面）；井盖安装。
【工程量计算】 按设计图示数量计算，计量单位：座。

2. 电缆保护管（040205002）
【工 程 内 容】 敷设。
【工程量计算】 按设计图示以长度计算，计量单位：m。

3. 标杆（040205003）
【工 程 内 容】 基础、垫层铺筑；制作；喷漆或镀锌；底盘、拉盘、卡盘及杆件安装。
【工程量计算】 按设计图示数量计算，计量单位：根。

4. 标志板（040205004）
【工 程 内 容】 制作、安装。
【工程量计算】 按设计图示数量计算，计量单位：块。

5. 视线诱导器（040205005）
【工 程 内 容】 安装。
【工程量计算】 按设计图示数量计算，计量单位：只。

6. 标线（040205006）
【工 程 内 容】 清扫；放样；画线；护线。
【工程量计算】 1. 以米计量，按设计图示以长度计算，计量单位：m。
2. 以平方米计量，按设计图示尺寸以面积计算，计量单位：m^2。

7. 标记（040205007）
【工 程 内 容】 清扫；放样；画线；护线。
【工程量计算】 1. 以个计量，按设计图示数量计算，计量单位：个。
2. 以平方米计量，按设计图示尺寸以面积计算，计量单位：m^2。

8. 横道线（040205008）
【工 程 内 容】 清扫；放样；画线；护线。
【工程量计算】 按设计图示尺寸以面积计算，计量单位：m^2。

9. 清除标线（040205009）
【工 程 内 容】 清除。
【工程量计算】 按设计图示尺寸以面积计算，计量单位：m^2。

10. 形检测线圈（040205010）
【工 程 内 容】 安装；调试。
【工程量计算】 按设计图示数量计算，计量单位：个。

11. 值警亭（040205011）
【工 程 内 容】 基础、垫层铺筑；安装。
【工程量计算】 按设计图示数量计算，计量单位：座。

12. 隔离护栏（040205012）
【工 程 内 容】 基础、垫层铺筑；制作、安装。
【工程量计算】 按设计图示以长度计算，计量单位：m。

13. 架空走线（040205013）
【工 程 内 容】 架线。

【工程量计算】 按设计图示以长度计算，计量单位：m。

14. 信号灯（040205014）

【工 程 内 容】 基础、垫层铺筑；灯架制作、镀锌、喷漆；底盘、拉盘、卡盘及杆件安装；信号灯安装、调试。

【工程量计算】 按设计图示数量计算，计量单位：套。

15. 设备控制机箱（040205015）

【工 程 内 容】 基础、垫层铺筑；安装；调试。

【工程量计算】 按设计图示数量计算，计量单位：台。

16. 管内配线（040205016）

【工 程 内 容】 配线。

【工程量计算】 按设计图示以长度计算，计量单位：m。

17. 防撞筒（墩）（040205017）

【工 程 内 容】 制作、安装。

【工程量计算】 按设计图示数量计算，计量单位：个。

18. 警示柱（040205018）

【工 程 内 容】 制作、安装。

【工程量计算】 按设计图示数量计算，计量单位：根。

19. 减速垄（040205019）

【工 程 内 容】 制作、安装。

【工程量计算】 按设计图示以长度计算，计量单位：m。

20. 监控摄像机（040205020）

【工 程 内 容】 安装；调试。

【工程量计算】 按设计图示数量计算，计量单位：台。

21. 数码相机（040205021）

【工 程 内 容】 基础、垫层铺筑；安装；调试。

【工程量计算】 按设计图示数量计算，计量单位：套。

22. 道闸机（040205022）

【工 程 内 容】 基础、垫层铺筑；安装；调试。

【工程量计算】 按设计图示数量计算，计量单位：套。

23. 可变信息情报板（040205023）

【工 程 内 容】 基础、垫层铺筑；安装；调试。

【工程量计算】 按设计图示数量计算，计量单位：套。

24. 交通智能系统调试（040205024）

【工 程 内 容】 系统调试。

【工程量计算】 按设计图示数量计算，计量单位：系统。

注：1. 清单项目如发生破除混凝土路面、土石方开挖、回填夯实等，应分别按“拆除工程”及“土石方工程”中相关项目编码列项。

2. 除清单项目特殊注明外，各类垫层应按其他相关项目编码列项。

3. 立电杆按“路灯工程”中相关项目编码列项。

4. 值警亭按半成品现场安装考虑，实际采用砖砌等形式的，按现行国家标准《房屋建筑与装饰工程工程量计算规范》（GB 50854—2013）中相关项目编码列项。

5. 与标杆相连的，用于安装标志板的配件应计入标志板清单项目内。

第三节　桥涵工程量计算

一、桩基

1. 预制钢筋混凝土方桩（040301001）

【工程内容】工作平台搭拆；桩就位；桩机移位；沉桩；接桩；送桩。

【工程量计算】1. 以米计量，按设计图示尺寸以桩长（包括桩尖）计算，计量单位：m。

2. 以立方米计量，按设计图示桩长（包括桩尖）乘以桩的断面积计算，计量单位：m^3。

3. 以根计量，按设计图示数量计算，计量单位：根。

2. 预制钢筋混凝土管桩（040301002）

【工程内容】工作平台搭拆；桩就位；桩机移位；桩尖安装；沉桩；接桩；送桩；桩芯填充。

【工程量计算】1. 以米计量，按设计图示尺寸以桩长（包括桩尖）计算，计量单位：m。

2. 以立方米计量，按设计图示桩长（包括桩尖）乘以桩的断面积计算，计量单位：m^3。

3. 以根计量，按设计图示数量计算，计量单位：根。

3. 钢管桩（040301003）

【工程内容】工作平台搭拆；桩就位；桩机移位；沉桩；接桩；送桩；切割钢管、精割盖帽；管内取土、余土弃置；管内填芯、刷防护材料。

【工程量计算】1. 以吨计量，按设计图示尺寸以质量计算，计量单位：t。

2. 以根计量，按设计图示数量计算，计量单位：根。

4. 泥浆护壁成孔灌注桩（040301004）

【工程内容】工作平台搭拆；桩机移位；护筒埋设；成孔、固壁；混凝土制作、运输、灌注、养护；土方、废浆外运；打桩场地硬化及泥浆池、泥浆沟。

【工程量计算】1. 以米计量，按设计图示尺寸以桩长（包括桩尖）计算，计量单位：m。

2. 以立方米计量，按设计图示桩长（包括桩尖）乘以桩的断面积计算，计量单位：m^3。

3. 以根计量，按设计图示数量计算，计量单位：根。

5. 沉管灌注桩（040301005）

【工程内容】工作平台搭拆；桩机移位；打（沉）拔钢管；桩尖安装；混凝土制作、运输、灌注、养护。

【工程量计算】1. 以米计量，按设计图示尺寸以桩长（包括桩尖）计算，计量单位：m。

2. 以立方米计量，按设计图示桩长（包括桩尖）乘以桩的断面积计算，计量单位：m^3。

3. 以根计量，按设计图示数量计算，计量单位：根。

6. 干作业成孔灌注桩（040301006）

【工 程 内 容】 工作平台搭拆；桩机移位；成孔、扩孔；混凝土制作、运输、灌注、振捣、养护。

【工程量计算】 1. 以米计量，按设计图示尺寸以桩长（包括桩尖）计算，计量单位：m。

2. 以立方米计量，按设计图示桩长（包括桩尖）乘以桩的断面积计算，计量单位：m^3。

3. 以根计量，按设计图示数量计算，计量单位：根。

7. 挖孔桩土（石）方（040301007）

【工 程 内 容】 排地表水；挖土、凿石；基底钎探；土（石）方外运。

【工程量计算】 按设计图示尺寸（含护壁）截面积乘以挖孔深度以立方米计算，计量单位：m^3。

8. 人工挖孔灌注桩（040301008）

【工 程 内 容】 护壁制作、安装；混凝土制作、运输、灌注、振捣、养护。

【工程量计算】 1. 以立方米计量，按桩芯混凝土体积计算，计量单位：m^3。

2. 以根计量，按设计图示数量计算，计量单位：根。

9. 钻孔压浆桩（040301009）

【工 程 内 容】 钻孔、下注浆管、投放骨料；浆液制作、运输、压浆。

【工程量计算】 1. 以米计量，按设计图示尺寸以桩长计算，计量单位：m^3。

2. 以根计量，按设计图示数量计算，计量单位：根。

10. 灌注桩后注浆（040301010）

【工 程 内 容】 注浆导管制作、安装；浆液制作、运输、压浆。

【工程量计算】 按设计图示以注浆孔数计算，计量单位：孔。

11. 截桩头（040301011）

【工 程 内 容】 截桩头；凿平；废料外运。

【工程量计算】 1. 以立方米计量，按设计桩截面乘以桩头长度以体积计算，计量单位：m^3。

2. 以根计量，按设计图示数量计算，计量单位：根。

12. 声测管（040301012）

【工 程 内 容】 检测管截断、封头；套管制作、焊接；定位、固定。

【工程量计算】 1. 按设计图示尺寸以质量计算，计量单位：t。

2. 按设计图示尺寸以长度计算，计量单位：m。

注：1. 地层情况按表 10-1 和表 10-4 的规定，并根据岩土工程勘察报告按单位工程各地层所占比例（包括值）进行描述。对无法准确描述的地层情况，可注明由投标人根据岩土工程勘察报告自行决定报价。

2. 各类混凝土预制桩以成品桩考虑，应包括成品桩购置费，如果用现场预制，应包括现场预制桩的所有费用。

3. 项目特征中的桩截面、混凝土强度等级、桩类型等可直接用标准图代号或设计桩型进行描述。

4. 打试验桩和打斜桩应按相应项目编码单独列项，并应在项目特征中注明试验桩或斜桩（斜率）。

5. 项目特征中的桩长应包括桩尖，空桩长度 = 孔深 − 桩长，孔深为自然地面至设计桩底的深度。

6. 泥浆护壁成孔灌注桩是指在泥浆护壁条件下成孔，采用水下灌注混凝土的桩。其成孔方法包括冲击钻成孔、冲抓锥成孔、回旋钻成孔、潜水钻成孔、泥浆护壁的旋挖成孔等。

7. 沉管灌注桩的沉管方法包括捶击沉管法、振动沉管法、振动冲击沉管法、内夯沉管法等。

8. 干作业成孔灌注桩是指不用泥浆护壁和套管护壁的情况下，用钻机成孔后，下钢筋笼，灌注混凝土的桩，适用于地下水位以上的土层使用。其成孔方法包括螺旋钻成孔、螺旋钻成孔扩底、干作业的旋挖成孔等。

9. 混凝土灌注桩的钢筋笼制作、安装，按“钢筋工程”中相关项目编码列项。

10. 工作内容未含桩基础的承载力检测、桩身完整性检测。

二、基坑和边坡支护

1. 圆木桩（040302001）

【工 程 内 容】 1. 以米计量，按设计图示尺寸以桩长（包括桩尖）计算，计量单位：m。
2. 以根计量，按设计图示数量计算，计量单位：根。

【工程量计算】 工作平台搭拆；桩机移位；桩制作、运输、就位；桩靴安装；沉桩。

2. 预制钢筋混凝土板桩（040302002）

【工 程 内 容】 工作平台搭拆；桩就位；桩机移位；沉桩；接桩；送桩。

【工程量计算】 1. 以立方米计量，按设计图示桩长（包括桩尖）乘以桩的断面积计算，计量单位：m^3。
2. 以根计量，按设计图示数量计算，计量单位：根。

3. 地下连续墙（040302003）

【工 程 内 容】 导墙挖填、制作、安装、拆除；挖土成槽、固壁、清底置换；混凝土制作、运输、灌注、养护；接头处理；土方、废浆外运；打桩场地硬化及泥浆池、泥浆沟。

【工程量计算】 按设计图示墙中心线长乘以厚度乘以槽深，以体积计算，计量单位：m^3。

4. 咬合灌注桩（040302004）

【工 程 内 容】 桩机移位；成孔、固壁；混凝土制作、运输、灌注、养护；套管压拔；土方、废浆外运；打桩场地硬化及泥浆池、泥浆沟。

【工程量计算】 1. 以米计量，按设计图示尺寸以桩长计算，计量单位：m。
2. 以根计量，按设计图示数量计算，计量单位：根。

5. 型钢水泥土搅拌墙（040302005）

【工 程 内 容】 钻机移位；钻进；浆液制作、运输、压浆；搅拌、成桩；型钢插拔；土方、废浆外运。

【工程量计算】 按设计图示尺寸以体积计算，计量单位：m^3。

6. 锚杆（索）（040302006）

【工 程 内 容】 钻孔、浆液制作、运输、压浆；锚杆（索）制作、安装；张拉锚固；锚杆（索）施工平台搭设、拆除。

【工程量计算】 1. 以米计量，按设计图示尺寸以钻孔深度计算，计量单位：m。
2. 以根计量，按设计图示数量计算，计量单位：根。

7. 土钉（040302007）

【工 程 内 容】 钻孔、浆液制作、运输、压浆；土钉制作、安装；土钉施工平台搭设、拆除。

【工程量计算】 1. 以米计量，按设计图示尺寸以钻孔深度计算，计量单位：m。

2. 以根计量，按设计图示数量计算，计量单位：根。

8. 喷射混凝土（040302008）

【工 程 内 容】 修整边坡；混凝土制作、运输、喷射、养护；钻排水孔、安装排水管；喷射施工平台搭设、拆除。

【工程量计算】 按设计图示尺寸以面积计算，计量单位：m^2。

注：1. 地层情况按表 10-1 和表 10-4 的规定，并根据岩土工程勘察报告按单位工程各地层所占比例（包括范围值）进行描述。对无法准确描述的地层情况，可注明由投标人根据岩土工程勘察报告自行决定报价。

2. 地下连续墙和喷射混凝土的钢筋网制作、安装，按“钢筋工程”中相关项目编码列项。基坑与边坡支护的排桩按“桩基”中相关项目编码列项。水泥土墙、坑内加固按“道路工程”中“路基工程”中相关项目编码列项。混凝土挡土墙、桩顶冠梁、支撑体系按“隧道工程”中相关项目编码列项。

三、现浇混凝土构件

1. 混凝土垫层（040303001）

【工 程 内 容】 模板制作、安装、拆除；混凝土拌和、运输、浇筑；养护。

【工程量计算】 按设计图示尺寸以面积计算，计量单位：m^3。

2. 混凝土基础（040303002）

【工 程 内 容】 模板制作、安装、拆除；混凝土拌和、运输、浇筑；养护。

【工程量计算】 按设计图示尺寸以面积计算，计量单位：m^3。

3. 混凝土承台（040303003）

【工 程 内 容】 模板制作、安装、拆除；混凝土拌和、运输、浇筑；养护。

【工程量计算】 按设计图示尺寸以面积计算，计量单位：m^3。

4. 混凝土墩（台）帽（040303004）

【工 程 内 容】 模板制作、安装、拆除；混凝土拌和、运输、浇筑；养护。

【工程量计算】 按设计图示尺寸以面积计算，计量单位：m^3。

5. 混凝土墩（台）身（040303005）

【工 程 内 容】 模板制作、安装、拆除；混凝土拌和、运输、浇筑；养护。

【工程量计算】 按设计图示尺寸以面积计算，计量单位：m^3。

6. 混凝土支撑梁及横梁（040303006）

【工 程 内 容】 模板制作、安装、拆除；混凝土拌和、运输、浇筑；养护。

【工程量计算】 按设计图示尺寸以面积计算，计量单位：m^3。

7. 混凝土墩（台）盖梁（040303007）

【工 程 内 容】 模板制作、安装、拆除；混凝土拌和、运输、浇筑；养护。

【工程量计算】 按设计图示尺寸以面积计算，计量单位：m^3。

8. 混凝土拱桥拱座（040303008）

【工 程 内 容】 模板制作、安装、拆除；混凝土拌和、运输、浇筑；养护。

【工程量计算】 按设计图示尺寸以面积计算，计量单位：m^3。

9. 混凝土拱桥拱肋（040303009）

【工 程 内 容】 模板制作、安装、拆除；混凝土拌和、运输、浇筑；养护。

【工程量计算】 按设计图示尺寸以面积计算，计量单位：m^3。

10. 混凝土拱上构件（040303010）

【工 程 内 容】 模板制作、安装、拆除；混凝土拌和、运输、浇筑；养护。

【工程量计算】 按设计图示尺寸以面积计算，计量单位：m^3。

11. 混凝土箱梁（040303011）

【工 程 内 容】 模板制作、安装、拆除；混凝土拌和、运输、浇筑；养护。

【工程量计算】 按设计图示尺寸以面积计算，计量单位：m^3。

12. 混凝土连续板（040303012）

【工 程 内 容】 模板制作、安装、拆除；混凝土拌和、运输、浇筑；养护。

【工程量计算】 按设计图示尺寸以面积计算，计量单位：m^3。

13. 混凝土板梁（040303013）

【工 程 内 容】 模板制作、安装、拆除；混凝土拌和、运输、浇筑；养护。

【工程量计算】 按设计图示尺寸以面积计算，计量单位：m^3。

14. 混凝土板拱（040303014）

【工 程 内 容】 模板制作、安装、拆除；混凝土拌和、运输、浇筑；养护。

【工程量计算】 按设计图示尺寸以面积计算，计量单位：m^3。

15. 混凝土挡墙墙身（040303015）

【工 程 内 容】 模板制作、安装、拆除；混凝土拌和、运输、浇筑；养护；抹灰；泄水孔制作、安装；滤水层铺筑；沉降缝。

【工程量计算】 按设计图示尺寸以面积计算，计量单位：m^3。

16. 混凝土挡墙压顶（040303016）

【工 程 内 容】 模板制作、安装、拆除；混凝土拌和、运输、浇筑；养护；抹灰；泄水孔制作、安装；滤水层铺筑；沉降缝。

【工程量计算】 按设计图示尺寸以面积计算，计量单位：m^3。

17. 混凝土楼梯（040303017）

【工 程 内 容】 模板制作、安装、拆除；混凝土拌和、运输、浇筑；养护。

【工程量计算】 1. 以平方米计量，按设计图示尺寸以水平投影面积计算，计量单位：m。

2. 以立方米计量，按设计图示尺寸以体积计算，计量单位：m^3。

18. 混凝土防撞护栏（040303018）

【工 程 内 容】 模板制作、安装、拆除；混凝土拌和、运输、浇筑；养护。

【工程量计算】 按设计图示尺寸以长度计算，计量单位：m。

19. 桥面铺装（040303019）

【工 程 内 容】 模板制作、安装、拆除；混凝土拌和、运输、浇筑；养护；沥青混凝土铺装；碾压。

【工程量计算】 按设计图示尺寸以面积计算，计量单位：m^2。

20. 混凝土桥头搭板（040303020）

【工 程 内 容】 模板制作、安装、拆除；混凝土拌和、运输、浇筑；养护。
【工程量计算】 按设计图示尺寸以体积计算，计量单位：m^3。

21. 混凝土搭板枕梁（040303021）

【工 程 内 容】 模板制作、安装、拆除；混凝土拌和、运输、浇筑；养护。
【工程量计算】 按设计图示尺寸以体积计算，计量单位：m^3。

22. 混凝土桥塔身（040303022）

【工 程 内 容】 模板制作、安装、拆除；混凝土拌和、运输、浇筑；养护。
【工程量计算】 按设计图示尺寸以体积计算，计量单位：m^3。

23. 混凝土连系梁（040303023）

【工 程 内 容】 模板制作、安装、拆除；混凝土拌和、运输、浇筑；养护。
【工程量计算】 按设计图示尺寸以体积计算，计量单位：m^3。

24. 混凝土其他构件（040303024）

【工 程 内 容】 模板制作、安装、拆除；混凝土拌和、运输、浇筑；养护。
【工程量计算】 按设计图示尺寸以体积计算，计量单位：m^3。

25. 钢管拱混凝土（040303025）

【工 程 内 容】 混凝土拌和、运输、压注。
【工程量计算】 按设计图示尺寸以体积计算，计量单位：m^3。

四、预制混凝土构件

1. 预制混凝土梁（040304001）

【工 程 内 容】 模板制作、安装、拆除；混凝土拌和、运输、浇筑；养护；构件安装；接头灌缝；砂浆制作；运输。
【工程量计算】 按设计图示尺寸以体积计算，计量单位：m^3。

2. 预制混凝土柱（040304002）

【工 程 内 容】 模板制作、安装、拆除；混凝土拌和、运输、浇筑；养护；构件安装；接头灌缝；砂浆制作；运输。
【工程量计算】 按设计图示尺寸以体积计算，计量单位：m^3。

3. 预制混凝土板（040304003）

【工 程 内 容】 模板制作、安装、拆除；混凝土拌和、运输、浇筑；养护；构件安装；接头灌缝；砂浆制作；运输。
【工程量计算】 按设计图示尺寸以体积计算，计量单位：m^3。

4. 预制混凝土挡土墙墙身（040304004）

【工 程 内 容】 模板制作、安装、拆除；混凝土拌和、运输、浇筑；养护；构件安装；接头灌缝；泄水孔制作、安装；滤水层铺设；砂浆制作；运输。
【工程量计算】 按设计图示尺寸以体积计算，计量单位：m^3。

5. 预制混凝土其他构件（040304005）

【工 程 内 容】 模板制作、安装、拆除；混凝土拌和、运输、浇筑；养护；构件安装；接头灌缝；砂浆制作；运输。
【工程量计算】 按设计图示尺寸以体积计算，计量单位：m^3。

五、砌筑

1. 预制混凝土梁（040304001）

【工 程 内 容】 垫层铺筑。

【工程量计算】 按设计图示尺寸以体积计算，计量单位：m^3。

2. 预制混凝土柱（040304002）

【工 程 内 容】 砌筑；砌体勾缝；砌体抹面；泄水孔制作、安装；滤层铺设；沉降缝。

【工程量计算】 按设计图示尺寸以体积计算，计量单位：m^3。

3. 预制混凝土板（040304003）

【工 程 内 容】 砌筑；砌体勾缝；砌体抹面；泄水孔制作、安装；滤层铺设；沉降缝。

【工程量计算】 按设计图示尺寸以体积计算，计量单位：m^3。

4. 预制混凝土挡土墙墙身（040304004）

【工 程 内 容】 砌筑；砌体勾缝；砌体抹面；泄水孔制作、安装；滤层铺设；沉降缝。

【工程量计算】 按设计图示尺寸以体积计算，计量单位：m^3。

5. 预制混凝土其他构件（040304005）

【工 程 内 容】 修整边坡；砌筑；砌体勾缝；砌体抹面。

【工程量计算】 按设计图示尺寸以面积计算，计量单位：m^2。

注：1. 干砌块料、浆砌块料和砖砌体应根据工程部位不同，分别设置清单编码。

2. 清单项目中“垫层”指碎石、块石等非混凝土类垫层。

六、立交箱涵

1. 透水管（040306001）

【工 程 内 容】 基础铺筑；管道铺设、安装。

【工程量计算】 按设计图示尺寸以长度计算，计量单位：m。

2. 滑板（040306002）

【工 程 内 容】 模板制作、安装、拆除；混凝土拌和、运输、浇筑；养护；涂石蜡层；铺塑料薄膜。

【工程量计算】 按设计图示尺寸以体积计算，计量单位：m^3。

3. 箱涵底板（040306003）

【工 程 内 容】 模板制作、安装、拆除；混凝土拌和、运输、浇筑；养护；防水层铺涂。

【工程量计算】 按设计图示尺寸以体积计算，计量单位：m^3。

4. 箱涵侧墙（040306004）

【工 程 内 容】 模板制作、安装、拆除；混凝土拌和、运输、浇筑；养护；防水砂浆；防水层铺涂。

【工程量计算】 按设计图示尺寸以体积计算，计量单位：m^3。

5. 箱涵顶板（040306005）

【工 程 内 容】 模板制作、安装、拆除；混凝土拌和、运输、浇筑；养护；防水砂浆；防水层铺涂。

【工程量计算】 按设计图示尺寸以体积计算，计量单位：m^3。

6. 箱涵顶进（040306006）

【工 程 内 容】 顶进设备安装、拆除；气垫安装、拆除；气垫使用；钢刃角制作、安装、拆除；挖土实顶；土方场内外运输；中继间安装、拆除。

【工程量计算】 按设计图示尺寸以被顶箱涵的质量，乘以箱涵的位移距离分节累计计算，计量单位：kt · m。

7. 箱涵接缝（040306007）

【工 程 内 容】 接缝。

【工程量计算】 按设计图示止水带长度计算，计量单位：m。

注：除箱涵顶进土方外，顶进工作坑等土方应按“土石方工程”中相关项目编码列项。

七、钢结构

1. 钢箱梁（040307001）

【工 程 内 容】 拼装；安装；探伤；涂刷防火涂料；补刷油漆。

【工程量计算】 按设计图示尺寸以质量计算。不扣除孔眼的质量，焊条、铆钉、螺栓等不另增加质量，计量单位：t。

2. 钢板梁（040307002）

【工 程 内 容】 拼装；安装；探伤；涂刷防火涂料；补刷油漆。

【工程量计算】 按设计图示尺寸以质量计算。不扣除孔眼的质量，焊条、铆钉、螺栓等不另增加质量，计量单位：t。

3. 钢桁梁（040307003）

【工 程 内 容】 拼装；安装；探伤；涂刷防火涂料；补刷油漆。

【工程量计算】 按设计图示尺寸以质量计算。不扣除孔眼的质量，焊条、铆钉、螺栓等不另增加质量，计量单位：t。

4. 钢拱（040307004）

【工 程 内 容】 拼装；安装；探伤；涂刷防火涂料；补刷油漆。

【工程量计算】 按设计图示尺寸以质量计算。不扣除孔眼的质量，焊条、铆钉、螺栓等不另增加质量，计量单位：t。

5. 劲性钢结构（040307005）

【工 程 内 容】 拼装；安装；探伤；涂刷防火涂料；补刷油漆。

【工程量计算】 按设计图示尺寸以质量计算。不扣除孔眼的质量，焊条、铆钉、螺栓等不另增加质量，计量单位：t。

6. 钢结构叠合梁（040307006）

【工 程 内 容】 拼装；安装；探伤；涂刷防火涂料；补刷油漆。

【工程量计算】 按设计图示尺寸以质量计算。不扣除孔眼的质量，焊条、铆钉、螺栓等不另增加质量，计量单位：t。

7. 其他钢构件（040307007）

【工 程 内 容】 拼装；安装；探伤；涂刷防火涂料；补刷油漆。

【工程量计算】 按设计图示尺寸以质量计算。不扣除孔眼的质量，焊条、铆钉、螺栓等不另增加质量，计量单位：t。

8. 悬（斜拉）索（040307008）

【工 程 内 容】 拉索安装；张拉、索力调整、锚固；防护壳制作、安装。

【工程量计算】 按设计图示尺寸以质量计算，计量单位：t。

9. 钢拉杆（040307009）

【工 程 内 容】 连接、紧锁件安装；钢拉杆安装；钢拉杆防腐；钢拉杆防护壳制作、安装。

【工程量计算】 按设计图示尺寸以质量计算，计量单位：t。

八、装饰

1. 水泥砂浆抹面（040308001）

【工 程 内 容】 基层清理；砂浆抹面。

【工程量计算】 按设计图示尺寸以面积计算，计量单位：m^2。

2. 剁斧石饰面（040308002）

【工 程 内 容】 基层清理；饰面。

【工程量计算】 按设计图示尺寸以面积计算，计量单位：m^2。

3. 镶贴面层（040308003）

【工 程 内 容】 基层清理；镶贴面层；勾缝。

【工程量计算】 按设计图示尺寸以面积计算，计量单位：m^2。

4. 涂料（040308004）

【工 程 内 容】 基层清理；涂料涂刷。

【工程量计算】 按设计图示尺寸以面积计算，计量单位：m^2。

5. 油漆（040308005）

【工 程 内 容】 除锈；刷油漆。

【工程量计算】 按设计图示尺寸以面积计算，计量单位：m^2。

注：如遇项目缺项时，可按现行国家标准《房屋建筑与装饰工程工程量计算规范》（GB 50854—2013）中相关项目编码列项。

九、其他

1. 金属栏杆（040309001）

【工 程 内 容】 制作、运输、安装；除锈、刷油漆。

【工程量计算】 1. 按设计图示尺寸以质量计算，计量单位：t。

2. 按设计图示尺寸以延长米计算，计量单位：m。

2. 石质栏杆（040309002）

【工 程 内 容】 制作、运输、安装。

【工程量计算】 按设计图示尺寸以长度计算，计量单位：m。

3. 混凝土栏杆（040309003）

【工 程 内 容】 制作、运输、安装。

【工程量计算】 按设计图示尺寸以长度计算，计量单位：m。

4. 橡胶支座（040309004）

【工 程 内 容】 支座安装。

【工程量计算】 按设计图示数量计算，计量单位：个。

5. 钢支座（040309005）

【工 程 内 容】 支座安装。

【工程量计算】 按设计图示数量计算，计量单位：个。

6. 盆式支座（040309006）

【工 程 内 容】 支座安装。

【工程量计算】 按设计图示数量计算，计量单位：个。

7. 桥梁伸缩装置（040309007）

【工 程 内 容】 制作、安装；混凝土拌和、运输、浇筑。

【工程量计算】 以米计量，按设计图示尺寸以延长米计算，计量单位：m。

8. 隔声屏障（040309008）

【工 程 内 容】 制作、安装；除锈、刷油漆。

【工程量计算】 按设计图示尺寸以面积计算，计量单位：m^2。

9. 桥面排（泄）水管（040309009）

【工 程 内 容】 进水口、排（泄）水管制作、安装。

【工程量计算】 按设计图示以长度计算，计量单位：m。

10. 防水层（040309010）

【工 程 内 容】 防水层铺涂。

【工程量计算】 按设计图示尺寸以面积计算，计量单位：m^2。

注：支座垫石混凝土按“现浇混凝土构件”中“混凝土基础”项目编码列项。

十、其他相关处理方法

1）清单项目各类预制桩均按成品构件编制，购置费用应计入综合单价中，如采用现场预制，包括预制构件制作的所有费用。

2）当以体积为计量单位计算混凝土工程量时，不扣除构件内钢筋、螺栓、预埋铁件、张拉孔道和单个面积≤0.3m^2 的孔洞所占体积，但应扣除型钢混凝土构件中型钢所占体积。

3）桩基陆上工作平台搭拆工作内容包括在相应的清单项目中，若为水上工作平台搭拆，应按“措施项目”相关项目单独编码列项。

第四节 隧 道 工 程

一、隧道岩石开挖

1. 平洞开挖（040401001）

【工 程 内 容】 爆破或机械开挖；施工面排水；出碴；弃碴场内堆放、运输；弃碴外运。

【工程量计算】 按设计图示结构断面尺寸乘以长度以体积计算，计量单位：m^3。

2. 斜井开挖（040401002）

【工 程 内 容】 爆破或机械开挖；施工面排水；出碴；弃碴场内堆放、运输；弃碴外运。

【工程量计算】 按设计图示结构断面尺寸乘以长度以体积计算，计量单位：m^3。

3. 竖井开挖（040401003）

【工 程 内 容】 爆破或机械开挖；施工面排水；出碴；弃碴场内堆放、运输；弃碴外运。

【工程量计算】 按设计图示结构断面尺寸乘以长度以体积计算，计量单位：m^3。

4. 地沟开挖（040401004）

【工 程 内 容】 爆破或机械开挖；施工面排水；出碴；弃碴场内堆放、运输；弃碴外运。

【工程量计算】 按设计图示结构断面尺寸乘以长度以体积计算，计量单位：m^3。

5. 小导管（040401005）

【工 程 内 容】 制作；布眼；钻孔；安装。

【工程量计算】 按设计图示尺寸以长度计算，计量单位：m。

6. 管棚（040401006）

【工 程 内 容】 制作；布眼；钻孔；安装。

【工程量计算】 按设计图示尺寸以长度计算，计量单位：m。

7. 注浆（040401007）

【工 程 内 容】 浆液制作；钻孔注浆；堵孔。

【工程量计算】 按设计注浆量以体积计算，计量单位：m^3。

注：弃碴运距可以不描述，但应注明由投标人根据施工现场实际情况自行考虑决定报价。

二、岩石隧道衬砌

1. 混凝土仰拱衬砌（040402001）

【工 程 内 容】 模板制作、安装、拆除；混凝土拌和、运输、浇筑；养护。

【工程量计算】 按设计图示尺寸以体积计算，计量单位：m^3。

2. 混凝土顶拱衬砌（040402002）

【工 程 内 容】 模板制作、安装、拆除；混凝土拌和、运输、浇筑；养护。

【工程量计算】 按设计图示尺寸以体积计算，计量单位：m^3。

3. 混凝土边墙衬砌（040402003）

【工 程 内 容】 模板制作、安装、拆除；混凝土拌和、运输、浇筑；养护。

【工程量计算】 按设计图示尺寸以体积计算，计量单位：m^3。

4. 混凝土竖井衬砌（040402004）

【工 程 内 容】 模板制作、安装、拆除；混凝土拌和、运输、浇筑；养护。

【工程量计算】 按设计图示尺寸以体积计算，计量单位：m^3。

5. 混凝土沟道（040402005）

【工 程 内 容】 模板制作、安装、拆除；混凝土拌和、运输、浇筑；养护。

【工程量计算】 按设计图示尺寸以体积计算，计量单位：m^3。

6. 拱部喷射混凝土（040402006）

【工 程 内 容】 清洗基层；混凝土拌和、运输、浇筑、喷射；收回弹料；喷射施工平台搭设、拆除。

【工程量计算】 按设计图示尺寸以面积计算，计量单位：m^2。

7. 边墙喷射混凝土（040402007）

【工 程 内 容】 清洗基层；混凝土拌和、运输、浇筑、喷射；收回弹料；喷射施工平台搭设、拆除。

【工程量计算】 按设计图示尺寸以面积计算，计量单位：m^2。

8. 拱圈砌筑（040402008）

【工 程 内 容】 砌筑；勾缝；抹灰。

【工程量计算】 按设计图示尺寸以体积计算，计量单位：m^3。

9. 边墙砌筑（040402009）

【工 程 内 容】 砌筑；勾缝；抹灰。

【工程量计算】 按设计图示尺寸以体积计算，计量单位：m^3。

10. 砌筑沟道（040402010）

【工 程 内 容】 砌筑；勾缝；抹灰。

【工程量计算】 按设计图示尺寸以体积计算，计量单位：m^3。

11. 洞门砌筑（040402011）

【工 程 内 容】 砌筑；勾缝；抹灰。

【工程量计算】 按设计图示尺寸以体积计算，计量单位：m^3。

12. 锚杆（040402012）

【工 程 内 容】 钻孔；锚杆制作、安装；压浆。

【工程量计算】 按设计图示尺寸以质量计算，计量单位：t。

13. 充填压浆（040402013）

【工 程 内 容】 打孔、安装；压浆。

【工程量计算】 按设计图示尺寸以体积计算，计量单位：m^3。

14. 仰拱填充（040402014）

【工 程 内 容】 配料；填充。

【工程量计算】 按设计图示回填尺寸以体积计算，计量单位：m^3。

15. 透水管（040402015）

【工 程 内 容】 安装。

【工程量计算】 按设计图示尺寸以长度计算，计量单位：m。

16. 沟道盖板（040402016）

【工 程 内 容】 制作、安装。

【工程量计算】 按设计图示尺寸以长度计算，计量单位：m。

17. 变形缝（040402017）

【工 程 内 容】 制作、安装。

【工程量计算】 按设计图示尺寸以长度计算，计量单位：m。

18. 施工缝（040402018）

【工 程 内 容】 制作、安装。

【工程量计算】 按设计图示尺寸以长度计算，计量单位：m。

19. 柔性防水层（040402019）

【工 程 内 容】 铺设。

【工程量计算】 按设计图示尺寸以面积计算，计量单位：m^2。

注：遇清单项目未列的砌筑构筑物时，应按“桥涵工程”中相关项目编码列项。

三、盾构掘进

1. 盾构吊装及吊拆（040403001）

【工 程 内 容】 盾构机安装、拆除；车架安装、拆除；管线连接、调试、拆除。

【工程量计算】 按设计图示数量计算，计量单位：台·次。

2. 盾构掘进（040403002）

【工 程 内 容】 掘进；管片拼装；密封舱添加材料；负环管片拆除；隧道内管线路铺设、拆除；泥浆制作；泥浆处理；土方、废浆外运。

【工程量计算】 按设计图示掘进长度计算，计量单位：m。

3. 衬砌壁后压浆（040403003）

【工 程 内 容】 制浆；送浆；压浆；封堵；清洗；运输。

【工程量计算】 按管片外径和盾构壳体外径所形成的充填体积计算，计量单位：m^3。

4. 预制钢筋混凝土管片（040403004）

【工 程 内 容】 运输；试拼装；安装。

【工程量计算】 按设计图示尺寸以体积计算，计量单位：m^3。

5. 管片设置密封条（040403005）

【工 程 内 容】 密封条安装。

【工程量计算】 按设计图示数量计算，计量单位：环。

6. 隧道洞口柔性接缝环（040403006）

【工 程 内 容】 制作、安装临时防水环板；制作、安装、拆除临时止水缝；拆除临时钢环板；拆除洞口环管片；安装钢环板；柔性接缝环；洞口钢筋混凝土环圈。

【工程量计算】 按设计图示以隧道管片外径周长计算，计量单位：m。

7. 管片嵌缝（040403007）

【工 程 内 容】 管片嵌缝槽表面处理、配料嵌缝；管片手孔封堵。

【工程量计算】 按设计图示数量计算，计量单位：环。

8. 盾构机调头（040403008）

【工 程 内 容】 钢板、基座铺设；盾构拆卸；盾构调头、平行移运定位；盾构拼装；连接管线、调试。

【工程量计算】 按设计图示数量计算，计量单位：台·次。

9. 盾构机转场运输（040403009）

【工 程 内 容】 盾构机安装、拆除；车架安装、拆除；盾构机、车架转场运输。

【工程量计算】 按设计图示数量计算，计量单位：台·次。

10. 盾构基座（040403010）

【工 程 内 容】 制作；安装；拆除。

【工程量计算】 按设计图示尺寸以质量计算，计量单位：t。

注：1. 衬砌壁后压浆清单项目在编制工程量清单时，其工程数量可为暂估量，结算时按现场签证数量计算。

2. 盾构基座系指常用的钢结构，如果是钢筋混凝土结构，应按“沉管隧道”中相关项目进行列项。

3. 钢筋混凝土管片按成品编制，购置费用应计入综合单价中。

四、管节顶升、旁通道

1. 钢筋混凝土顶升管节（040404001）

【工 程 内 容】 钢模板制作；混凝土拌和、运输、浇筑；养护；管节试拼装；管节场内外运输。

【工程量计算】 按设计图示尺寸以体积计算，计量单位：m^3。

2. 垂直顶升设备安装、拆除（040404002）

【工 程 内 容】 基座制作和拆除；车架、设备吊装就位；拆除、堆放。

【工程量计算】 按设计图示数量计算，计量单位：套。

3. 管节垂直顶升（040404003）

【工 程 内 容】 管节吊运；首节顶升；中间节顶升；尾节顶升。

【工程量计算】 按设计图示以顶升长度计算，计量单位：m。

4. 安装止水框、连系梁（040404004）

【工 程 内 容】 制作、安装。

【工程量计算】 按设计图示尺寸以质量计算，计量单位：t。

5. 阴极保护装置（040404005）

【工 程 内 容】 恒电位仪安装；阳极安装；阴极安装；参变电极安装；电缆敷设；接线盒安装。

【工程量计算】 按设计图示数量计算，计量单位：组。

6. 安装取、排水头（040404006）

【工 程 内 容】 顶升口揭顶盖；取排水头部安装。

【工程量计算】 按设计图示数量计算，计量单位：个。

7. 隧道内旁通道开挖（040404007）

【工 程 内 容】 土体加固；支护；土方暗挖；土方运输。

【工程量计算】 按设计图示尺寸以体积计算，计量单位：m^3。

8. 旁通道结构混凝土（040404008）

【工 程 内 容】 模板制作、安装；混凝土拌和、运输、浇筑；洞门接口防水。

【工程量计算】 按设计图示尺寸以体积计算，计量单位：m^3。

9. 隧道内集水井（040404009）

【工 程 内 容】 拆除管片建集水井；不拆管片建集水井。

【工程量计算】 按设计图示数量计算，计量单位：座。

10. 防爆门（040404010）

【工 程 内 容】 防爆门制作；防爆门安装。

【工程量计算】 按设计图示数量计算，计量单位：扇。

11. 钢筋混凝土复合管片（040404011）

【工 程 内 容】 构件制作；试拼装；运输、安装。

【工程量计算】 按设计图示尺寸以体积计算，计量单位：m^3。

12. 钢管片（040404012）

【工 程 内 容】 钢管片制作；试拼装；探伤；运输、安装。
【工程量计算】 按设计图示以质量计算，计量单位：t。

五、隧道沉井

1. 沉井井壁混凝土（040405001）
【工 程 内 容】 模板制作、安装、拆除；刃脚、框架、井壁混凝土浇筑；养护。
【工程量计算】 按设计尺寸以外围井筒混凝土体积计算，计量单位：m^3。
2. 沉井下沉（040405002）
【工 程 内 容】 垫层凿除；排水挖土下沉；不排水下沉；触变泥浆制作、输送；弃土外运。
【工程量计算】 按设计图示井壁外围面积乘以下沉深度以体积计算，计量单位：m^3。
3. 沉井混凝土封底（040405003）
【工 程 内 容】 混凝土干封底；混凝土水下封底。
【工程量计算】 按设计图示尺寸以体积计算，计量单位：m^3。
4. 沉井混凝土底板（040405004）
【工 程 内 容】 模板制作、安装、拆除；混凝土拌和、运输、浇筑；养护。
【工程量计算】 按设计图示尺寸以体积计算，计量单位：m^3。
5. 沉井填心（040405005）
【工 程 内 容】 排水沉井填心；不排水沉井填心。
【工程量计算】 按设计图示尺寸以体积计算，计量单位：m^3。
6. 沉井混凝土隔墙（040405006）
【工 程 内 容】 模板制作、安装、拆除；混凝土拌和、运输、浇筑；养护。
【工程量计算】 按设计图示尺寸以体积计算，计量单位：m^3。
7. 钢封门（040405007）
【工 程 内 容】 钢封门安装；钢封门拆除。
【工程量计算】 按设计图示尺寸以质量计算，计量单位：t。
注：沉井垫层按“桥涵工程”中相关项目编码列项。

六、混凝土结构

1. 混凝土地梁（040406001）
【工 程 内 容】 模板制作、安装、拆除；混凝土拌和、运输、浇筑；养护。
【工程量计算】 按设计图示尺寸以体积计算，计量单位：m^3。
2. 混凝土底板（040406002）
【工 程 内 容】 模板制作、安装、拆除；混凝土拌和、运输、浇筑；养护。
【工程量计算】 按设计图示尺寸以体积计算，计量单位：m^3。
3. 混凝土柱（040406003）
【工 程 内 容】 模板制作、安装、拆除；混凝土拌和、运输、浇筑；养护。
【工程量计算】 按设计图示尺寸以体积计算，计量单位：m^3。
4. 混凝土墙（040406004）
【工 程 内 容】 模板制作、安装、拆除；混凝土拌和、运输、浇筑；养护。

【工程量计算】 按设计图示尺寸以体积计算，计量单位：m^3。

5. 混凝土梁（040406005）

【工 程 内 容】 模板制作、安装、拆除；混凝土拌和、运输、浇筑；养护。

【工程量计算】 按设计图示尺寸以体积计算，计量单位：m^3。

6. 凝土平台、顶板（040406006）

【工 程 内 容】 模板制作、安装、拆除；混凝土拌和、运输、浇筑；养护。

【工程量计算】 按设计图示尺寸以体积计算，计量单位：m^3。

7. 圆隧道内架空路面（040406007）

【工 程 内 容】 模板制作、安装、拆除；混凝土拌和、运输、浇筑；养护。

【工程量计算】 按设计图示尺寸以体积计算，计量单位：m^3。

8. 隧道内其他结构混凝土（040406008）

【工 程 内 容】 模板制作、安装、拆除；混凝土拌和、运输、浇筑；养护。

【工程量计算】 按设计图示尺寸以体积计算，计量单位：m^3。

注：1. 隧道洞内道路路面铺装应按“道路工程”相关清单项目编码列项。

2. 隧道洞内顶部和边墙内衬的装饰按“桥涵工程”相关清单项目编码列项。

3. 隧道内其他结构混凝土包括楼梯、电缆沟、车道侧石等。

4. 垫层、基础应按“桥涵工程”相关清单项目编码列项。

5. 隧道内衬弓形底板、侧墙、支承墙应按“混凝土结构”中的“混凝土底板”、“混凝土墙”的相关清单项目编码列项，并在项目特征中描述其类别、部位。

七、沉管隧道

1. 预制沉管底垫层（040407001）

【工 程 内 容】 场地平整；垫层铺设。

【工程量计算】 按设计图示沉管底面积乘以厚度以体积计算，计量单位：m^3。

2. 预制沉管钢底板（040407002）

【工 程 内 容】 钢底板制作、铺设。

【工程量计算】 按设计图示尺寸以质量计算，计量单位：t。

3. 预制沉管混凝土板底（040407003）

【工 程 内 容】 模板制作、安装、拆除；混凝土拌和、运输、浇筑；养护；底板预埋注浆管。

【工程量计算】 按设计图示尺寸以体积计算，计量单位：m^3。

4. 预制沉管混凝土侧墙（040407004）

【工 程 内 容】 模板制作、安装、拆除；混凝土拌和、运输、浇筑；养护。

【工程量计算】 按设计图示尺寸以体积计算，计量单位：m^3。

5. 预制沉管混凝土顶板（040407005）

【工 程 内 容】 模板制作、安装、拆除；混凝土拌和、运输、浇筑；养护。

【工程量计算】 按设计图示尺寸以体积计算，计量单位：m^3。

6. 沉管外壁防锚层（040407006）

【工 程 内 容】 铺设沉管外壁防锚层。

【工程量计算】 按设计图示尺寸以面积计算，计量单位：m^2。

7. 鼻托垂直剪力键（040407007）

【工 程 内 容】 钢剪力键制作；剪力键安装。

【工程量计算】 按设计图示尺寸以质量计算，计量单位：t。

8. 端头钢壳（040407008）

【工 程 内 容】 端头钢壳制作；端头钢壳安装；混凝土浇筑。

【工程量计算】 按设计图示尺寸以质量计算，计量单位：t。

9. 端头钢封门（040407009）

【工 程 内 容】 端头钢封门制作；端头钢封门安装；端头钢封门拆除。

【工程量计算】 按设计图示尺寸以质量计算，计量单位：t。

10. 沉管管段浮运临时供电系统（040407010）

【工 程 内 容】 发电机安装、拆除；配电箱安装、拆除；电缆安装、拆除；灯具安装、拆除。

【工程量计算】 按设计图示管段数量计算，计量单位：套。

11. 沉管管段浮运临时供排水系统（040407011）

【工 程 内 容】 泵阀安装、拆除；管路安装、拆除。

【工程量计算】 按设计图示管段数量计算，计量单位：套。

12. 沉管管段浮运临时通风系统（040407012）

【工 程 内 容】 进排风机安装、拆除；风管路安装、拆除。

【工程量计算】 按设计图示管段数量计算，计量单位：套。

13. 航道疏浚（040407013）

【工 程 内 容】 挖泥船开收工；航道疏浚挖泥；土方驳运、卸泥。

【工程量计算】 按河床原断面与管段浮运时设计断面之差以体积计算，计量单位：m^3。

14. 沉管河床基槽开挖（040407014）

【工 程 内 容】 挖泥船开收工；沉管基槽挖泥；沉管基槽清淤；土方驳运、卸泥。

【工程量计算】 按河床原断面与槽设计断面之差以体积计算，计量单位：m^3。

15. 钢筋混凝土块沉石（040407015）

【工 程 内 容】 预制钢筋混凝土块；装船、驳运、定位沉石；水下铺平石块。

【工程量计算】 按设计图示尺寸以体积计算，计量单位：m^3。

16. 基槽抛铺碎石（040407016）

【工 程 内 容】 石料装运；定位抛石、水下铺平石块。

【工程量计算】 按设计图示尺寸以体积计算，计量单位：m^3。

17. 沉管管节浮运（040407017）

【工 程 内 容】 干坞放水；管段起浮定位；管段浮运；加载水箱制作、安装、拆除；系缆柱制作、安装、拆除。

【工程量计算】 按设计图示尺寸和要求以沉管管节质量和浮运距离的复合单位计算，计量单位：kt·m。

18. 管段沉放连接（040407018）

【工 程 内 容】 管段定位；管段压水下沉；管段端面对接；管节拉合。

【工程量计算】 按设计图示数量计算，计量单位：节。

19. 砂肋软体排覆盖（040407019）

【工 程 内 容】 水下覆盖软体排。

【工程量计算】 按设计图示尺寸以沉管顶面积加侧面外表面积计算，计量单位：m^2。

20. 沉管水下压石（040407020）

【工 程 内 容】 装石船开收工；定位抛石、卸石；水下铺石。

【工程量计算】 按设计图示尺寸以顶、侧压石的体积计算，计量单位：m^3。

21. 沉管接缝处理（040407021）

【工 程 内 容】 按缝拉合；安装止水带；安装止水钢板；混凝土拌和、运输、浇筑。

【工程量计算】 按设计图示数量计算，计量单位：条。

22. 沉管底部压浆固封充填（040407022）

【工 程 内 容】 制浆；管底压浆；封孔。

【工程量计算】 按设计图示尺寸以体积计算，计量单位：m^3。

第五节 管 网 工 程

一、管道铺设

1. 混凝土管（040501001）

【工 程 内 容】 垫层、基础铺筑及养护；模板制作、安装、拆除；混凝土拌和、运输、浇筑、养护；预制管枕安装；管道铺设；管道接口；管道检验及试验。

【工程量计算】 按设计图示中心线长度以延长米计算。不扣除附属构筑物、管件及阀门等所占长度，计量单位：m。

2. 钢管（040501002）

【工 程 内 容】 垫层、基础铺筑及养护；模板制作、安装、拆除；混凝土拌和、运输、浇筑、养护；管道铺设；管道检验及试验；集中防腐运输。

【工程量计算】 按设计图示中心线长度以延长米计算。不扣除附属构筑物、管件及阀门等所占长度，计量单位：m。

3. 铸铁管（040501003）

【工 程 内 容】 垫层、基础铺筑及养护；模板制作、安装、拆除；混凝土拌和、运输、浇筑、养护；管道铺设；管道检验及试验；集中防腐运输。

【工程量计算】 按设计图示中心线长度以延长米计算。不扣除附属构筑物、管件及阀门等所占长度，计量单位：m。

4. 塑料管（040501004）

【工 程 内 容】 垫层、基础铺筑及养护；模板制作、安装、拆除；混凝土拌和、运输、浇筑、养护；管道铺设；管道检验及试验。

【工程量计算】 按设计图示中心线长度以延长米计算。不扣除附属构筑物、管件及阀门等所占长度，计量单位：m。

5. 直埋式预制保温管（040501005）

【工 程 内 容】 垫层铺筑及养护；管道铺设；接口处保温；管道检验及试验。
【工程量计算】 按设计图示中心线长度以延长米计算。不扣除附属构筑物、管件及阀门等所占长度，计量单位：m。

6. 管道架空跨越（040501006）

【工 程 内 容】 管道架设；管道检验及试验；集中防腐运输。
【工程量计算】 按设计图示中心线长度以延长米计算。不扣除管件及阀门等所占长度，计量单位：m。

7. 隧道（沟、管）内管道（040501007）

【工 程 内 容】 基础铺筑、养护；模板制作、安装、拆除；混凝土拌和、运输、浇筑、养护；管道铺设；管道检测及试验；集中防腐运输。
【工程量计算】 按设计图示中心线长度以延长米计算。不扣除附属构筑物、管件及阀门等所占长度，计量单位：m。

8. 水平导向钻进（040501008）

【工 程 内 容】 设备安装、拆除；定位、成孔；管道接口；拉管；纠偏、监测；泥浆制作、注浆；管道检测及试验；集中防腐运输；泥浆、土方外运。
【工程量计算】 按设计图示长度以延长米计算。扣除附属构筑物（检查井）所占的长度，计量单位：m。

9. 夯管（040501009）

【工 程 内 容】 设备安装、拆除；定位、夯管；管道接口；纠偏、监测；管道检测及试验；集中防腐运输；土方外运。
【工程量计算】 按设计图示长度以延长米计算。扣除附属构筑物（检查井）所占的长度，计量单位：m。

10. 顶（夯）管工作坑（040501010）

【工 程 内 容】 支撑、围护；模板制作、安装、拆除；混凝土拌和、运输、浇筑、养护；工作坑内设备、工作台安装及拆除。
【工程量计算】 按设计图示数量计算，计量单位：座。

11. 预制混凝土工作坑（040501011）

【工 程 内 容】 混凝土工作坑制作；下沉、定位；模板制作、安装、拆除；混凝土拌和、运输、浇筑、养护；工作坑内设备、工作台安装及拆除；混凝土构件运输。
【工程量计算】 按设计图示数量计算，计量单位：座。

12. 顶管（040501012）

【工 程 内 容】 管道顶进；管道接口；中继间、工具管及附属设备安装拆除；管内挖、运土及土方提升；机械顶管设备调向；纠偏、监测；触变泥浆制作、注浆；洞口止水；管道检测及试验；集中防腐运输；泥浆、土方外运。
【工程量计算】 按设计图示长度以延长米计算。扣除附属构筑物（检查井）所占的长度，计量单位：m。

13. 土壤加固（040501013）

【工 程 内 容】 打孔、调浆、灌注。
【工程量计算】 1. 按设计图示加固段长度以延长米计算，计量单位：m。

2. 按设计图示加固段体积以立方米计算，计量单位：m^3。

14. 新旧管连接（040501014）

【工 程 内 容】 切管；钻孔；连接。

【工程量计算】 按设计图示数量计算，计量单位：处。

15. 临时放水管线（040501015）

【工 程 内 容】 管线铺设、拆除。

【工程量计算】 按放水管线长度以延长米计算，不扣除管件、阀门所占长度，计量单位：m。

16. 砌筑方沟（040501016）

【工 程 内 容】 模板制作、安装、拆除；混凝土拌和、运输、浇筑、养护；砌筑；勾缝、抹面；盖板安装；防水、止水；混凝土构件运输。

【工程量计算】 按设计图示尺寸以延长米计算，计量单位：m。

17. 混凝土方沟（040501017）

【工 程 内 容】 模板制作、安装、拆除；混凝土拌和、运输、浇筑、养护；盖板安装；防水、止水；混凝土构件运输。

【工程量计算】 按设计图示尺寸以延长米计算，计量单位：m。

18. 砌筑渠道（040501018）

【工 程 内 容】 模板制作、安装、拆除；混凝土拌和、运输、浇筑、养护；渠道砌筑；勾缝、抹面；防水、止水。

【工程量计算】 按设计图示尺寸以延长米计算，计量单位：m。

19. 混凝土渠道（040501019）

【工 程 内 容】 模板制作、安装、拆除；混凝土拌和、运输、浇筑、养护；防水、止水；混凝土构件运输。

【工程量计算】 按设计图示尺寸以延长米计算，计量单位：m。

20. 警示（示踪）带铺设（040501020）

【工 程 内 容】 铺设。

【工程量计算】 按铺设长度以延长米计算，计量单位：m。

注：1. 管道架空跨越铺设的支架制作、安装及支架基础、垫层应按“支架制作及安装”相关清单项目编码列项。

2. 管道铺设项目中的做法如为标准设计，也可在项目特征中标注标准图集号。

二、管件、阀门及附件安装

1. 铸铁管管件（040502001）

【工 程 内 容】 安装。

【工程量计算】 按设计图示数量计算，计量单位：个。

2. 钢管管件制作、安装（040502002）

【工 程 内 容】 安装、制作。

【工程量计算】 按设计图示数量计算，计量单位：个。

3. 塑料管管件（040502003）

【工 程 内 容】 安装。
【工程量计算】 按设计图示数量计算，计量单位：个。

4. 转换件（040502004）

【工 程 内 容】 安装。
【工程量计算】 按设计图示数量计算，计量单位：个。

5. 阀门（040502005）

【工 程 内 容】 安装。
【工程量计算】 按设计图示数量计算，计量单位：个。

6. 法兰（040502006）

【工 程 内 容】 安装。
【工程量计算】 按设计图示数量计算，计量单位：个。

7. 盲堵板制作、安装（040502007）

【工 程 内 容】 安装、制作。
【工程量计算】 按设计图示数量计算，计量单位：个。

8. 套管制作、安装（040502008）

【工 程 内 容】 安装、制作。
【工程量计算】 按设计图示数量计算，计量单位：个。

9. 水表（040502009）

【工 程 内 容】 安装。
【工程量计算】 按设计图示数量计算，计量单位：个。

10. 消火栓（040502010）

【工 程 内 容】 安装。
【工程量计算】 按设计图示数量计算，计量单位：个。

11. 补偿器（波纹管）（040502011）

【工 程 内 容】 安装。
【工程量计算】 按设计图示数量计算，计量单位：个。

12. 除污器组成、安装（040502012）

【工 程 内 容】 组成、安装。
【工程量计算】 按设计图示数量计算，计量单位：套。

13. 凝水缸（040502013）

【工 程 内 容】 制作；安装。
【工程量计算】 按设计图示数量计算，计量单位：组。

14. 调压器（040502014）

【工 程 内 容】 安装。
【工程量计算】 按设计图示数量计算，计量单位：组。

15. 过滤器（040502015）

【工 程 内 容】 安装。
【工程量计算】 按设计图示数量计算，计量单位：组。

16. 分离器（040502016）

【工 程 内 容】 安装。

【工程量计算】 按设计图示数量计算，计量单位：组。

17. 安全水封（040502017）

【工 程 内 容】 安装。

【工程量计算】 按设计图示数量计算，计量单位：组。

18. 检漏（水）管（040502018）

【工 程 内 容】 安装。

【工程量计算】 按设计图示数量计算，计量单位：组。

注：040502013 项目的“凝水井”应按“管道附属构筑物”相关清单项目编码列项。

三、支架制作及安装

1. 砌筑支墩（040503001）

【工 程 内 容】 模板制作、安装、拆除；混凝土拌和、运输、浇筑、养护；砌筑；勾缝、抹面。

【工程量计算】 按设计图示尺寸以体积计算，计量单位：m^3。

2. 混凝土支墩（040503002）

【工 程 内 容】 模板制作、安装、拆除；混凝土拌和、运输、浇筑、养护；预制混凝土支墩安装；混凝土构件运输。

【工程量计算】 按设计图示尺寸以体积计算，计量单位：m^3。

3. 金属支架制作、安装（040503003）

【工 程 内 容】 模板制作、安装、拆除；混凝土拌和、运输、浇筑、养护；支架制作、安装。

【工程量计算】 按设计图示质量计算，计量单位：t。

4. 金属吊架制作、安装（040503004）

【工 程 内 容】 制作、安装。

【工程量计算】 按设计图示质量计算，计量单位：t。

四、管道附属构筑物

1. 砌筑井（040504001）

【工 程 内 容】 垫层铺筑模板制作、安装、拆除混凝土拌和、运输、浇筑、养护；砌筑、勾缝、抹面；井圈、井盖安装；盖板安装；踏步安装；防水、止水。

【工程量计算】 按设计图示数量计算，计量单位：座。

2. 混凝土井（040504002）

【工 程 内 容】 垫层铺筑；模板制作、安装、拆除；混凝土拌和、运输、浇筑、养护；井圈、井盖安装；盖板安装；踏步安装；防水、止水。

【工程量计算】 按设计图示数量计算，计量单位：座。

3. 塑料检查井（040504003）

【工 程 内 容】 垫层铺筑；模板制作、安装、拆除；混凝土拌和、运输、浇筑、养护；检查井安装；井筒、井圈、井盖安装。

【工程量计算】 按设计图示数量计算，计量单位：座。

4. 砖砌井筒（040504004）

【工 程 内 容】 砌筑、勾缝、抹面；踏步安装。

【工程量计算】 按设计图示尺寸以延长米计算，计量单位：m。

5. 预制混凝土井筒（040504005）

【工 程 内 容】 运输；安装。

【工程量计算】 按设计图示尺寸以延长米计算，计量单位：m。

6. 砌体出水口（040504006）

【工 程 内 容】 垫层铺筑；模板制作、安装、拆除；混凝土拌和、运输、浇筑、养护；砌筑、勾缝、抹面。

【工程量计算】 按设计图示数量计算，计量单位：座。

7. 混凝土出水口（040504007）

【工 程 内 容】 垫层铺筑；模板制作、安装、拆除；混凝土拌和、运输、浇筑、养护。

【工程量计算】 按设计图示数量计算，计量单位：座。

8. 整体化粪池（040504008）

【工 程 内 容】 安装。

【工程量计算】 按设计图示数量计算，计量单位：座。

9. 雨水口（040504009）

【工 程 内 容】 垫层铺筑；模板制作、安装、拆除；混凝土拌和、运输、浇筑、养护；砌筑、勾缝、抹面；雨水箅子安装。

【工程量计算】 按设计图示数量计算，计量单位：座。

注：管道附属构筑物为标准定型附属构筑物时，在项目特征中应标注标准图集编号及页码。

五、其他相关处理方法

1）清单项目所涉及土方工程的内容应按“土石方工程”中相关项目编码列项。

2）刷油、防腐、保温工程、阴极保护及牺牲阳极应按现行国家标准《通用安装工程工程量计算规范》（GB 50856—2013）中附录 M“刷油、防腐蚀、绝热工程”中相关项目编码列项。

3）高压管道及管件、阀门安装，不锈钢管及管件、阀门安装，管道焊缝无损探伤应按现行国家标准《通用安装工程工程量计算规范》（GB 50856—2013）附录 H“工业管道”中相关项目编码列项。

4）管道检验及试验要求应按各专业的施工验收规范及设计要求，对已完管道工程进行的管道吹扫、冲洗消毒、强度试验、严密性试验、闭水试验等内容进行描述。

5）阀门电动机需单独安装，应按现行国家标准《通用安装工程工程量计算规范》（GB 50856—2013）附录 K“给排水、采暖、燃气工程”中相关项目编码列项。

6）雨水口连接管应按“管道铺设”中相关项目编码列项。

第六节　水处理工程

一、水处理构筑物

1. 现浇混凝土沉井井壁及隔墙（040601001）

【工 程 内 容】 垫木铺设；模板制作、安装、拆除；混凝土拌和、运输、浇筑；养护；预留孔封口。

【工程量计算】 按设计图示尺寸以体积计算，计量单位：m^3。

2. 沉井下沉（040601002）

【工 程 内 容】 垫木拆除；挖土；沉井下沉；填充减阻材料；余方弃置。

【工程量计算】 按自然面标高至设计垫层底标高间的高度乘以沉井外壁最大断面面积以体积计算，计量单位：m^3。

3. 沉井混凝土底板（040601003）

【工 程 内 容】 模板制作、安装、拆除；混凝土拌和、运输、浇筑；养护。

【工程量计算】 按设计图示尺寸以体积计算，计量单位：m^3。

4. 沉井内地下混凝土结构（040601004）

【工 程 内 容】 模板制作、安装、拆除；混凝土拌和、运输、浇筑；养护。

【工程量计算】 按设计图示尺寸以体积计算，计量单位：m^3。

5. 沉井混凝土顶板（040601005）

【工 程 内 容】 模板制作、安装、拆除；混凝土拌和、运输、浇筑；养护。

【工程量计算】 按设计图示尺寸以体积计算，计量单位：m^3。

6. 现浇混凝土池底（040601006）

【工 程 内 容】 模板制作、安装、拆除；混凝土拌和、运输、浇筑；养护。

【工程量计算】 按设计图示尺寸以体积计算，计量单位：m^3。

7. 现浇混凝土池壁（隔墙）（040601007）

【工 程 内 容】 模板制作、安装、拆除；混凝土拌和、运输、浇筑；养护。

【工程量计算】 按设计图示尺寸以体积计算，计量单位：m^3。

8. 现浇混凝土池柱（040601008）

【工 程 内 容】 模板制作、安装、拆除；混凝土拌和、运输、浇筑；养护。

【工程量计算】 按设计图示尺寸以体积计算，计量单位：m^3。

9. 现浇混凝土池梁（040601009）

【工 程 内 容】 模板制作、安装、拆除；混凝土拌和、运输、浇筑；养护。

【工程量计算】 按设计图示尺寸以体积计算，计量单位：m^3。

10. 现浇混凝土池盖板（040601010）

【工 程 内 容】 模板制作、安装、拆除；混凝土拌和、运输、浇筑；养护。

【工程量计算】 按设计图示尺寸以体积计算，计量单位：m^3。

11. 现浇混凝土板（040601011）

【工 程 内 容】 模板制作、安装、拆除；混凝土拌和、运输、浇筑；养护。

【工程量计算】 按设计图示尺寸以体积计算，计量单位：m^3。

12. 池槽（040601012）

【工 程 内 容】 模板制作、安装、拆除；混凝土拌和、运输、浇筑；养护；盖板安装；其他材料铺设。

【工程量计算】 按设计图示尺寸以长度计算，计量单位：m。

13. 砌筑导流壁、筒（040601013）

【工 程 内 容】 砌筑；抹面；勾缝。

【工程量计算】 按设计图示尺寸以体积计算，计量单位：m^3。

14. 混凝土导流壁、筒（040601014）

【工 程 内 容】 模板制作、安装、拆除；混凝土拌和、运输、浇筑；养护。

【工程量计算】 按设计图示尺寸以体积计算，计量单位：m^3。

15. 混凝土楼梯（040601015）

【工 程 内 容】 模板制作、安装、拆除；混凝土拌和、运输、浇筑或预制；养护；楼梯安装。

【工程量计算】 1. 以平方米计量，按设计图示尺寸以水平投影面积计算，计量单位：m^2。

2. 以立方米计量，按设计图示尺寸以体积计算，计量单位：m^3。

16. 金属扶梯、栏杆（040601016）

【工 程 内 容】 制作、安装；除锈、防腐、刷油。

【工程量计算】 1. 以吨计量，按设计图示尺寸以质量计算，计量单位：t。

2. 以米计量，按设计图示尺寸以长度计算，计量单位：m。

17. 其他现浇混凝土构件（040601017）

【工 程 内 容】 模板制作、安装、拆除；混凝土拌和、运输、浇筑；养护。

【工程量计算】 按设计图示尺寸以体积计算，计量单位：m^3。

18. 预制混凝土板（040601018）

【工 程 内 容】 模板制作、安装、拆除；混凝土拌和、运输、浇筑；养护；构件安装；接头灌浆；砂浆制作；运输。

【工程量计算】 按设计图示尺寸以体积计算，计量单位：m^3。

19. 预制混凝土槽（040601019）

【工 程 内 容】 模板制作、安装、拆除；混凝土拌和、运输、浇筑；养护；构件安装；接头灌浆；砂浆制作；运输。

【工程量计算】 按设计图示尺寸以体积计算，计量单位：m^3。

20. 预制混凝土支墩（040601020）

【工 程 内 容】 模板制作、安装、拆除；混凝土拌和、运输、浇筑；养护；构件安装；接头灌浆；砂浆制作；运输。

【工程量计算】 按设计图示尺寸以体积计算，计量单位：m^3。

21. 其他预制混凝土构件（040601021）

【工 程 内 容】 模板制作、安装、拆除；混凝土拌和、运输、浇筑；养护；构件安装；接头灌浆；砂浆制作；运输。

【工程量计算】 按设计图示尺寸以体积计算，计量单位：m^3。

22. 滤板（040601022）

【工 程 内 容】 制作；安装。

【工程量计算】 按设计图示尺寸以面积计算，计量单位：m^2。

23. 折板（040601023）

【工 程 内 容】 制作；安装。

【工程量计算】 按设计图示尺寸以面积计算，计量单位：m^2。

24. 壁板（040601024）

【工 程 内 容】 制作；安装。

【工程量计算】 按设计图示尺寸以面积计算，计量单位：m^2。

25. 滤料铺设（040601025）

【工 程 内 容】 铺设。

【工程量计算】 按设计图示尺寸以体积计算，计量单位：m^3。

26. 尼龙网板（040601026）

【工 程 内 容】 制作；安装。

【工程量计算】 按设计图示尺寸以面积计算，计量单位：m^2。

27. 刚性防水（040601027）

【工 程 内 容】 配料；铺筑。

【工程量计算】 按设计图示尺寸以面积计算，计量单位：m^2。

28. 柔性防水（040601028）

【工 程 内 容】 涂、贴、粘、刷防水材料。

【工程量计算】 按设计图示尺寸以面积计算，计量单位：m^2。

29. 沉降（施工）缝（040601029）

【工 程 内 容】 铺、嵌沉降（施工）缝。

【工程量计算】 按设计图示尺寸以长度计算，计量单位：m。

30. 井、池渗漏试验（040601030）

【工 程 内 容】 渗漏试验。

【工程量计算】 按设计图示储水尺寸以体积计算，计量单位：m^3。

注：1. 沉井混凝土地梁工程量，应并入底板内计算。

2. 各类垫层应按“桥涵工程”相关编码列项。

二、水处理设备

1. 格栅（040602001）

【工 程 内 容】 制作；防腐；安装。

【工程量计算】 1. 以吨计量，按设计图示尺寸以质量计算，计量单位：t。

2. 以套计量，按设计图示数量计算，计量单位：套。

2. 格栅除污机（040602002）

【工 程 内 容】 安装；无负荷试运转。

【工程量计算】 按设计图示数量计算，计量单位：台。

3. 滤网清污机（040602003）

【工 程 内 容】 安装；无负荷试运转。
【工程量计算】 按设计图示数量计算，计量单位：台。

4. 压榨机（040602004）

【工 程 内 容】 安装；无负荷试运转。
【工程量计算】 按设计图示数量计算，计量单位：台。

5. 刮砂机（040602005）

【工 程 内 容】 安装；无负荷试运转。
【工程量计算】 按设计图示数量计算，计量单位：台。

6. 吸砂机（040602006）

【工 程 内 容】 安装；无负荷试运转。
【工程量计算】 按设计图示数量计算，计量单位：台。

7. 刮泥机（040602007）

【工 程 内 容】 安装；无负荷试运转。
【工程量计算】 按设计图示数量计算，计量单位：台。

8. 吸泥机（040602008）

【工 程 内 容】 安装；无负荷试运转。
【工程量计算】 按设计图示数量计算，计量单位：台。

9. 刮吸泥机（040602009）

【工 程 内 容】 安装；无负荷试运转。
【工程量计算】 按设计图示数量计算，计量单位：台。

10. 撇渣机（040602010）

【工 程 内 容】 安装；无负荷试运转。
【工程量计算】 按设计图示数量计算，计量单位：台。

11. 砂（泥）水分离器（040602011）

【工 程 内 容】 安装；无负荷试运转。
【工程量计算】 按设计图示数量计算，计量单位：台。

12. 曝气机（040602012）

【工 程 内 容】 安装；无负荷试运转。
【工程量计算】 按设计图示数量计算，计量单位：台。

13. 曝气器（040602013）

【工 程 内 容】 安装；无负荷试运转。
【工程量计算】 按设计图示数量计算，计量单位：个。

14. 布气管（040602014）

【工 程 内 容】 钻孔；安装。
【工程量计算】 按设计图示以长度计算，计量单位：m。

15. 滗水器（040602015）

【工 程 内 容】 安装；无负荷试运转。
【工程量计算】 按设计图示数量计算，计量单位：套。

16. 生物转盘（040602016）

【工 程 内 容】 安装；无负荷试运转。
【工程量计算】 按设计图示数量计算，计量单位：套。

17. 搅拌机（040602017）

【工 程 内 容】 安装；无负荷试运转。
【工程量计算】 按设计图示数量计算，计量单位：台。

18. 推进器（040602018）

【工 程 内 容】 安装；无负荷试运转。
【工程量计算】 按设计图示数量计算，计量单位：台。

19. 加药设备（040602019）

【工 程 内 容】 安装；无负荷试运转。
【工程量计算】 按设计图示数量计算，计量单位：套。

20. 加氯机（040602020）

【工 程 内 容】 安装；无负荷试运转。
【工程量计算】 按设计图示数量计算，计量单位：套。

21. 氯吸收装置（040602021）

【工 程 内 容】 安装；无负荷试运转。
【工程量计算】 按设计图示数量计算，计量单位：套。

22. 水射器（040602022）

【工 程 内 容】 安装；无负荷试运转。
【工程量计算】 按设计图示数量计算，计量单位：个。

23. 管式混合器（040602023）

【工 程 内 容】 安装；无负荷试运转。
【工程量计算】 按设计图示数量计算，计量单位：个。

24. 冲洗装置（040602024）

【工 程 内 容】 安装；无负荷试运转。
【工程量计算】 按设计图示数量计算，计量单位：套。

25. 带式压滤机（040602025）

【工 程 内 容】 安装；无负荷试运转。
【工程量计算】 按设计图示数量计算，计量单位：台。

26. 污泥脱水机（040602026）

【工 程 内 容】 安装；无负荷试运转。
【工程量计算】 按设计图示数量计算，计量单位：台。

27. 污泥浓缩机（040602027）

【工 程 内 容】 安装；无负荷试运转。
【工程量计算】 按设计图示数量计算，计量单位：台。

28. 污泥浓缩脱水一体机（040602028）

【工 程 内 容】 安装；无负荷试运转。
【工程量计算】 按设计图示数量计算，计量单位：台。

29. 污泥输送机（040602029）

【工 程 内 容】 安装；无负荷试运转。

【工程量计算】 按设计图示数量计算，计量单位：台。

30. 污泥切割机（040602030）

【工 程 内 容】 安装；无负荷试运转。

【工程量计算】 按设计图示数量计算，计量单位：台。

31. 闸门（040602031）

【工 程 内 容】 安装；操纵装置安装；调试。

【工程量计算】 1. 以座计量，按设计图示数量计算，计量单位：座。

2. 以吨计量，按设计图示尺寸以质量计算，计量单位：t。

32. 旋转门（040602032）

【工 程 内 容】 安装；操纵装置安装；调试。

【工程量计算】 1. 以座计量，按设计图示数量计算，计量单位：座。

2. 以吨计量，按设计图示尺寸以质量计算，计量单位：t。

33. 堰门（040602033）

【工 程 内 容】 安装；操纵装置安装；调试。

【工程量计算】 1. 以座计量，按设计图示数量计算，计量单位：座。

2. 以吨计量，按设计图示尺寸以质量计算，计量单位：t。

34. 拍门（040602034）

【工 程 内 容】 安装；操纵装置安装；调试。

【工程量计算】 1. 以座计量，按设计图示数量计算，计量单位：座。

2. 以吨计量，按设计图示尺寸以质量计算，计量单位：t。

35. 启闭机（040602035）

【工 程 内 容】 安装；操纵装置安装；调试。

【工程量计算】 按设计图示数量计算，计量单位：台。

36. 升杆式铸铁泥阀（040602036）

【工 程 内 容】 安装；操纵装置安装；调试。

【工程量计算】 按设计图示数量计算，计量单位：座。

37. 平底盖闸（040602037）

【工 程 内 容】 安装；操纵装置安装；调试。

【工程量计算】 按设计图示数量计算，计量单位：座。

38. 集水槽（040602038）

【工 程 内 容】 安装；操纵装置安装；调试。

【工程量计算】 按设计图示尺寸以面积计算，计量单位：m^2。

39. 堰板（040602039）

【工 程 内 容】 安装；操纵装置安装；调试。

【工程量计算】 按设计图示尺寸以面积计算，计量单位：m^2。

40. 斜板（040602040）

【工 程 内 容】 制作；安装。

【工程量计算】 按设计图示尺寸以面积计算，计量单位：m^2。

41. 斜管（040602041）

【工 程 内 容】 制作；安装。

【工程量计算】 按设计图示以长度计算，计量单位：m。

42. 紫外线消毒设备（040602042）

【工 程 内 容】 安装；无负荷试运转。

【工程量计算】 按设计图示数量计算，计量单位：套。

43. 臭氧消毒设备（040602043）

【工 程 内 容】 安装；无负荷试运转。

【工程量计算】 按设计图示数量计算，计量单位：套。

44. 除臭设备（040602044）

【工 程 内 容】 安装；无负荷试运转。

【工程量计算】 按设计图示数量计算，计量单位：套。

45. 膜处理设备（040602045）

【工 程 内 容】 安装；无负荷试运转。

【工程量计算】 按设计图示数量计算，计量单位：套。

46. （040602046）在线水质检测设备

【工 程 内 容】 安装；无负荷试运转。

【工程量计算】 按设计图示数量计算，计量单位：套。

三、其他相关处理方法

1）水处理工程中建筑物应按现行国家标准《房屋建筑和装饰工程工程量计算规范》（GB 50854—2013）中相关项目编码列项，园林绿化项目应按现行国家标准《园林绿化工程工程量计算规范》（GB 50858—2013）中相关项目编码列项。

2）本节清单项目工作内容中均未包括土石方开挖、回填夯实等内容，发生时应按“土石方工程”中相关项目编码列项。

3）本节设备安装工程只列了水处理工程专用设备的项目，各类仪表、泵、阀门等标准、定型设备应按现行国家标准《通用安装工程工程量计算规范》（GB 50856—2013）中相关项目编码列项。

第七节　生活垃圾处理工程

一、垃圾卫生填埋

1. 场地平整（040701001）

【工 程 内 容】 找坡、平整；压实。

【工程量计算】 按设计图示尺寸以面积计算，计量单位：m^2。

2. 垃圾坝（040701002）

【工 程 内 容】 模板制作、安装、拆除；地基处理；摊铺、夯实、碾压、整形、修坡；砌筑、填缝、铺浆；浇筑混凝土；沉降缝；养护。

【工程量计算】 按设计图示尺寸以体积计算，计量单位：m^3。

3. 压实黏土防渗层（040701003）

【工 程 内 容】 填筑、平整；压实。

【工程量计算】 按设计图示尺寸以面积计算，计量单位：m^2。

4. 高密度聚乙烯（HDPD）膜（040701004）

【工 程 内 容】 裁剪；铺设；连（搭）接。

【工程量计算】 按设计图示尺寸以面积计算，计量单位：m^2。

5. 钠基膨润土防水毯（GCL）（040701005）

【工 程 内 容】 裁剪；铺设；连（搭）接。

【工程量计算】 按设计图示尺寸以面积计算，计量单位：m^2。

6. 土工合成材料（040701006）

【工 程 内 容】 裁剪；铺设；连（搭）接。

【工程量计算】 按设计图示尺寸以面积计算，计量单位：m^2。

7. 袋装土保护层（040701007）

【工 程 内 容】 运输；土装袋；铺设或铺筑；袋装土放置。

【工程量计算】 按设计图示尺寸以面积计算，计量单位：m^2。

8. 帷幕灌浆垂直防渗（040701008）

【工 程 内 容】 钻孔；清孔；压力注浆。

【工程量计算】 按设计图示尺寸以长度计算，计量单位：m。

9. 碎（卵）石导流层（040701009）

【工 程 内 容】 运输、铺筑。

【工程量计算】 按设计图示尺寸以体积计算，计量单位：m^3。

10. 穿孔管铺设（040701010）

【工 程 内 容】 铺设；连接；管件安装。

【工程量计算】 按设计图示尺寸以长度计算，计量单位：m。

11. 无孔管铺设（040701011）

【工 程 内 容】 铺设；连接；管件安装。

【工程量计算】 按设计图示尺寸以长度计算，计量单位：m。

12. 盲沟（040701012）

【工 程 内 容】 垫层、粒料铺筑；管材铺设、连接；粒料填充；外层材料包裹。

【工程量计算】 按设计图示尺寸以长度计算，计量单位：m。

13. 导气石笼（040701013）

【工 程 内 容】 外层材料包裹；导气管铺设；石料填充。

【工程量计算】 1. 以米计量，按设计图示尺寸以长度计算，计量单位：m。

2. 以座计量，按设计图示数量计算，计量单位：座。

14. 浮动覆盖膜（040701014）

【工 程 内 容】 浮动膜安装；布置重力压管；四周锚固。

【工程量计算】 按设计图示尺寸以面积计算，计量单位：m^2。

15. 燃烧火炬装置（040701015）

【工 程 内 容】 浇筑混凝土；安装；调试。
【工程量计算】 按设计图示数量计算，计量单位：套。

16. 监测井（040701016）
【工 程 内 容】 钻孔；井筒安装；填充滤料。
【工程量计算】 按设计图示数量计算，计量单位：口。

17. 堆体整形处理（040701017）
【工 程 内 容】 挖、填及找坡；边坡整形；压实。
【工程量计算】 按设计图示尺寸以面积计算，计量单位：m^2。

18. 覆盖植被层（040701018）
【工 程 内 容】 铺筑；压实。
【工程量计算】 按设计图示尺寸以面积计算，计量单位：m^2。

19. 防风网（040701019）
【工 程 内 容】 安装。
【工程量计算】 按设计图示尺寸以面积计算，计量单位：m^2。

20. 垃圾压缩设备（040701020）
【工 程 内 容】 安装、调试。
【工程量计算】 按设计图示数量计算，计量单位：套。

注：1. 边坡处理应按“桥涵工程”中相关项目编码列项。
2. 填埋场渗沥液处理系统应按“水处理工程”中相关项目编码列项。

二、垃圾焚烧

1. 汽车衡（040702001）
【工 程 内 容】 安装；调试。
【工程量计算】 按设计图示数量计算，计量单位：台。

2. 自动感应洗车装置（040702002）
【工 程 内 容】 安装；调试。
【工程量计算】 按设计图示数量计算，计量单位：套。

3. 破碎机（040702003）
【工 程 内 容】 安装；调试。
【工程量计算】 按设计图示数量计算，计量单位：台。

4. 垃圾卸料门（040702004）
【工 程 内 容】 按设计图示尺寸以面积计算，计量单位：m^2。
【工程量计算】 安装；调试。

5. 垃圾抓斗起重机（040702005）
【工 程 内 容】 安装；调试。
【工程量计算】 按设计图示数量计算，计量单位：套。

6. 焚烧炉体（040702006）
【工 程 内 容】 安装；调试。
【工程量计算】 按设计图示数量计算，计量单位：套。

三、其他相关处理方法

1）垃圾处理工程中的建筑物、园林绿化等应按相关专业计量规范清单项目编码列项。

2）清单项目工作内容中均未包括“土石方开挖、回填夯实”等，应按“土石方工程”中相关项目编码列项。

3）本节设备安装工程只列了垃圾处理工程专用设备的项目，其余如除尘装置、除渣设备、烟气净化设备、飞灰固化设备、发电设备及各类风机、仪表、泵、阀门等标准、定型设备等应按现行国家标准《通用安装工程工程量计算规范》（GB 50856—2013）中相关项目编码列项。

第八节　路灯工程

一、变配电设备工程

1. 杆上变压器（040801001）

【工 程 内 容】 支架制作、安装；本体安装；油过滤；干燥；网门、保护门制作、安装；补刷（喷）油漆；接地。

【工程量计算】 按设计图示数量计算，计量单位：台。

2. 地上变压器（040801002）

【工 程 内 容】 基础制作、安装；本体安装；油过滤；干燥；网门、保护门制作、安装；补刷（喷）油漆；接地。

【工程量计算】 按设计图示数量计算，计量单位：台。

3. 组合型成套箱式变电站（040801003）

【工 程 内 容】 基础制作、安装；本体安装；进箱母线安装；补刷（喷）油漆；接地。

【工程量计算】 按设计图示数量计算，计量单位：台。

4. 高压成套配电柜（040801004）

【工 程 内 容】 基础制作、安装；本体安装；补刷（喷）油漆；接地。

【工程量计算】 按设计图示数量计算，计量单位：台。

5. 低压成套控制柜（040801005）

【工 程 内 容】 基础制作、安装；本体安装；附件安装；焊、压接线端子；端子接线；补刷（喷）油漆；接地。

【工程量计算】 按设计图示数量计算，计量单位：台。

6. 落地式控制箱（040801006）

【工 程 内 容】 基础制作、安装；本体安装；附件安装；焊、压接线端子；端子接线；补刷（喷）油漆；接地。

【工程量计算】 按设计图示数量计算，计量单位：台。

7. 杆上控制箱（040801007）

【工 程 内 容】 支架制作、安装；本体安装；附件安装；焊、压接线端子；端子接线；进出线管管架安装；补刷（喷）油漆；接地。

【工程量计算】 按设计图示数量计算，计量单位：台。

8. 杆上配电箱（040801008）

【工 程 内 容】 支架制作、安装；本体安装；焊、压接线端子；端子接线；补刷（喷）油漆；接地。

【工程量计算】 按设计图示数量计算，计量单位：台。

9. 悬挂嵌入式配电箱（040801009）

【工 程 内 容】 支架制作、安装；本体安装；焊、压接线端子；端子接线；补刷（喷）油漆；接地。

【工程量计算】 按设计图示数量计算，计量单位：台。

10. 落地式配电箱（040801010）

【工 程 内 容】 支架制作、安装；本体安装；焊、压接线端子；端子接线；补刷（喷）油漆；接地。

【工程量计算】 按设计图示数量计算，计量单位：台。

11. 控制屏（040801011）

【工 程 内 容】 基础制作、安装；本体安装；端子板安装；焊、压接线端子；盘柜配线、端子接线；小母线安装；屏边安装；补刷（喷）油漆；接地。

【工程量计算】 按设计图示数量计算，计量单位：台。

12. 继电、信号屏（040801012）

【工 程 内 容】 基础制作、安装；本体安装；端子板安装；焊、压接线端子；盘柜配线、端子接线；小母线安装；屏边安装；补刷（喷）油漆；接地。

【工程量计算】 按设计图示数量计算，计量单位：台。

13. 低压开关柜（配电屏）（040801013）

【工 程 内 容】 基础制作、安装；本体安装；端子板安装；焊、压接线端子；盘柜配线、端子接线；屏边安装；补刷（喷）油漆；接地。

【工程量计算】 按设计图示数量计算，计量单位：台。

14. 弱电控制返回屏（040801014）

【工 程 内 容】 基础制作、安装；本体安装；端子板安装；焊、压接线端子；盘柜配线、端子接线；小母线安装；屏边安装；补刷（喷）油漆；接地。

【工程量计算】 按设计图示数量计算，计量单位：台。

15. 控制台（040801015）

【工 程 内 容】 基础制作、安装；本体安装；端子板安装；焊、压接线端子；盘柜配线、端子接线；小母线安装；补刷（喷）油漆；接地。

【工程量计算】 按设计图示数量计算，计量单位：台。

16. 电力电容器（040801016）

【工 程 内 容】 本体安装、调试；接线；接地。

【工程量计算】 按设计图示数量计算，计量单位：个。

17. 跌落式熔断器（040801017）

【工 程 内 容】 本体安装、调试；接线；接地。

【工程量计算】 按设计图示数量计算，计量单位：组。

18. 避雷器（040801018）

【工程内容】 本体安装、调试；接线；补刷（喷）油漆；接地。

【工程量计算】 按设计图示数量计算，计量单位：组。

19. 低压熔断器（040801019）

【工程内容】 本体安装；焊、压接线端子；接线。

【工程量计算】 按设计图示数量计算，计量单位：个。

20. 隔离开关（040801020）

【工程内容】 本体安装、调试；接线；补刷（喷）油漆；接地。

【工程量计算】 按设计图示数量计算，计量单位：组。

21. 负荷开关（040801021）

【工程内容】 本体安装、调试；接线；补刷（喷）油漆；接地。

【工程量计算】 按设计图示数量计算，计量单位：组。

22. 真空断路器（040801022）

【工程内容】 本体安装、调试；接线；补刷（喷）油漆；接地。

【工程量计算】 按设计图示数量计算，计量单位：台。

23. 限位开关（040801023）

【工程内容】 本体安装；焊、压接线端子；接线。

【工程量计算】 按设计图示数量计算，计量单位：个。

24. 控制器（040801024）

【工程内容】 本体安装；焊、压接线端子；接线。

【工程量计算】 按设计图示数量计算，计量单位：台。

25. 接触器（040801025）

【工程内容】 本体安装；焊、压接线端子；接线。

【工程量计算】 按设计图示数量计算，计量单位：台。

26. 磁力启动器（040801026）

【工程内容】 本体安装；焊、压接线端子；接线。

【工程量计算】 按设计图示数量计算，计量单位：台。

27. 分流器（040801027）

【工程内容】 本体安装；焊、压接线端子；接线。

【工程量计算】 按设计图示数量计算，计量单位：个。

28. 小电器（040801028）

【工程内容】 本体安装；焊、压接线端子；接线。

【工程量计算】 按设计图示数量计算，计量单位：个（套、台）。

29. 照明开关（040801029）

【工程内容】 本体安装；接线。

【工程量计算】 按设计图示数量计算，计量单位：个。

30. 插座（040801030）

【工程内容】 本体安装；接线。

【工程量计算】 按设计图示数量计算，计量单位：个。

31. 线缆断线报警装置（040801031）

【工 程 内 容】 本体安装、调试；接线。

【工程量计算】 按设计图示数量计算，计量单位：套。

32. 铁构件制作、安装（040801032）

【工 程 内 容】 制作；安装；补刷（喷）油漆。

【工程量计算】 按设计图示尺寸以质量计算，计量单位：kg。

33. 其他电器（040801033）

【工 程 内 容】 本体安装；接线。

【工程量计算】 按设计图示数量计算，计量单位：个（套、台）。

注：1. 小电器包括按钮、测量表计、继电器、电磁锁、屏上辅助设备、辅助电压互感器、小型安全变压器等。

2. 其他电器安装指未列的电器项目，必须根据电器实际名称确定项目名称。明确描述项目特征、计量单位、工程量计算规则、工作内容。

3. 铁构件制作、安装适用于路灯工程的各种支架、铁构件的制作、安装。

4. 设备安装未包括地脚螺栓安装、浇筑（二次灌浆、抹面），如需安装应按现行国家标准《房屋建筑与装饰工程工程量计算规范》（GB 50854—2013）中相关项目编码列项。

5. 盘、箱、柜的外部进出线预留长度见表 11－5。

二、10kV 以下架空线路工程

1. 电杆组立（040802001）

【工 程 内 容】 工地运输；垫层、基础浇筑；底盘、拉盘、卡盘安装；电杆组立；电杆防腐；拉线制作、安装；引下线支架安装。

【工程量计算】 按设计图示数量计算，计量单位：根。

2. 横担组装（040802002）

【工 程 内 容】 横担安装；瓷瓶、金具组装。

【工程量计算】 按设计图示数量计算，计量单位：组。

3. 导线架设（040802003）

【工 程 内 容】 工地运输；导线架设；导线跨越及进户线架设。

【工程量计算】 按设计图示尺寸另加预留量以单线长度计算，计量单位：km。

注：导线架设预留长度见表 10-6。

三、电缆工程

1. 电缆（040803001）

【工 程 内 容】 揭（盖）盖板；电缆敷设。

【工程量计算】 按设计图示尺寸另加预留及附加量以长度计算，计量单位：m。

2. 电缆保护管（040803002）

【工 程 内 容】 保护管敷设；过路管加固。

【工程量计算】 按设计图示尺寸以长度计算，计量单位：m。

3. 电缆排管（040803003）

【工 程 内 容】 垫层、基础浇筑；排管敷设。

【工程量计算】 按设计图示尺寸以长度计算，计量单位：m。

4. 管道包封（040803004）

【工 程 内 容】 灌注；养护。

【工程量计算】 按设计图示尺寸以长度计算，计量单位：m。

5. 电缆终端头（040803005）

【工 程 内 容】 制作；安装；接地。

【工程量计算】 按设计图示数量计算，计量单位：个。

6. 电缆中间头（040803006）

【工 程 内 容】 制作；安装；接地。

【工程量计算】 按设计图示数量计算，计量单位：个。

7. 铺砂、盖保护板（砖）（040803007）

【工 程 内 容】 铺砂；盖保护板（砖）。

【工程量计算】 按设计图示尺寸以长度计算，计量单位：m。

注：1. 电缆穿刺线夹按电缆中间头编码列项。

2. 电缆保护管敷设方式清单项目特征描述时应区分直埋保护管、过路保护管。

3. 顶管敷设应按“管道铺设”中相关项目编码列项。

4. 电缆井应按“管道附属构筑物”中相关项目编码列项，如有防盗要求的应在项目特征中描述。

5. 电缆敷设预留量及附加长度见表10-7。

四、配管、配线工程

1. 配管（040804001）

【工 程 内 容】 预留沟槽；钢索架设（拉紧装置安装）；电线管路敷设；接地。

【工程量计算】 按设计图示尺寸以长度计算，计量单位：m。

2. 配线（040804002）

【工 程 内 容】 钢索架设（拉紧装置安装）；支持体（绝缘子等）安装；配线。

【工程量计算】 按设计图示尺寸另加预留量以单线长度计算，计量单位：m。

3. 接线箱（040804003）

【工 程 内 容】 本体安装。

【工程量计算】 按设计图示数量计算，计量单位：个。

4. 接线盒（040804004）

【工 程 内 容】 本体安装。

【工程量计算】 按设计图示数量计算，计量单位：个。

5. 带形母线（040804005）

【工 程 内 容】 支持绝缘子安装及耐压试验；穿通板制作、安装；母线安装；引下线安装；伸缩节安装；过渡板安装；拉紧装置安装；刷分相漆。

【工程量计算】 按设计图示尺寸另加预留量以单相长度计算，计量单位：m。

注：1. 配管安装不扣除管路中间的接线箱（盒）、灯头盒、开关盒所占长度。

2. 配管名称指电线管、钢管、塑料管等。

3. 配管配置形式指明、暗配、钢结构支架、钢索配管、埋地敷设、水下敷设、砌筑沟内敷设等。

4. 配线名称指管内穿线、塑料护套配线等。

5. 配线形式指照明线路、木结构、砖、混凝土结构、沿钢索等。

6. 配线进入箱、柜、板的预留长度见表10-8，母线配置安装的预留长度见表10-9。

五、照明器具安装工程

1. 常规照明灯（040805001）

【工 程 内 容】 垫层铺筑；基础制作、安装；立灯杆；杆座制作、安装；灯架制作、安装；灯具附件安装；焊、压接线端子；接线；补刷（喷）油漆；灯杆编号；接地；试灯。

【工程量计算】 按设计图示数量计算，计量单位：套。

2. 中杆照明灯（040805002）

【工 程 内 容】 垫层铺筑；基础制作、安装；立灯杆；杆座制作、安装；灯架制作、安装；灯具附件安装；焊、压接线端子；接线；补刷（喷）油漆；灯杆编号；接地；试灯。

【工程量计算】 按设计图示数量计算，计量单位：套。

3. 高杆照明灯（040805003）

【工 程 内 容】 垫层铺筑；基础制作、安装；立灯杆；杆座制作、安装；灯架制作、安装；灯具附件安装；焊、压接线端子；接线；补刷（喷）油漆；灯杆编号；升降机构接线调试；接地；试灯。

【工程量计算】 按设计图示数量计算，计量单位：套。

4. 景观照明灯（040805004）

【工 程 内 容】 灯具安装；焊、压接线端子；接线；补刷（喷）油漆；接地；试灯。

【工程量计算】 1. 以套计量，按设计图示数量计算，计量单位：套。

2. 以米计量，按设计图示尺寸以延长米计算，计量单位：m。

5. 桥栏杆照明灯（040805005）

【工 程 内 容】 灯具安装；焊、压接线端子；接线；补刷（喷）油漆；接地；试灯。

【工程量计算】 按设计图示数量计算，计量单位：套。

6. 地道涵洞照明灯（040805006）

【工 程 内 容】 灯具安装；焊、压接线端子；接线；补刷（喷）油漆；接地；试灯。

【工程量计算】 按设计图示数量计算，计量单位：套。

注：1. 常规照明灯是指安装在高度≤15m的灯杆上的照明器具。

2. 中杆照明灯是指安装在高度≤19m的灯杆上的照明器具。

3. 高杆照明灯是指安装在高度>19m的灯杆上的照明器具。

4. 景观照明灯是指利用不同的造型、相异的光色与亮度来造景的照明器具。

六、防雷接地装置工程

1. 接地极（040506001）

【工 程 内 容】 接地极（板、桩）制作、安装；补刷（喷）油漆。

【工程量计算】 按设计图示数量计算，计量单位：根（块）。

2. 接地母线（040506002）

【工 程 内 容】 接地母线制作、安装；补刷（喷）油漆。
【工程量计算】 按设计图示尺寸另加附加量以长度计算，计量单位：m。

3. 避雷引下线（040506003）

【工 程 内 容】 避雷引下线制作、安装；断接卡子、箱制作、安装；补刷（喷）油漆。
【工程量计算】 按设计图示尺寸另加附加量以长度计算，计量单位：m。

4. 避雷针（040506004）

【工 程 内 容】 本体安装；跨接；补刷（喷）油漆。
【工程量计算】 按设计图示数量计算，计量单位：套（基）。

5. 降阻剂（040506005）

【工 程 内 容】 施放降阻剂。
【工程量计算】 按设计图示数量以质量计算，计量单位：kg。

注：接地母线、引下线附加长度见表 10-9。

七、电气调整工程

1. 变压器系统调试（040807001）

【工 程 内 容】 系统调试。
【工程量计算】 按设计图示数量计算，计量单位：系统。

2. 供电系统调试（040807002）

【工 程 内 容】 系统调试。
【工程量计算】 按设计图示数量计算，计量单位：系统。

3. 接地装置调试（040807003）

【工 程 内 容】 接地电阻测试。
【工程量计算】 按设计图示数量计算，计量单位：系统（组）。

4. 电缆试验（040807004）

【工 程 内 容】 试验。
【工程量计算】 按设计图示数量计算，计量单位：次（根、点）。

八、其他相关处理方法

1）垃圾处理工程中的建筑物、园林绿化等应按相关专业计量规范清单项目编码列项。

2）清单项目工作内容中均未包括“土石方开挖、回填夯实”等，应按“土石方工程”中相关项目编码列项。

3）本节设备安装工程只列了垃圾处理工程专用设备的项目，其余如除尘装置、除渣设备、烟气净化设备、飞灰固化设备、发电设备及各类风机、仪表、泵、阀门等标准、定型设备等应按现行国家标准《通用安装工程工程量计算规范》（GB 50856—2013）中相关项目编码列项。

九、附表

表 10-5　盘、箱、柜的外部进出电线预留长度

序号	项　　目	预留长度（m/根）	说　明
1	各种箱、柜、盘、板、盒	高＋宽	盘面尺寸

续表

序号	项　　目	预留长度（m/根）	说　明
2	单独安装的铁壳开关、自动开关、刀开关、启动器、箱式电阻器、变阻器	0.5	从安装对象中心算起
3	继电器、控制开关、信号灯、按钮、熔断器等小电器	0.3	
4	分支接头	0.2	分支线预留

表 10-6　架空导线预留长度

项　　目		预留长度（m/根）
高压	转角	2.5
	分支、终端	2.0
低压	分支、终端	0.5
	交叉跳线转角	1.5
与设备连线		0.5
进户线		2.5

表 10-7　电缆敷设预留量及附加长度

序号	项　　目	预留（附加）长度（m）	说　明
1	电缆敷设弛度、波形弯度、交叉	2.5%	按电缆全长计算
2	电缆进入建筑物	2.0	规范规定最小值
3	电缆进入沟内或吊架时引上（下）预留	1.5	规范规定最小值
4	变电所进线、出线	1.5	规范规定最小值
5	电力电缆终端头	1.5	检修余量最小值
6	电缆中间接头盒	两端各留 2.0	检修余量最小值
7	电缆进控制、保护屏及模拟盘等	高 + 宽	按盘面尺寸
8	高压开关柜及低压配电盘、箱	2.0	盘下进出线
9	电缆至电动机	0.5	从电动机接线盒算起
10	厂用变压器	3.0	从地坪算起
11	电缆绕过梁柱等增加长度	按实计算	按被绕物的断面情况计算增加长度

表 10-8　配线进入箱、柜、板的预留长度（每一根线）

序号	项　　目	预留长度（m）	说　明
1	各种开关箱、柜、板	高 + 宽	盘面尺寸
2	单独安装（无箱、盘）的铁壳开关、闸刀开关、启动器、线槽进出线盒等	0.3	从安装对象中心算起
3	由地面管子出口引至动力接线箱	1.0	从管口计算
4	电源与管内导线连接（管内穿线与软、硬、母线接点）	1.5	从管口计算

表 10-9　母线配制安装预留长度

序号	项　　目	预留长度（m）	说　明
1	带形母线终端	0.3	从最后一个支持点算起
2	带形母线与分支线连接	0.5	分支线预留
3	带形母线与设备连接	0.5	从设备端子接口算起
4	接地母线、引下线附加长度	3.9%	按接地母线、引下线全长计算

第九节　钢筋与拆除工程

一、钢筋工程

1. 现浇构件钢筋（040901001）

【工 程 内 容】 制作；运输；安装。

【工程量计算】 按设计图示尺寸以质量计算，计量单位：t。

2. 预制构件钢筋（040901002）

【工 程 内 容】 制作；运输；安装。

【工程量计算】 按设计图示尺寸以质量计算，计量单位：t。

3. 钢筋网片（040901003）

【工 程 内 容】 制作；运输；安装。

【工程量计算】 按设计图示尺寸以质量计算，计量单位：t。

4. 钢筋笼（040901004）

【工 程 内 容】 制作；运输；安装。

【工程量计算】 按设计图示尺寸以质量计算，计量单位：t。

5. 先张法预应力钢筋（钢丝、钢绞线）（040901005）

【工 程 内 容】 张拉台座制作、安装、拆除；预应力筋制作、张拉。

【工程量计算】 按设计图示尺寸以质量计算，计量单位：t。

6. 后张法预应力钢筋（钢丝束、钢绞线）（040901006）

【工 程 内 容】 预应力筋孔道制作、安装；锚具安装；预应力筋制作、张拉；安装压浆管道；孔道压浆。

【工程量计算】 按设计图示尺寸以质量计算，计量单位：t。

7. 型钢（040901007）

【工 程 内 容】 制作；运输；安装、定位。

【工程量计算】 按设计图示尺寸以质量计算，计量单位：t。

8. 植筋（040901008）

【工 程 内 容】 定位、钻孔、清孔；钢筋加工成型；注胶、植筋；抗拔试验；养护。

【工程量计算】 按设计图示数量计算，计量单位：根。

9. 预埋铁件（040901009）

【工 程 内 容】 制作；运输；安装。

【工程量计算】 按设计图示尺寸以质量计算，计量单位：t。

10. 高强螺栓（040901010）

【工 程 内 容】 制作；运输；安装。

【工程量计算】 1. 按设计图示尺寸以质量计算，计量单位：t。

2. 按设计图示数量计算，计量单位：套。

注：1. 现浇构件中伸出构件的锚固钢筋、预制构件的吊钩和固定位置的支撑钢筋等，应并入钢筋工程量内。除设计标明的搭接外，其他施工搭接不计算工程量，由投标人在报价中综合考虑。

2. “钢筋工程”所列“型钢”是指劲性骨架的型钢部分。

3. 凡型钢与钢筋组合（除预埋铁件外）的钢格栅，应分别列项。

二、拆除工程

1. 拆除路面（041001001）

【工 程 内 容】 拆除、清理；运输。

【工程量计算】 按拆除部位以面积计算，计量单位：m^2。

2. 拆除人行道（041001002）

【工 程 内 容】 拆除、清理；运输。

【工程量计算】 按拆除部位以面积计算，计量单位：m^2。

3. 拆除基层（041001003）

【工 程 内 容】 拆除、清理；运输。

【工程量计算】 按拆除部位以面积计算，计量单位：m^2。

4. 铣刨路面（041001004）

【工 程 内 容】 拆除、清理；运输。

【工程量计算】 按拆除部位以面积计算，计量单位：m^2。

5. 拆除侧、平（缘）石（041001005）

【工 程 内 容】 拆除、清理；运输。

【工程量计算】 按拆除部位以延长米计算，计量单位：m。

6. 拆除管道（041001006）

【工 程 内 容】 拆除、清理；运输。

【工程量计算】 按拆除部位以延长米计算，计量单位：m。

7. 拆除砖石结构（041001007）

【工 程 内 容】 拆除、清理；运输。

【工程量计算】 按拆除部位以体积计算，计量单位：m^3。

8. 拆除混凝土结构（041001008）

【工 程 内 容】 拆除、清理；运输。

【工程量计算】 按拆除部位以体积计算，计量单位：m^3。

9. 拆除井（041001009）

【工 程 内 容】 拆除、清理；运输。

【工程量计算】 按拆除部位以数量计算，计量单位：座。

10. 拆除电杆（041001010）

【工 程 内 容】 拆除、清理；运输。
【工程量计算】 按拆除部位以数量计算，计量单位：根。

11. 拆除管片（041001011）

【工 程 内 容】 拆除、清理；运输。
【工程量计算】 按拆除部位以数量计算，计量单位：处。

注：1. 拆除路面、人行道及管道清单项目的工作内容中均不包括基础及垫层拆除，发生时按本章相应清单项目编码列项。
2. 伐树、挖树蔸应按现行国家标准《园林绿化工程工程量计算规范》（GB 50858—2013）中相应清单项目编码列项。

第十节 措施项目

一、脚手架工程

1. 墙面脚手架（041101001）

【工 程 内 容】 清理场地；搭设、拆除脚手架、安全网；材料场内外运输。
【工程量计算】 按墙面水平边线长度乘以墙面砌筑高度计算，计量单位：m^2。

2. 柱面脚手架（041101002）

【工 程 内 容】 清理场地；搭设、拆除脚手架、安全网；材料场内外运输。
【工程量计算】 按柱结构外围周长乘以柱砌筑高度计算，计量单位：m^2。

3. 仓面脚手架（041101003）

【工 程 内 容】 清理场地；搭设、拆除脚手架、安全网；材料场内外运输。
【工程量计算】 按仓面水平面积计算，计量单位：m^2。

4. 沉井脚手架（041101004）

【工 程 内 容】 清理场地；搭设、拆除脚手架、安全网；材料场内外运输。
【工程量计算】 按井壁中心线周长乘以井高计算，计量单位：m^2。

5. 井字架（041101005）

【工 程 内 容】 清理场地；搭、拆井字架；材料场内外运输。
【工程量计算】 按设计图示数量计算，计量单位：座。

注：各类井的井深按井底基础以上至井盖顶的高度计算。

二、混凝土模板及支架

1. 垫层模板（041102001）

【工 程 内 容】 模板制作、安装、拆除、整理、堆放；模板粘接物及模内杂物清理、刷隔离剂；模板场内外运输及维修。
【工程量计算】 按混凝土与模板接触面的面积计算，计量单位：m^2。

2. 基础模板（041102002）

【工 程 内 容】 模板制作、安装、拆除、整理、堆放；模板粘接物及模内杂物清理、刷隔离剂；模板场内外运输及维修。

【工程量计算】 按混凝土与模板接触面的面积计算，计量单位：m^2。

3. 承台（041102003）

【工 程 内 容】 模板制作、安装、拆除、整理、堆放；模板粘接物及模内杂物清理、刷隔离剂；模板场内外运输及维修。

【工程量计算】 按混凝土与模板接触面的面积计算，计量单位：m^2。

4. 墩（台）帽模板（041102004）

【工 程 内 容】 模板制作、安装、拆除、整理、堆放；模板粘接物及模内杂物清理、刷隔离剂；模板场内外运输及维修。

【工程量计算】 按混凝土与模板接触面的面积计算，计量单位：m^2。

5. 墩（台）身模板（041102005）

【工 程 内 容】 模板制作、安装、拆除、整理、堆放；模板粘接物及模内杂物清理、刷隔离剂；模板场内外运输及维修。

【工程量计算】 按混凝土与模板接触面的面积计算，计量单位：m^2。

6. 支撑梁及横梁模板（041102006）

【工 程 内 容】 模板制作、安装、拆除、整理、堆放；模板粘接物及模内杂物清理、刷隔离剂；模板场内外运输及维修。

【工程量计算】 按混凝土与模板接触面的面积计算，计量单位：m^2。

7. 墩（台）盖梁模板（041102007）

【工 程 内 容】 模板制作、安装、拆除、整理、堆放；模板粘接物及模内杂物清理、刷隔离剂；模板场内外运输及维修。

【工程量计算】 按混凝土与模板接触面的面积计算，计量单位：m^2。

8. 拱桥拱座模板（041102008）

【工 程 内 容】 模板制作、安装、拆除、整理、堆放；模板粘接物及模内杂物清理、刷隔离剂；模板场内外运输及维修。

【工程量计算】 按混凝土与模板接触面的面积计算，计量单位：m^2。

9. 拱桥拱肋模板（041102009）

【工 程 内 容】 模板制作、安装、拆除、整理、堆放；模板粘接物及模内杂物清理、刷隔离剂；模板场内外运输及维修。

【工程量计算】 按混凝土与模板接触面的面积计算，计量单位：m^2。

10. 拱上构件模板（041102010）

【工 程 内 容】 模板制作、安装、拆除、整理、堆放；模板粘接物及模内杂物清理、刷隔离剂；模板场内外运输及维修。

【工程量计算】 按混凝土与模板接触面的面积计算，计量单位：m^2。

11. 箱梁模板（041102011）

【工 程 内 容】 模板制作、安装、拆除、整理、堆放；模板粘接物及模内杂物清理、刷隔离剂；模板场内外运输及维修。

【工程量计算】 按混凝土与模板接触面的面积计算，计量单位：m^2。

12. 柱模板（041102012）

【工 程 内 容】 模板制作、安装、拆除、整理、堆放；模板粘接物及模内杂物清理、刷隔离剂；模板场内外运输及维修。

【工程量计算】 按混凝土与模板接触面的面积计算，计量单位：m^2。

13. 梁模板（041102013）

【工 程 内 容】 模板制作、安装、拆除、整理、堆放；模板粘接物及模内杂物清理、刷隔离剂；模板场内外运输及维修。

【工程量计算】 按混凝土与模板接触面的面积计算，计量单位：m^2。

14. 板模板（041102014）

【工 程 内 容】 模板制作、安装、拆除、整理、堆放；模板粘接物及模内杂物清理、刷隔离剂；模板场内外运输及维修。

【工程量计算】 按混凝土与模板接触面的面积计算，计量单位：m^2。

15. 板梁模板（041102015）

【工 程 内 容】 模板制作、安装、拆除、整理、堆放；模板粘接物及模内杂物清理、刷隔离剂；模板场内外运输及维修。

【工程量计算】 按混凝土与模板接触面的面积计算，计量单位：m^2。

16. 板拱模板（041102016）

【工 程 内 容】 模板制作、安装、拆除、整理、堆放；模板粘接物及模内杂物清理、刷隔离剂；模板场内外运输及维修。

【工程量计算】 按混凝土与模板接触面的面积计算，计量单位：m^2。

17. 挡墙模板（041102017）

【工 程 内 容】 模板制作、安装、拆除、整理、堆放；模板粘接物及模内杂物清理、刷隔离剂；模板场内外运输及维修。

【工程量计算】 按混凝土与模板接触面的面积计算，计量单位：m^2。

18. 压顶模板（041102018）

【工 程 内 容】 模板制作、安装、拆除、整理、堆放；模板粘接物及模内杂物清理、刷隔离剂；模板场内外运输及维修。

【工程量计算】 按混凝土与模板接触面的面积计算，计量单位：m^2。

19. 防撞护栏模板（041102019）

【工 程 内 容】 模板制作、安装、拆除、整理、堆放；模板粘接物及模内杂物清理、刷隔离剂；模板场内外运输及维修。

【工程量计算】 按混凝土与模板接触面的面积计算，计量单位：m^2。

20. 楼梯模板（041102020）

【工 程 内 容】 模板制作、安装、拆除、整理、堆放；模板粘接物及模内杂物清理、刷隔离剂；模板场内外运输及维修。

【工程量计算】 按混凝土与模板接触面的面积计算，计量单位：m^2。

21. 小型构件模板（041102021）

【工 程 内 容】 模板制作、安装、拆除、整理、堆放；模板粘接物及模内杂物清理、刷隔离剂；模板场内外运输及维修。

【工程量计算】 按混凝土与模板接触面的面积计算，计量单位：m^2。

22. 箱涵滑（底）板模板（041102022）

【工 程 内 容】 模板制作、安装、拆除、整理、堆放；模板粘接物及模内杂物清理、刷隔离剂；模板场内外运输及维修。

【工程量计算】 按混凝土与模板接触面的面积计算，计量单位：m^2。

23. 箱涵侧墙模板（041102023）

【工 程 内 容】 模板制作、安装、拆除、整理、堆放；模板粘接物及模内杂物清理、刷隔离剂；模板场内外运输及维修。

【工程量计算】 按混凝土与模板接触面的面积计算，计量单位：m^2。

24. 箱涵顶板模板（041102024）

【工 程 内 容】 模板制作、安装、拆除、整理、堆放；模板粘接物及模内杂物清理、刷隔离剂；模板场内外运输及维修。

【工程量计算】 按混凝土与模板接触面的面积计算，计量单位：m^2。

25. 拱部衬砌模板（041102025）

【工 程 内 容】 模板制作、安装、拆除、整理、堆放；模板粘接物及模内杂物清理、刷隔离剂；模板场内外运输及维修。

【工程量计算】 按混凝土与模板接触面的面积计算，计量单位：m^2。

26. 边墙衬砌模板（041102026）

【工 程 内 容】 模板制作、安装、拆除、整理、堆放；模板粘接物及模内杂物清理、刷隔离剂；模板场内外运输及维修。

【工程量计算】 按混凝土与模板接触面的面积计算，计量单位：m^2。

27. 竖井衬砌模板（041102027）

【工 程 内 容】 模板制作、安装、拆除、整理、堆放；模板粘接物及模内杂物清理、刷隔离剂；模板场内外运输及维修。

【工程量计算】 按混凝土与模板接触面的面积计算，计量单位：m^2。

28. 沉井井壁（隔墙）模板（041102028）

【工 程 内 容】 模板制作、安装、拆除、整理、堆放；模板粘接物及模内杂物清理、刷隔离剂；模板场内外运输及维修。

【工程量计算】 按混凝土与模板接触面的面积计算，计量单位：m^2。

29. 沉井顶板模板（041102029）

【工 程 内 容】 模板制作、安装、拆除、整理、堆放；模板粘接物及模内杂物清理、刷隔离剂；模板场内外运输及维修。

【工程量计算】 按混凝土与模板接触面的面积计算，计量单位：m^2。

30. 沉井底板模板（041102030）

【工 程 内 容】 模板制作、安装、拆除、整理、堆放；模板粘接物及模内杂物清理、刷隔离剂；模板场内外运输及维修。

【工程量计算】 按混凝土与模板接触面的面积计算，计量单位：m^2。

31. 管（渠）道平基模板（041102031）

【工 程 内 容】 模板制作、安装、拆除、整理、堆放；模板粘接物及模内杂物清理、刷隔离剂；模板场内外运输及维修。

【工程量计算】 按混凝土与模板接触面的面积计算，计量单位：m^2。

32. 管（渠）道管座模板（041102032）

【工 程 内 容】 模板制作、安装、拆除、整理、堆放；模板粘接物及模内杂物清理、刷隔离剂；模板场内外运输及维修。

【工程量计算】 按混凝土与模板接触面的面积计算，计量单位：m^2。

33. 井顶（盖）板模板（041102033）

【工 程 内 容】 模板制作、安装、拆除、整理、堆放；模板粘接物及模内杂物清理、刷隔离剂；模板场内外运输及维修。

【工程量计算】 按混凝土与模板接触面的面积计算，计量单位：m^2。

34. 池底模板（041102034）

【工 程 内 容】 模板制作、安装、拆除、整理、堆放；模板粘接物及模内杂物清理、刷隔离剂；模板场内外运输及维修。

【工程量计算】 按混凝土与模板接触面的面积计算，计量单位：m^2。

35. 池壁（隔墙）模板（041102035）

【工 程 内 容】 模板制作、安装、拆除、整理、堆放；模板粘接物及模内杂物清理、刷隔离剂；模板场内外运输及维修。

【工程量计算】 按混凝土与模板接触面的面积计算，计量单位：m^2。

36. 池盖模板（041102036）

【工 程 内 容】 模板制作、安装、拆除、整理、堆放；模板粘接物及模内杂物清理、刷隔离剂；模板场内外运输及维修。

【工程量计算】 按混凝土与模板接触面的面积计算，计量单位：m^2。

37. 其他现浇构件模板（041102037）

【工 程 内 容】 模板制作、安装、拆除、整理、堆放；模板粘接物及模内杂物清理、刷隔离剂；模板场内外运输及维修。

【工程量计算】 按混凝土与模板接触面的面积计算，计量单位：m^2。

38. 设备螺栓套（041102038）

【工 程 内 容】 模板制作、安装、拆除、整理、堆放；模板粘接物及模内杂物清理、刷隔离剂；模板场内外运输及维修。

【工程量计算】 按设计图示数量计算，计量单位：个。

39. 水上桩基础支架、平台（041102039）

【工 程 内 容】 支架、平台基础处理；支架、平台的搭设、使用及拆除；材料场内外运输。

【工程量计算】 按支架、平台搭设的面积计算，计量单位：m^2。

40. 桥涵支架（041102040）

【工 程 内 容】 支架地基处理；支架的搭设、使用及拆除；支架预压；材料场内外运输。

【工程量计算】 按支架搭设的空间体积计算，计量单位：m^3。

注：原槽浇灌的混凝土基础、垫层不计算模板。

三、围堰

1. 围堰（041103001）

【工 程 内 容】 清理基底；打、拔工具桩；堆筑、填心、夯实；拆除清理；材料场内外运输。

【工程量计算】 1. 以立方米计量，按设计图示围堰体积计算，计量单位：m^3。

2. 以米计量，按设计图示围堰中心线长度计算，计量单位：m。

2. 筑岛（041103002）

【工 程 内 容】 清理基底；堆筑、填心、夯实；拆除清理。

【工程量计算】 按设计图示筑岛体积计算，计量单位：m^3。

四、便道及便桥

1. 便道（041104001）

【工 程 内 容】 平整场地；材料运输、铺设、夯实；拆除、清理。

【工程量计算】 按设计图示尺寸以面积计算，计量单位：m^2。

2. 便桥（041104002）

【工 程 内 容】 清理基底；材料运输、便桥搭设。

【工程量计算】 按设计图示数量计算，计量单位：座。

五、洞内临时设施

1. 洞内通风设施（041105001）

【工 程 内 容】 管道铺设；线路架设；设备安装；保养维护；拆除、清理；材料场内外运输。

【工程量计算】 按设计图示隧道长度以延长米计算，计量单位：m。

2. 洞内供水设施（041105002）

【工 程 内 容】 管道铺设；线路架设；设备安装；保养维护；拆除、清理；材料场内外运输。

【工程量计算】 按设计图示隧道长度以延长米计算，计量单位：m。

3. 洞内供电及照明设施（041105003）

【工 程 内 容】 管道铺设；线路架设；设备安装；保养维护；拆除、清理；材料场内外运输。

【工程量计算】 按设计图示隧道长度以延长米计算，计量单位：m。

4. 洞内通信设施（041105004）

【工 程 内 容】 管道铺设；线路架设；设备安装；保养维护；拆除、清理；材料场内外运输。

【工程量计算】 按设计图示隧道长度以延长米计算，计量单位：m。

5. 洞内外轨道铺设（041105005）

【工 程 内 容】 轨道及基础铺设；保养维护；拆除、清理；材料场内外运输。

【工程量计算】 按设计图示轨道铺设长度以延长米计算，计量单位：m。

注：设计注明轨道铺设长度的，按设计图示尺寸计算；设计未注明时可按设计图示隧道长度以延长米计算，并注明洞外轨道铺设长度由投标人根据施工组织设计自定。

六、大型机械设备进出场及安拆

大型机械设备进出场及安拆（041106001）

【工 程 内 容】 安拆费包括施工机械、设备在现场进行安装拆卸所需人工、材料、机械和试运转费用以及机械辅助设施的折旧、搭设、拆除等费用；进出场费包括施工机械、设备整体或分体自停放地点运至施工现场或由一施工地点运至另一施工地点所发生的运输、装卸、辅助材料等费用。

【工程量计算】 按使用机械设备的数量计算，计量单位：台·次。

七、施工排水、降水

1. 成井（041107001）

【工 程 内 容】 准备钻孔机械、埋设护筒、钻机就位；泥浆制作、固壁；成孔、出渣、清孔等；对接上、下井管（滤管），焊接，安放，下滤料，洗井，连接试抽等。

【工程量计算】 按设计图示尺寸以钻孔深度计算，计量单位：m。

2. 排水、降水（041107002）

【工 程 内 容】 管道安装、拆除，场内搬运等；抽水、值班、降水设备维修等。

【工程量计算】 按排、降水日历天数计算，计量单位：昼夜。

注：相应专项设计不具备时，可按暂估量计算。

八、处理、检测、监控

1. 地下管线交叉处理（041108001）

【工程内容及包含范围】 悬吊；加固；其他处理措施。

2. 施工监测、监控（041108002）

【工程内容及包含范围】 对隧道洞内施工时可能存在的危害因素进行检测；对明挖法、暗挖法、盾构法施工的区域等进行周边环境监测；对明挖基坑围护结构体系进行监测；对隧道的围岩和支护进行监测；盾构法施工进行监控测量。

注：地下管线交叉处理指施工过程中对现有施工场地范围内各种地下交叉管线进行加固及处理所发生的费用，但不包括地下管线或设施改、移发生的费用。

九、安全文明施工及其他措施项目

1. 安全文明施工（041109001）

【工程内容及包含范围】 环境保护：施工现场为达到环保部门要求所需要的各项措施。包括施工现场为保持工地清洁、控制扬尘、废弃物与材料运输的防护、保证排水设施通畅、设置密闭式垃圾站、实现施工垃圾与生活垃圾分类存放等环保措施；其他环境保护措施；文明施工：根据相关规定在施工现场设置企业标志、工程项目简介牌、工程项目责任人员姓名牌、安全六大纪律牌、安全生产记数牌、十项安全技术措施牌、防火须知牌、卫生须知牌及工地施工总平面布置图、安全警示标志牌，施工现场围挡以及为符合场容场貌、材料堆放、现场防火等要求采取的相应措施；其他文明施措施；安全施工：根据相关规定设置安全防护设施、现场物料提升架与卸料平台的安全防护设施、垂直交叉作业与高空作业安全防护设施、现场设置安防监控系统设施、现场机械设备（包括电动工具）的安全保护与作业场所和临时安全疏散通道的安全照明与警示设施等；其他安全防护措施；临时设施：施工现场临时宿舍、文化福利及公用事业房屋与构筑。物、仓库、办公室、加工厂、工地实验室以及规定范围内的道路、水、电、管线等临时设施和小型临时设施等的搭设、维修、拆除、周转；其他临时设施搭设、维修、拆除。

2. 夜间施工（041109002）

【工程内容及包含范围】 夜间固定照明灯具和临时可移动照明灯具的设置、拆除；夜间施工时，施工现场交通标志、安全标牌、警示灯等的设置、移动、拆除；夜间照明设备及照明用电、施工人员夜班补助、夜间施工劳动效率降低等。

3. 二次搬运（041109003）

【工程内容及包含范围】 由于施工场地条件限制而发生的材料、成品、半成品一次运输不能到达堆积地点，必须进行的二次或多次搬运。

4. 冬雨季施工（041109004）

【工程内容及包含范围】 冬雨季施工时增加的临时设施（防寒保温、防雨没施）的搭设、拆除；冬雨季施工时对砌体、混凝土等采用的特殊加温、保温和养护措施；冬雨季施工时施工现场的防滑处理、对影响施工的雨雪的清除；冬雨季施工时增加的临时设施、施工人员的劳动保护用品、冬雨季施工劳动效率降低等。

5. 行车、行人干扰（041109005）

【工程内容及包含范围】 由于施工受行车、行人干扰的影响，导致人工、机械效率降低而增加的措施；为保证行车、行人的安全，现场增设维护交通与疏导人员而增加的措施。

6. 地上、地下设施、建筑物的临时保护设施（041109006）

【工程内容及包含范围】 在工程施工过程中，对已建成的地上、地下设施和建筑物进行的遮盖、封闭、隔离等必要保护措施所发生的人工和材料。

7. 已完工程及设备保护（041109007）

【工程内容及包含范围】 对已完工程及设备采取的覆盖、包裹、封闭、隔离等必要保护措施所发生的人工和材料。

注：所列项目应根据工程实际情况计算措施项目费用，需分摊的应合理计算摊销费用。

十、其他相关处理方法

编制工程量清单时，若设计图纸中有措施项目的专项设计方案时，应按措施项目清单中有关规定描述其项目特征，并根据工程量计算规则计算工程量；若无相关设计方案，其工程数量可为暂估量，在办理结算时，按经批准的施工组织设计方案计算。

第十一章 园林绿化工程清单工程量计算

第一节 绿化工程量计算

一、绿地整理

1. 砍伐乔木（050101001）

【工 程 内 容】 伐树；废弃物运输；场地清理。

【工程量计算】 按数量计算，计量单位：株。

2. 挖树根（蔸）（050101002）

【工 程 内 容】 挖树根；废弃物运输；场地清理。

【工程量计算】 按数量计算，计量单位：株。

3. 砍挖灌木丛及根（050101003）

【工 程 内 容】 砍挖；废弃物运输；场地清理。

【工程量计算】 1. 以株计量，按数量计算，计量单位：株。

2. 以平方米计量，按面积计算，计量单位：m^2。

4. 砍挖竹及根（050101004）

【工 程 内 容】 砍挖；废弃物运输；场地清理。

【工程量计算】 按数量计算，计量单位：株/丛。

5. 砍挖芦苇（或其他水生植物）及根（050101005）

【工 程 内 容】 砍挖；废弃物运输；场地清理。

【工程量计算】 按面积计算，计量单位：m^2。

6. 清除草皮（050101006）

【工 程 内 容】 除草；废弃物运输；场地清理。

【工程量计算】 按面积计算，计量单位：m^2。

7. 清除地被植物（050101007）

【工 程 内 容】 清除植物；废弃物运输；场地清理。

【工程量计算】 按面积计算，计量单位：m^2。

8. 屋面清理（050101008）

【工 程 内 容】 原屋面清扫；废弃物运输；场地清理。

【工程量计算】 按设计图示尺寸以面积计算，计量单位：m^2。

9. 种植土回（换）填（050101009）

【工 程 内 容】 土方挖、运；回填；找平、找坡；废弃物运输。

【工程量计算】 1. 以立方米计量，按设计图示回填面积乘以回填厚度以体积计算，计量单位：m^3。

2. 以株计量，按设计图示数量计算，计量单位：柱。

10. 整理绿化用地（050101010）

【工程内容】 排地表水；土方挖、运；耙细、过筛；回填；找平、找坡；拍实；废弃物运输。

【工程量计算】 按设计图示尺寸以面积计算，计量单位：m^2。

11. 绿地起坡造型（050101011）

【工程内容】 排地表水；土方挖、运；耙细、过筛；回填；找平、找坡；废弃物运输。

【工程量计算】 按设计图示尺寸以体积计算，计量单位：m^3。

12. 屋顶花园基底处理（050101012）

【工程内容】 抹找平层；防水层铺设；排水层铺设；过滤层铺设；填轻质土壤；阻根层铺设；运输。

【工程量计算】 按设计图示尺寸以面积计算，计量单位：m^2。

注：1. 整理绿化用地项目包含厚度≤300mm 回填土，厚度>300mm 回填土。

2. 填方密实度要求，在无特殊要求情况下，项目特征可描述为满足设计和规范的要求。

3. 填方材料品种可以不描述，但应注明由投标人根据设计要求验方后方可填入，并符合相关工程的质量规范要求。

4. 填方粒径要求，在无特殊要求情况下，项目特征可以不描述。

5. 如需买土回填应在项目特征填方来源中描述，并注明买土方数量。

二、栽植花木

1. 栽植乔木（050102001）

【工程内容】 起挖；运输；栽植；养护。

【工程量计算】 按设计图示数量计算，计量单位：株。

2. 栽植灌木（050102002）

【工程内容】 起挖；运输；栽植；养护。

【工程量计算】 1. 以株计量，按设计图示数量计算，计量单位：株。

2. 以平方米计量，按设计图示尺寸以绿化水平投影面积计算，计量单位：m^2。

3. 栽植竹类（050102003）

【工程内容】 起挖；运输；栽植；养护。

【工程量计算】 按设计图示数量计算，计量单位：株/丛。

4. 栽植棕榈类（050102004）

【工程内容】 起挖；运输；栽植；养护。

【工程量计算】 按设计图示数量计算，计量单位：株。

5. 栽植绿篱（050102005）

【工程内容】 起挖；运输；栽植；养护。

【工程量计算】 1. 以米计量，按设计图示长度以延长米计算，计量单位：m。

2. 以平方米计量，按设计图示尺寸以绿化水平投影面积计算，计量单位：m^2。

6. 栽植攀缘植物（050102006）

【工 程 内 容】 起挖；运输；栽植；养护。

【工程量计算】 1. 以株计量，按设计图示数量计算，计量单位：株。

2. 以米计量，按设计图示种植长度以延长米计算，计量单位：m。

7. 栽植色带（050102007）

【工 程 内 容】 起挖；运输；栽植；养护。

【工程量计算】 按设计图示尺寸以面积计算，计量单位：m^2。

8. 栽植花卉（050102008）

【工 程 内 容】 起挖；运输；栽植；养护。

【工程量计算】 1. 以株（丛、缸）计量，按设计图示数量计算，计量单位：丛/缸。

2. 以平方米计量，按设计图示尺寸以水平投影面积计算，计量单位：m^2。

9. 栽植水生植物（050102009）

【工 程 内 容】 起挖；运输；栽植；养护。

【工程量计算】 1. 以株（丛、缸）计量，按设计图示数量计算，计量单位：丛/缸。

2. 以平方米计量，按设计图示尺寸以水平投影面积计算，计量单位：m^2。

10. 垂直墙体绿化种植（050102010）

【工 程 内 容】 起挖；运输；栽植容器安装；栽植；养护。

【工程量计算】 1. 以平方米计量，按设计图示尺寸以绿化水平投影面积计算，计量单位：m^2。

2. 以米计量，按设计图示种植长度以延长米计算，计量单位：m。

11. 花卉立体布置（050102011）

【工 程 内 容】 起挖；运输；栽植；养护。

【工程量计算】 1. 以单体（处）计量，按设计图示数量计算，计量单位：单体/处。

2. 以平方米计量，按设计图示尺寸以面积计算，计量单位：m^2。

12. 铺种草皮（050102012）

【工 程 内 容】 起挖；运输；铺底砂（土）；栽植；养护。

【工程量计算】 按设计图示尺寸以绿化投影面积计算，计量单位：m^2。

13. 喷播植草（灌木）籽（050102013）

【工 程 内 容】 基层处理；坡地细整；喷播；覆盖；养护。

【工程量计算】 按设计图示尺寸以绿化投影面积计算，计量单位：m^2。

14. 植草砖内植草（050102014）

【工 程 内 容】 起挖；运输；覆土（砂）；栽植；养护。

【工程量计算】 按设计图示尺寸以绿化投影面积计算，计量单位：m^2。

15. 挂网（050102015）

【工 程 内 容】 制作；运输；安放。

【工程量计算】 按设计图示尺寸以挂网投影面积计算，计量单位：m^2。

16. 箱/钵栽植（050102016）

【工 程 内 容】 制作；运输；安放；栽植；养护。

【工程量计算】 按设计图示箱/钵数量计算，计量单位：个。

注：1. 挖土外运、借土回填、挖（凿）土（石）方应包括在相关项目内。

2. 苗木计算应符合下列规定：

1）胸径应为地表面向上1.2m高处树干直径。

2）冠径又称冠幅，应为苗木冠丛垂直投影面的最大直径和最小直径之间的平均值。

3）蓬径应为灌木、灌丛垂直投影面的直径。

4）地径应为地表面向上0.1m高处树干直径。

5）干径应为地表面向上0.3m高处树干直径。

6）株高应为地表面至树顶端的高度。

7）冠丛高应为地表面至乔（灌）木顶端的高度。

8）篱高应为地表面至绿篱顶端的高度。

9）养护期应为招标文件中要求苗木种植结束后承包人负责养护的时间。

3. 苗木移（假）植应按花木栽植相关项目单独编码列项。

4. 土球包裹材料、树体输液保湿及喷洒生根剂等费用包含在相应项目内。

5. 墙体绿化浇灌系统按“绿地喷灌”相关项目单独编码列项。

6. 发包人如有成活率要求时，应在特征描述中加以描述。

三、绿地喷灌

1. 喷灌管线安装（050103001）

【工 程 内 容】 管道铺设；管道固筑；水压试验；刷防护材料、油漆。

【工程量计算】 按设计图示管道中心线长度以延长米计算，不扣除检查（阀门）井、阀门、管件及附件所占的长度，计量单位：m。

2. 喷灌配件安装（050103002）

【工 程 内 容】 管道附件、阀门、喷头安装；水压试验；刷防护材料、油漆。

【工程量计算】 按设计图示数量计算，计量单位：个。

注：1. 挖填土石方应按现行国家标准《房屋建筑与装饰工程工程量计算规范》（GB 50854—2013）附录A相关项目编码列项。

2. 阀门井应按现行国家标准“市政规范”相关项目编码列项。

第二节 园路、园桥工程量计算

一、园路、园桥工程

1. 园路（050201001）

【工 程 内 容】 路基、路床整理；垫层铺筑；路面铺筑；路面养护。

【工程量计算】 按设计图示尺寸以面积计算，不包括路牙，计量单位：m^2。

2. 踏（蹬）道（050201002）

【工 程 内 容】 路基、路床整理；垫层铺筑；路面铺筑；路面养护。

【工程量计算】 按设计图示尺寸以水平投影面积计算，不包括路牙，计量单位：m。

3. 路牙铺设（050201003）

【工 程 内 容】 基层清理；垫层铺设；路牙铺设。

【工程量计算】 按设计图示尺寸以长度计算，计量单位：m。

4. 树池围牙、盖板（箅子）（050201004）

【工 程 内 容】 清理基层；围牙、盖板运输；围牙、盖板铺设。

【工程量计算】 1. 以米计量，按设计图示尺寸以长度计算，计量单位：m。

2. 以套计量，按设计图示数量计算，计量单位：套。

5. 嵌草砖（格）铺装（050201005）

【工 程 内 容】 原土夯实；垫层铺设；铺砖；填土。

【工程量计算】 按设计图示尺寸以面积计算，计量单位：m^2。

6. 桥基础（050201006）

【工 程 内 容】 垫层铺筑；起重架搭、拆；基础砌筑；砌石。

【工程量计算】 按设计图示尺寸以体积计算，计量单位：m^3。

7. 石桥墩、石桥台（050201007）

【工 程 内 容】 石料加工；起重架搭、拆；墩、台、券石、脸砌筑；勾缝。

【工程量计算】 按设计图示尺寸以体积计算，计量单位：m^3。

8. 拱券石（050201008）

【工 程 内 容】 石料加工；起重架搭、拆；墩、台、券石、脸砌筑；勾缝。

【工程量计算】 按设计图示尺寸以体积计算，计量单位：m^3。

9. 石券脸（050201009）

【工 程 内 容】 石料加工；起重架搭、拆；墩、台、券石、脸砌筑；勾缝。

【工程量计算】 按设计图示尺寸以面积计算，计量单位：m^2。

10. 金刚墙砌筑（050201010）

【工 程 内 容】 石料加工；起重架搭、拆；砌石；填土夯实。

【工程量计算】 按设计图示尺寸以体积计算，计量单位：m^3。

11. 石桥面铺筑（050201011）

【工 程 内 容】 石材加工；抹找平层；起重架搭、拆；桥面、桥面踏步铺设；勾缝。

【工程量计算】 按设计图示尺寸以面积计算，计量单位 m^2。

12. 石桥面檐板（050201012）

【工 程 内 容】 石材加工；檐板铺设；铁锔、银锭安装；勾缝。

【工程量计算】 按设计图示尺寸以面积计算，计量单位 m^2。

13. 石汀步（步石、飞石）（050201013）

【工 程 内 容】 基层整理；石材加工；砂浆调运；砌石。

【工程量计算】 按设计图示尺寸以体积计算，计量单位 m^3。

14. 木制步桥（050201014）

【工 程 内 容】 木桩加工；打木桩基础；木梁、木桥板、木桥栏杆、木扶手制作、安装；连接铁件、螺栓安装；刷防护材料。

【工程量计算】 按桥面板设计图示尺寸以面积计算，计量单位 m^2。

15. 栈道（050201015）

【工 程 内 容】 凿洞；安装支架；铺设面板；刷防护材料。

【工程量计算】 按栈道面板设计图示尺寸以面积计算，计量单位 m^2。

注：1. 园路、园桥工程的挖土方、开凿石方、回填等应按“市政规范”相关项目编码列项。

2. 如遇某些构配件使用钢筋混凝土或金属构件时，应按现行国家标准《房屋建筑与装饰工程工程计量计算规范》（GB 50854—2013）或“市政规范”相关项目编码列项。
3. 地伏石、石望柱、石栏杆、石栏板、扶手、撑鼓等应按现行国家标准《仿古建筑工程工程计量规范》（GB 50855—2013）相关项目编码列项。
4. 亲水（小）码头各分部分项项目按照园桥相应项目编码列项。
5. 台阶项目按现行国家标准《房屋建筑与装饰工程工程计量计算规范》（GB 50854—2013）相关项目编码列项。
6. 混合类构件园桥按现行国家标准《房屋建筑与装饰工程工程计量计算规范》（GB 50854—2013）或《通用安装工程工程计量计算规范》（GB 50856—2013）相关项目编码列项。

二、驳岸、护岸

1. 石（卵石）砌驳岸（050202001）

【工 程 内 容】 石料加工；砌石（卵石）；勾缝。

【工程量计算】 1. 以立方米计量，按设计图示尺寸以体积计算，计量单位：m^3。
2. 以吨计量，按质量计算，计量单位：t。

2. 原木桩驳岸（050202002）

【工 程 内 容】 木桩加工；打木桩；刷防护材料。

【工程量计算】 1. 以米计量，按设计图示桩长（包括桩尖）计算，计量单位：m。
2. 以根计量，按设计图示数量计算，计量单位：根。

3. 满（散）铺砂卵石护岸（自然护岸）（050202003）

【工 程 内 容】 修边坡；铺卵石。

【工程量计算】 1. 以平方米计量，按设计图示尺寸以护岸展开面积计算，计量单位：m^2。
2. 以吨计量，按卵石使用质量计算，计量单位：t。

4. 点（散）布大卵石（050202004）

【工 程 内 容】 布石；安砌；成型。

【工程量计算】 1. 以块（个）计量，按设计图数量计算，计量单位：块/个。
2. 以吨计算，按卵石使用质量计算，计量单位：t。

5. 框格花木护坡（050202005）

【工 程 内 容】 修边坡；安放框格。

【工程量计算】 按设计图示尺寸展开宽度乘以长度以面积计算，计量单位：m^2。

注：1. 驳岸工程的挖土方、开凿石方、回填等应按现行国家标准《房屋建筑与装饰工程工程计量计算规范》（GB 50854—2013）相关项目编码列项。
2. 木桩钎（梅花桩）按原木桩驳岸项目单独编码列项。
3. 钢筋混凝土仿木桩驳岸，其钢筋混凝土及表面装饰按现行国家标准《房屋建筑与装饰工程工程计量计算规范》（GB 50854—2013）相关项目编码列项，若表面“塑松皮”按国家标准“园林规范”附录 C 园林景观工程相关项目编码列项。
4. 框格花木护坡的铺草皮、撒草籽等应按“绿化工程”相关项目编码列项。

第三节　园林景观工程量计算

一、堆塑假山

1. 堆筑土山丘（050301001）

【工 程 内 容】 取土、运土；堆砌、夯实；修整。

【工程量计算】 按设计图示山丘水平投影外接矩形面积乘以高度的 1/3 以体积计算，计量单位：m^3。

2. 堆砌石假山（050301002）

【工 程 内 容】 选料；起重架搭、拆；堆砌、修整。

【工程量计算】 按设计图示尺寸以质量计算，计量单位：t。

3. 塑假山（050301003）

【工 程 内 容】 骨架制作；假山胎模制作；塑假山；山皮料安装；刷防护材料。

【工程量计算】 按设计图示尺寸以展开面积计算，计量单位：m^2。

4. 石笋（050301004）

【工 程 内 容】 选石料；石笋安装。

【工程量计算】 1. 以块（支、个）计量，按设计图示数量计算，计量单位：支。

2. 以吨计量，按设计图示石料质量计算，计量单位：t。

5. 点风景石（050301005）

【工 程 内 容】 选石料；起重架搭、拆；点石。

【工程量计算】 1. 以块（支、个）计量，按设计图示数量计算，计量单位：块。

2. 以吨计量，按设计图示石料质量计算，计量单位：t。

6. 池石、盆景山（050301006）

【工 程 内 容】 底盘制作、安装；池、盆景山石安装、砌筑。

【工程量计算】 1. 以块（支、个）计量，按设计图示数量计算，计量单位：座/个。

2. 以吨计量，按设计图示石料质量计算，计量单位：t。

7. 山（卵）石护角（050301007）

【工 程 内 容】 石料加工；砌石。

【工程量计算】 按设计图示尺寸以体积计算，计量单位：m^3。

8. 山坡（卵）石台阶（050301008）

【工 程 内 容】 选石料；台阶砌筑。

【工程量计算】 按设计图示尺寸以水平投影面积计算，计量单位：m^2。

注：1. 假山（堆筑土山丘除外）工程的挖土方、开凿石方、回填等应按现行国家标准《房屋建筑与装饰工程工程量计算规范》（GB 50854—2013）相关项目编码列项。

2. 如遇某些构配件使用钢筋混凝土或金属构件时，应按现行国家标准《房屋建筑与装饰工程工程量计算规范》（GB 50854—2013）或“市政规范”相关项目编码列项。

3. 散铺河滩石按点风景石项目单独编码列项。

4. 堆筑土山丘，适用于夯填、堆筑而成。

二、原木、竹构件

1. 原木（带树皮）柱、梁、檩、椽（050302001）

【工 程 内 容】 构件制作；构件安装；刷防护材料。

【工程量计算】 按设计图示尺寸以长度计算（包括榫长），计量单位：m。

2. 原木（带树皮）墙（050302002）

【工 程 内 容】 构件制作；构件安装；刷防护材料。

【工程量计算】 按设计图示尺寸以面积计算（不包括柱、梁），计量单位：m^2。

3. 树枝吊挂楣子（050302003）

【工 程 内 容】 构件制作；构件安装；刷防护材料。

【工程量计算】 按设计图示尺寸以框外围面积计算，计量单位：m^2。

4. 竹柱、梁、檩、椽（050302004）

【工 程 内 容】 构件制作；构件安装；刷防护材料。

【工程量计算】 按设计图示尺寸以长度计算，计量单位：m。

5. 竹编墙（050302005）

【工 程 内 容】 构件制作；构件安装；刷防护材料。

【工程量计算】 按设计图示尺寸以面积计算（不包括柱、梁），计量单位：m^2。

6. 竹吊挂楣子（050302006）

【工 程 内 容】 构件制作；构件安装；刷防护材料。

【工程量计算】 按设计图示尺寸以框外围面积计算，计量单位：m^2。

注：1. 木构件连接方式应包括：开榫连接、铁件连接、扒钉连接、铁钉连接。

2. 竹构件连接方式应包括：竹钉固定、竹篾绑扎、铁丝连接。

三、亭廊屋面

1. 草屋面（050303001）

【工 程 内 容】 整理、选料；屋面铺设；刷防护材料。

【工程量计算】 按设计图示尺寸以斜面计算，计量单位：m^2。

2. 竹屋面（050303002）

【工 程 内 容】 整理、选料；屋面铺设；刷防护材料。

【工程量计算】 按设计图示尺寸以实铺面积计算（不包括柱、梁），计量单位：m^2。

3. 树皮屋面（050303003）

【工 程 内 容】 整理、选料；屋面铺设；刷防护材料。

【工程量计算】 按设计图示尺寸以屋面结构外围面积计算，计量单位：m^2。

4. 油毡瓦屋面（050303004）

【工 程 内 容】 清理基层；材料裁接；刷油；铺设。

【工程量计算】 按设计图示尺寸以斜面计算，计量单位：m^2。

5. 预制混凝土穹顶（050303005）

【工 程 内 容】 模板制作、运输、安装、拆除、保养；混凝土制作、运输、浇筑、振捣、养护；构件运输、安装；砂浆制作、运输；接头灌缝、养护。

【工程量计算】 按设计图示尺寸以体积计算。混凝土脊和穹顶芽的肋、基梁并入屋面体积，计量单位：m^3。

6. 彩色压型钢板（夹芯板）攒尖亭屋面板（050303006）

【工 程 内 容】 压型板安装；护角、包角、泛水安装；嵌缝；刷防护材料。

【工程量计算】 按设计图示尺寸以实铺面积计算，计量单位：m^2。

7. 彩色压型钢板（夹芯板）穹顶（050303007）

【工 程 内 容】 压型板安装；护角、包角、泛水安装；嵌缝；刷防护材料。

【工程量计算】 按设计图示尺寸以实铺面积计算，计量单位：m^2。

8. 玻璃屋面（050303008）

【工 程 内 容】 制作；运输；安装。

【工程量计算】 按设计图示尺寸以实铺面积计算，计量单位：m^2。

9. 支（防腐木）屋面（050303009）

【工 程 内 容】 制作；运输；安装。

【工程量计算】 按设计图示尺寸以实铺面积计算，计量单位：m^2。

注：1. 柱顶石（磉蹬石）、钢筋混凝土屋面板、钢筋混凝土亭屋面板、木柱、木屋架、钢柱、钢屋架、屋面木基层和防水层等，应按现行国家标准《房屋建筑与装饰工程工程计量计算规范》（GB 50854—2013）中相关项目编码列项。

2. 膜结构的亭、廊，应按现行国家标准《仿古建筑工程工程量计算规范》（GB 50855—2013）及《房屋建筑与装饰工程工程计量计算规范》（GB 50854—2013）中相关项目编码列项。

3. 竹构件连接方式应包括：竹钉固定、竹篾绑扎、铁丝连接。

四、花架

1. 现浇混凝土花架柱、梁（050304001）

【工 程 内 容】 模板制作、运输、安装、拆除、保养；混凝土制作、运输、浇筑、振捣、养护。

【工程量计算】 按设计图示尺寸以体积计算，计量单位：m^3。

2. 预制混凝土花架柱、梁（050304002）

【工 程 内 容】 模板制作、运输、安装、拆除、保养；混凝土制作、运输、浇筑、振捣、养护；构件安装；砂浆制作、运输；接头灌缝、养护。

【工程量计算】 按设计图示尺寸以体积计算，计量单位：m^3。

3. 金属花架柱、梁（050304003）

【工 程 内 容】 制作、运输；安装；油漆。

【工程量计算】 按设计图示以质量计算，计量单位：t。

4. 木花架柱、梁（050304004）

【工 程 内 容】 构件制作、运输、安装；刷防护材料、油漆。

【工程量计算】 按设计图示截面乘长度（包括榫长）以体积计算，计量单位：m^3。

5. 竹花架柱、梁（050304005）

【工 程 内 容】 制作；运输；安装；油漆。

【工程量计算】 1. 以长度计量，按设计图示花架构件尺寸以延长米计算，计量单位：m。

2. 以根计量，按设计图示花架柱、梁数量计算，计量单位：根。

注：花架基础、玻璃天棚、表面装饰及涂料项目应按现行国家标准《房屋建筑与装饰工程工程计量计算规范》（GB 50854—2013）中相关项目编码列项。

五、园林桌椅

1. 预制钢筋混凝土飞来椅（050305001）

【工 程 内 容】 模板制作、运输、安装、拆除、保养；混凝土制作、运输、浇筑、振捣、养护；构件运输、安装；砂浆制作、运输、抹面、养护；接头灌缝、养护。

【工程量计算】 按设计图示尺寸以座凳面中心线长度计算，计量单位：m。

2. 水磨石飞来椅（050305002）

【工 程 内 容】 砂浆制作、运输；制作；运输；安装。

【工程量计算】 按设计图示尺寸以座凳面中心线长度计算，计量单位：m。

3. 竹制飞来椅（050305003）

【工 程 内 容】 座凳面、靠背扶手、靠背、楣子制作、安装；铁件安装；刷防护材料。

【工程量计算】 按设计图示尺寸以座凳面中心线长度计算，计量单位：m。

4. 现浇混凝土桌凳（050305004）

【工 程 内 容】 模板制作、运输、安装、拆除、保养；混凝土制作、运输、浇筑、振捣、养护；砂浆制作、运输。

【工程量计算】 按设计图示数量计算，计量单位：个。

5. 预制混凝土桌凳（050305005）

【工 程 内 容】 模板制作、运输、安装、拆除、保养；混凝土制作、运输、浇筑、振捣、养护；构件运输、安装；砂浆制作、运输；接头灌缝、养护。

【工程量计算】 按设计图示数量计算，计量单位：个。

6. 凳石桌石（050305006）

【工 程 内 容】 土方挖运；桌凳制作；桌凳运输；桌凳安装；砂浆制作、运输。

【工程量计算】 按设计图示数量计算，计量单位：个。

7. 水磨石桌凳（050305007）

【工 程 内 容】 桌凳制作；桌凳运输；桌凳安装；砂浆制作、运豁。

【工程量计算】 按设计图示数量计算，计量单位：个。

8. 塑树根桌凳（050305008）

【工 程 内 容】 砂浆制作、运输；砖石砌筑；塑树皮；绘制木纹。

【工程量计算】 按设计图示数量计算，计量单位：个。

9. 塑树节椅（050305009）

【工 程 内 容】 砂浆制作、运输；砖石砌筑；塑树皮；绘制木纹。

【工程量计算】 按设计图示数量计算，计量单位：个。

10. 塑料、铁艺、金属椅（050305010）

【工 程 内 容】 制作；安装；刷防护材料。

【工程量计算】 按设计图示数量计算，计量单位：个。

注：木制飞来椅按现行国家标准《仿古建筑工程工程量计算规范》（GB 50855—2013）相关项目编码

列项。

六、喷泉安装

1. 喷泉管道（050306001）

【工 程 内 容】 土（石）方挖运；管材、管件、阀门、喷头安装；刷防护材料；回填。

【工程量计算】 按设计图示管道中心线长度以延长米计算，不扣除检查（阀门）井、阀门、管件及附件所占的长度，计量单位：m。

2. 喷泉电缆（050306002）

【工 程 内 容】 土（石）方挖运；电缆保护管安装；电缆敷设；回填。

【工程量计算】 按设计图示单根电缆长度以延长米计算，计量单位：m。

3. 水下艺术装饰灯具（050306003）

【工 程 内 容】 灯具安装；支架制作、运输、安装。

【工程量计算】 按设计图示数量计算，计量单位：套。

4. 电气控制柜（050306004）

【工 程 内 容】 电气控制柜（箱）安装；系统调试。

【工程量计算】 按设计图示数量计算，计量单位：台。

5. 喷泉设备（050306005）

【工 程 内 容】 设备安装；系统调试；防护网安装。

【工程量计算】 按设计图示数量计算，计量单位：台。

注：1. 喷泉水池应按现行国家标准《房屋建筑与装饰工程工程计量计算规范》（GB 50854—2013）中相关项目编码列项。

2. 管架项目按现行国家标准《房屋建筑与装饰工程工程计量计算规范》（GB 50854—2013）中钢支架项目单独编码列项。

七、杂项

1. 石灯（050307001）

【工 程 内 容】 制作；安装。

【工程量计算】 按设计图示数量计算，计量单位：个。

2. 石球（050307002）

【工 程 内 容】 制作；安装。

【工程量计算】 按设计图示数量计算，计量单位：个。

3. 塑仿石音箱（050307003）

【工 程 内 容】 胎模制作、安装；铁丝网制作、安装；砂浆制作、运输；喷水泥漆；埋置仿石音箱。

【工程量计算】 按设计图示数量计算，计量单位：个。

4. 塑树皮梁、柱（050307004）

【工 程 内 容】 灰塑；刷涂颜料。

【工程量计算】 1. 以平方米计量，按设计图示尺寸以梁柱外表面积计算，计量单位：m^2。

2. 以米计量，按设计图示尺寸以构件长度计算，计量单位：m。

5. 塑竹梁、柱（050307005）

【工 程 内 容】 灰塑；刷涂颜料。

【工程量计算】 1. 以平方米计量，按设计图示尺寸以梁柱外表面积计算，计量单位：m^2。

2. 以米计量，按设计图示尺寸以构件长度计算，计量单位：m。

6. 铁艺栏杆（050307006）

【工 程 内 容】 铁艺栏杆安装；刷防护材料。

【工程量计算】 按设计图示尺寸以长度计算，计量单位：m。

7. 塑料栏杆（050307007）

【工 程 内 容】 下料；安装；校正。

【工程量计算】 按设计图示尺寸以长度计算，计量单位：m。

8. 钢筋混凝土艺术围栏（050307008）

【工 程 内 容】 制作；运输；安装；砂浆制作、运输；接头灌缝、养护。

【工程量计算】 1. 以平方米计量，按设计图示尺寸以面积计算，计量单位：m^2。

2. 以米计量，按设计图示尺寸以延长米计算，计量单位：m。

9. 标志牌（050307009）

【工 程 内 容】 选料；标志牌制作；雕凿；镌字、喷字；运输、安装；刷油漆。

【工程量计算】 按设计图示数量计算，计量单位：个。

10. 景墙（050307010）

【工 程 内 容】 土（石）方挖运；垫层、基础铺设；墙体砌筑；面层铺贴。

【工程量计算】 1. 以立方米计量，按设计图示尺寸以体积计算，计量单位：m^3。

2. 以段计量，按设计图示尺寸以数量计算，计量单位：段。

11. 景窗（050307011）

【工 程 内 容】 制作；运输；砌筑安放；勾缝；表面涂刷。

【工程量计算】 按设计图示尺寸以面积计算，计量单位：m^2。

12. 花饰（050307012）

【工 程 内 容】 制作；运输；砌筑安放；勾缝；表面涂刷。

【工程量计算】 按设计图示尺寸以面积计算，计量单位：m^2。

13. 博古架（050307013）

【工 程 内 容】 制作；运输；砌筑安放；勾缝；表面涂刷。

【工程量计算】 1. 以平方米计量，按设计图示尺寸以面积计算，计量单位：m^2。

2. 以米计量，按设计图示尺寸以延长米计算，计量单位：m。

3. 以个计量，按设计图示数量计算，计量单位：个。

14. 花盆（坛、箱）（050307014）

【工 程 内 容】 制作；运输；安放。

【工程量计算】 按设计图示尺寸以数量计算，计量单位：个。

15. 摆花（050307015）

【工 程 内 容】 搬运；安放；养护；撤收。

【工程量计算】 1. 以平方米计量，按设计图示尺寸以水平投影面积计算，计量单位：m^2。

2. 以个计量，按设计图示数量计算，计量单位：m。

16. 花池（050307016）

【工 程 内 容】 垫层铺设；基础砌（浇）筑；墙体砌（浇）筑；面层铺贴。

【工程量计算】 1. 以立方米计量，按设计图示尺寸以体积计算，计量单位：m^3。

2. 以米计量，按设计图示尺寸以池壁中心线处延长米计算，计量单位：m。

3. 以个计量，按设计图示数量计算，计量单位：个。

17. 垃圾箱（050307017）

【工 程 内 容】 制作；运输；安放。

【工程量计算】 按设计图示尺寸以数量计算，计量单位：个。

18. 砖石砌小摆设（050307018）

【工 程 内 容】 砂浆制作、运输；砌砖、石；抹面、养护；勾缝；石表面加工。

【工程量计算】 1. 以立方米计量，按设计图示尺寸以体积计算，计量单位：m^3。

2. 以个计量，按设计图示尺寸以数量计算，计量单位：个。

19. 其他景观小摆设（050307019）

【工 程 内 容】 制作；运输；安装。

【工程量计算】 按设计图示尺寸以数量计算，计量单位：个。

20. 柔性水池（050307020）

【工 程 内 容】 清理基层；材料裁接；铺设。

【工程量计算】 按设计图示尺寸以水平投影面积计算，计量单位：m^2。

注：砌筑果皮箱，放置盆景的须弥座等，应按砖石砌小摆设项目编码列项。

八、其他相关处理方法

混凝土构件中的钢筋项目应按现行国家标准《房屋建筑与装饰工程工程量计算规范》（GB 50854—2013）中相应项目编码。

石浮雕、石镌字应按现行国家标准《仿古建筑工程工程量计算规范》（GB 50855—2013）附录 B 中的相应项目编码列项。

第四节 措 施 项 目

一、脚手架工程

1. 砌筑脚手架（050401001）

【工 程 内 容】 场内、场外材料搬运；搭、拆脚手架、斜道、上料平台；铺设安全网；拆除脚手架后材料分类堆放。

【工程量计算】 按墙的长度乘墙的高度以面积计算（硬山建筑山墙高算至山尖）。独立砖石柱高度在 3.6m 以内时，以柱结构周长乘以柱高计算，独立砖石柱高度在 3.6m 以上时，以柱结构周长加 3.6m 乘以柱高计算。

凡砌筑高度在 1.5m 及以上的砌体，应计算脚手架，计量单位：m^2。

2. 抹灰脚手架（050401002）

【工 程 内 容】 场内、场外材料搬运；搭、拆脚手架、斜道、上料平台；铺设安全网；拆除脚手架后材料分类堆放。

【工程量计算】 按抹灰墙面的长度乘高度以面积计算（硬山建筑山墙高算至山尖）。独立砖石柱高度在3.6m以内时，以柱结构周长乘以柱高计算，独立砖石柱高度在3.6m以上时，以柱结构周长加3.6m乘以柱高计算，计量单位：m^2。

3. 亭脚手架（050401003）

【工程内容】 场内、场外材料搬运；搭、拆脚手架、斜道、上料平台；铺设安全网；拆除脚手架后材料分类堆放。

【工程量计算】 1. 以座计量，按设计图示数量计算，计量单位：座。

2. 以平方米计量，按建筑面积计算，计量单位：m^2。

4. 满堂脚手架（050401004）

【工程内容】 场内、场外材料搬运；搭、拆脚手架、斜道、上料平台；铺设安全网；拆除脚手架后材料分类堆放。

【工程量计算】 按搭设的地面主墙间尺寸以面积计算，计量单位：m^2。

5. 堆砌（塑）假山脚手架（050401005）

【工程内容】 场内、场外材料搬运；搭、拆脚手架、斜道、上料平台；铺设安全网；拆除脚手架后材料分类堆放。

【工程量计算】 按外围水平投影最大矩形面积计算，计量单位：m^2。

6. 桥身脚手架（050401006）

【工程内容】 场内、场外材料搬运；搭、拆脚手架、斜道、上料平台；铺设安全网；拆除脚手架后材料分类堆放。

【工程量计算】 按桥基础底面至桥面平均高度乘以河道两侧宽度以面积计算，计量单位：m^2。

7. 斜道（050401007）

【工程内容】 场内、场外材料搬运；搭、拆脚手架、斜道、上料平台；铺设安全网；拆除脚手架后材料分类堆放。

【工程量计算】 按搭设数量计算，计量单位：座。

二、模板工程

1. 现浇混凝土垫层（050402001）

【工程内容】 制作；安装；拆除；清理；刷隔离剂；材料运输。

【工程量计算】 按混凝土与模板的接触面积计算，计量单位：m^2。

2. 现浇混凝土路面（050402002）

【工程内容】 制作；安装；拆除；清理；刷隔离剂；材料运输。

【工程量计算】 按混凝土与模板的接触面积计算，计量单位：m^2。

3. 现浇混凝土路牙、树池围牙（050402003）

【工程内容】 制作；安装；拆除；清理；刷隔离剂；材料运输。

【工程量计算】 按混凝土与模板的接触面积计算，计量单位：m^2。

4. 现浇混凝土花架柱（050402004）

【工程内容】 制作；安装；拆除；清理；刷隔离剂；材料运输。

【工程量计算】 按混凝土与模板的接触面积计算，计量单位：m^2。

5. 现浇混凝土花架梁（050402005）

【工 程 内 容】 制作；安装；拆除；清理；刷隔离剂；材料运输。

【工程量计算】 按混凝土与模板的接触面积计算，计量单位：m^2。

6. 现浇混凝土花池（050402006）

【工 程 内 容】 制作；安装；拆除；清理；刷隔离剂；材料运输。

【工程量计算】 按混凝土与模板的接触面积计算，计量单位：m^2。

7. 现浇混凝土桌凳（050402007）

【工 程 内 容】 制作；安装；拆除；清理；刷隔离剂；材料运输。

【工程量计算】 1. 以立方米计量，按设计图示混凝土体积计算，计量单位：m^3。

2. 以个计量，按设计图示数量计算，计量单位：个。

8. 石桥拱券石、石券脸胎架（050402008）

【工 程 内 容】 制作；安装；拆除；清理；刷隔离剂；材料运输。

【工程量计算】 按拱券石、石券脸弧形底面展开尺寸以面积计算，计量单位：m^2。

三、树木支撑架、草绳绕树干、搭设遮阴（防寒）棚工程

1. 树木支撑架（050403001）

【工 程 内 容】 制作；运输；安装；维护。

【工程量计算】 按设计图示数量计算，计量单位：株。

2. 草绳绕树干（050403002）

【工 程 内 容】 搬运；绕杆；余料清理；养护期后清除。

【工程量计算】 按设计图示数量计算，计量单位：株。

3. 搭设遮阴（防寒）棚（050403003）

【工 程 内 容】 制作；运输；搭设、维护；养护期后清除。

【工程量计算】 1. 以平方米计量，按遮阴（防寒）棚外围覆盖层的展开尺寸以面积计算，计量单位：m^2。

2. 以株计量，按设计图示数量计算，计量单位：株。

四、围堰、排水工程

1. 围堰（050404001）

【工 程 内 容】 取土、装土；堆筑围堰；拆除、清理围堰；材料运输。

【工程量计算】 1. 以立方米计量，按围堰断面面积乘以堤顶中心线长度以体积计算，计量单位：m^3。

2. 以米计量，按围堰堤顶中心线长度以延长米计算，计量单位：m。

2. 排水（050404002）

【工 程 内 容】 安装；使用、维护；拆除水泵；清理。

【工程量计算】 1. 以立方米计量，按需要排水量以体积计算，围堰排水按堰内水面面积乘以平均水深计算，计量单位：m^3。

2. 以天计量，按需要排水日历天计算，计量单位：天。

3. 以台班计算，按水泵排水工作台班计算，计量单位：台班。

五、安全文明施工及其他措施项目

1. 安全文明施工（050405001）

【工程内容及包含范围】 1. 环境保护：现场施工机械设备降低噪声、防扰民措施；水泥、种植土和其他易飞扬细颗粒建筑材料密闭存放或采取覆盖措施等；工程防扬尘洒水；土石方、杂草、种植遗弃物及建渣外运车辆防护措施等；现场污染源的控制、生活垃圾清理外运、场地排水排污措施；其他环境保护措施。

2. 文明施工：“五牌一图”；现场围挡的墙面美化（包括内外粉刷、刷白、标语等）、压顶装饰；现场厕所便槽刷白、贴面砖，水泥砂浆地面或地砖，建筑物内临时便溺设施；其他施工现场临时设施的装饰装修、美化措施；现场生活卫生设施；符合卫生要求的饮水设备、淋浴、消毒等设施；生活用洁净燃料；防煤气中毒、防蚊虫叮咬等措施；施工现场操作场地的硬化；现场绿化、治安综合治理；现场配备医药保健器材、物品和急救人员培训；用于现场工人的防暑降温、电风扇、空调等设备及用电；其他文明施工措施。

3. 安全施工：安全资料、特殊作业专项方案的编制，安全施工标志的购置及安全宣传；“三宝”（安全帽、安全带、安全网）、“四门”（楼梯口、管井口、通道口、预留洞口）、“五临边”（园桥围边、驳岸围边、跌水围边、槽坑围边、卸料平台两侧），水平防护架、垂直防护架、外架封闭等防护；施工安全用电，包括配电箱三级配电、两级保护装置要求、外电防护措施；起重设备（含起重机、井架、门架）的安全防护措施（含警示标志）及卸料平台的临边防护、层间安全门、防护棚等设施；园林工地起重机械的检验检测；施工机具防护棚及其围栏的安全保护设施；施工安全防护通道；工人的安全防护用品、用具购置；消防设施与消防器材的配置；电气保护、安全照明设施；其他安全防护措施。

4. 临时设施：施工现场采用彩色、定型钢板，砖、混凝土砌块等围挡的安砌、维修、拆除；施工现场临时建筑物、构筑物的搭设、维修、拆除，如临时宿舍、办公室、食堂、厨房、厕所、诊疗所、临时文化福利用房、临时仓库、加工场、搅拌台、临时简易水塔、水池等；施工现场临时设施的搭设、维修、拆除，如临时供水管道、临时供电管线、小型临时设施等；施工现场规定范围内临时简易道路铺设，临时排水沟、排水设施安砌、维修、拆除；其他临时设施搭设、维修、拆除。

2. 夜间施工（050405002）

【工程内容及包含范围】 1. 夜间固定照明灯具和临时可移动照明灯具的设置、拆除。

2. 夜间施工时施工现场交通标志、安全标牌、警示灯等的设置、移动、拆除。

3. 夜间照明设备及照明用电、施工人员夜班补助、夜间施工劳动效率降低等。

3. 非夜间施工照明（050405003）

【工程内容及包含范围】 为保证工程施工正常进行，在如假山石洞等特殊施工部位施工时所采用的照明设备的安拆、维护及照明用电等。

4. 二次搬运（050405004）

【工程内容及包含范围】 由于施工场地条件限制而发生的材料、植物、成品、半成品等一次运输不能到达堆放地点，必须进行的二次或多次搬运。

5. 冬雨季施工（050405005）

【工程内容及包含范围】 1. 冬雨（风）季施工时增加的临时设施（防寒保温、防雨、防风设施）的搭设、拆除。

2. 冬雨（风）季施工时对植物、砌体、混凝土等采用的特殊加温、保温和养护措施。

3. 冬雨（风）季施工时施工现场的防滑处理，对影响施工的雨雪的清除。

4. 冬雨（风）季施工时增加的临时设施、施工人员的劳动保护用品、冬雨（风）季施工劳动效率降低等。

6. 反季节栽植影响措施（050405006）

【工程内容及包含范围】 因反季节栽植在增加材料、人工、防护、养护、管理等方面采取的种植措施及保证成活率措施。

7. 地上、地下设施的临时保护设施（050405007）

【工程内容及包含范围】 在工程施工过程中，对已建成的地上、地下设施和植物进行的遮盖、封闭、隔离等必要保护措施。

8. 已完工程及设备保护（050405008）

【工程内容及包含范围】 对已完工程及设备采取的覆盖、包裹、封闭、隔离等必要的保护措施对已完工程及设备采取的覆盖、包裹、封闭、隔离等必要的保护措施。

注：所列项目应根据工程实际情况计算措施项目费用，需分摊的应合理计算摊销费用。

第十二章　市政与园林工程造价

第一节　市政与园林工程类别划分

1. 市政工程类别划分（参考）（表 12-1）

表 12-1　市政工程类别划分

工程类别	划分标准
一类	1. 截面净宽度 9m 及以上的隧道工程 2. 道路工程：六条机动车道及以上的高级路面工程；四条机动车道及以上的并有绿化分隔带的非机动车道的高级路面工程 3. 排水工程： （1）渠道工程：管网总长 3000m，最大管道直径 1200mm 且长度 150m 及以上工程 （2）渠箱工程：箱体外形最大宽度 8m 及以上工程 4. 污水处理能力每日 20 万吨及以上的工程 5. 桥涵工程：三层或桥面最高离度 18m 及以上立交桥；单孔跨径 40m 及以上工程；总长 200m 及以上工程 6. 管道外径 630mm 及以上的燃气工程 7. 管网总长 2000m、最大管道直径 1000mm 且其长度 100m 及以上的给水工程 8. 水厂日生产能力 10 万吨及以上的工程
二类	1. 截面净宽度 7m 及以上的隧道工程 2. 道路工程：四条机动车道及以上的高级路面工程 3. 排水工程： （1）渠道工程：管网总长 2000m、最大管道直径 1000mm 且长度 100m 及以上工程 （2）渠箱工程：箱体外形最大宽度 4m 及以上工程 4. 污水处理能力每日 10 万吨及以上的工程 5. 桥涵工程：单孔跨径 20m 及以上工程；总长 100m 及以上工程 6. 管道外径 325mm 及以上的燃气工程 7. 管网总长 1600m、最大管道直径 600mm 且其长度 100m 及以上的给水工程 8. 水厂日生产能力 2000t 及以上的工程 9. 电压 6kV、10kV 变配电装盆和路灯杆高 23m 及以上的工程
三类	1. 截面净宽度 7m 及以下的隧道工程 2. 道路工程：四条机动车道及以下混凝土、沥青路面的道路工程 3. 排水工程： （1）梁道工程：管网总长 2000m、最大管道直径 1000mm 且长度 100m 以下工程 （2）渠箱工程：箱体外形最大宽度 4m 及以上工程 4. 污水处理能力每日 10 万吨以下的工程 5. 桥涵工程：单孔跨径 20m 以下工程；总长 100m 以下工程 6. 管道外径 325mm 及以上的燃气工程 7. 管网总长 1600m、最大管道直径 600mm 且其长度 100m 以下的给水工程 8. 水长日生产能力 2000t 以下的工程 9. 砌筑沟梁工程 10. 路灯杆高 23m 以下的工程

2. 园林工程类别划分（参考）（表 12-2）

表 12-2 园林工程类别

工程类别	划分标准
一类	1. 单项建筑面积 600m² 及以上的园林建筑工程 2. 高度 21m 及以上的仿古塔 3. 高度 9m 及以下的重檐牌楼、牌坊 4. 25000m² 及以上综合性园林建设 5. 缩景模仿工程 6. 堆砌英石山 50t 及以上或景石 150t 及以上或塑 9m 高及以上的假石山 7. 单条分车绿化带宽度 5m、道路种植面积 15000m² 及以上的绿化工程 8. 两条分车绿化带累计宽度 4m、道路种植面积 12000m² 及以上的绿化工程 9. 三条及以上分车绿化带（含路肩绿化带）累计宽度 20m、道路种植面积 60000m² 及以上的绿化工程 10. 公园绿化面积 30000m² 及以上的绿化工程 11. 宾馆、酒店庭院绿化面积 1000m² 及以上的绿化工程 12. 天台花园绿化面积 500m² 及以上的绿化工程 13. 其他绿化累计面积 20000m² 及以上的绿化工程
二类	1. 单项建筑面积 300m² 及以上的园林建筑工程 2. 高度 15m 及以上的仿古塔 3. 高度 9m 及以下的重檐牌楼、牌坊 4. 20000m² 及以上综合性园林建设 5. 景区园桥和园林小品、园林艺术性围墙（琉璃瓦顶、琉璃花窗或景门、景窗） 6. 堆砌英石山 20t 及以上或景石 80t 及以上或塑 6m 高及以上的假石山 7. 单条分车绿化带宽度 5m、道路种植面积 10000m² 及以上的绿化工程 8. 二条分车绿化带累计宽度 4m、道路种植面积 8000m² 及以上的绿化工程 9. 三条及以上分车绿化带（含路肩绿化带）累计宽度 15m、道路种植面积 40000m² 及以上的绿化工程 10. 公园绿化面积 20000m² 及以上的绿化工程 11. 宾馆、酒店庭院绿化面积 800m² 及以上的绿化工程 12. 天台花园绿化面积 300m² 及以上的绿化工程 13. 其他绿化累计面积 15000m² 及以上的绿化工程
三类	1. 单项建筑面积 300m² 及以下的园林建筑工程 2. 高度 15m 及以下的仿古塔 3. 高度 9m 及以下的单檐牌楼、牌坊 4. 20000m² 及以下综合性园林建设 5. 庭院园桥和园林小品、园路工程 6. 堆砌英石山 20t 以下或景石 80t 以下或塑 6m 高以下的假石山 7. 单条分车绿化带宽度 5m、道路种植面积 10000m² 以下的绿化工程 8. 二条分车绿化带累计宽度 4m、道路种植面积 8000m² 以下的绿化工程 9. 三条及以上分车绿化带（含路肩绿化带）累计宽度 15m、道路种植面积 40000m² 及以下的绿化工程 10. 公园绿化面积 20000m² 以下的绿化工程 11. 宾馆、酒店庭院绿化面积 800m² 以下的绿化工程 12. 天台花园绿化面积 300m² 以下的绿化工程 13. 其他绿化累计面积 10000m² 以下的绿化工程 14. 园林一般围墙、围栏，砌筑花槽、花池，道路断面仅有人行道路树木的绿化工程

第二节 市政与园林工程造价的构成

一、按费用构成要素划分工程造价项目

市政与园林工程费按照费用构成要素划分：由人工费、材料（包含工程设备，下同）费、施工机具使用费、企业管理费、利润、规费和税金组成。其中人工费、材料费、施工机具使用费企业管理费和利润包含在分部分项工程费、措施项目费、其他项目费中，如图 12-1 所示。

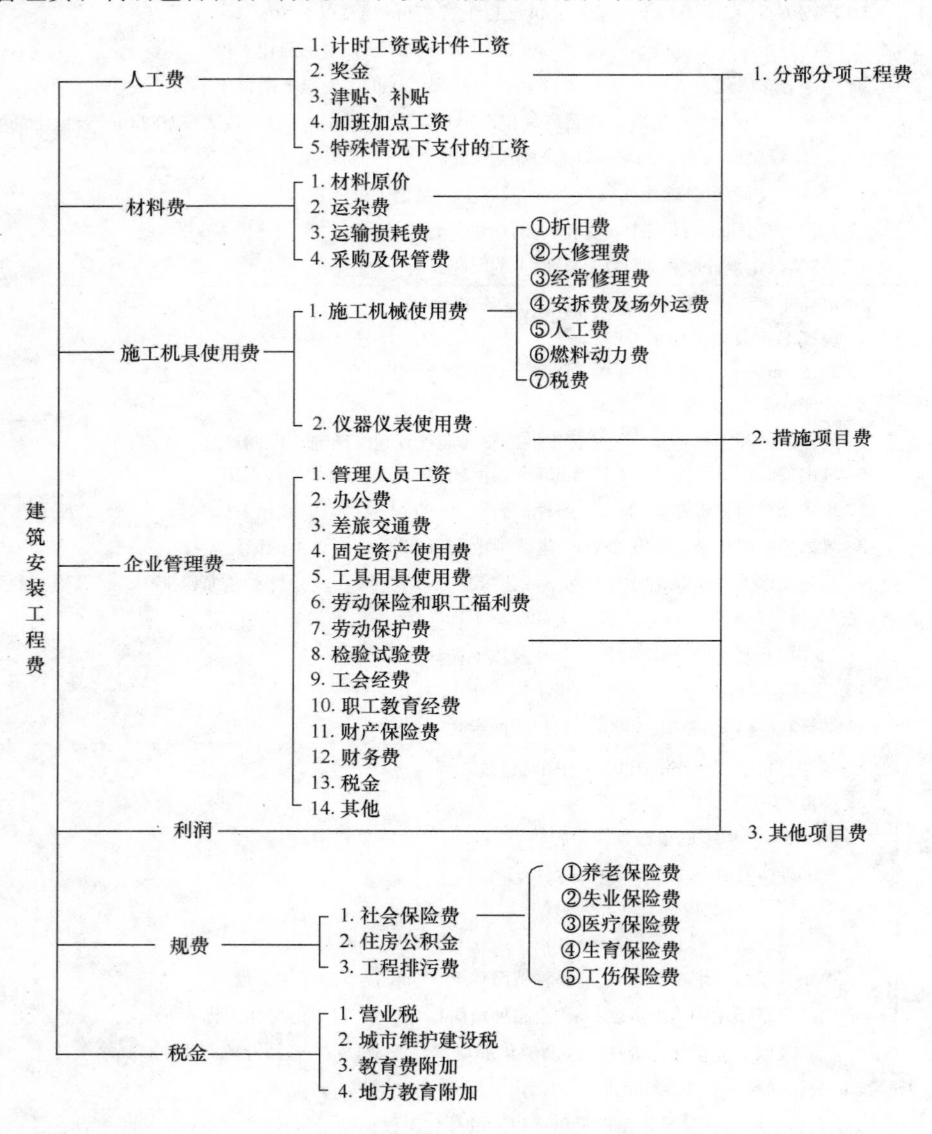

图 12-1 市政与园林工程费用项目组成（按费用构成要素划分）

1. 人工费

人工费指按工资总额构成规定，支付给从事建筑安装工程施工的生产工人和附属生产单

位工人的各项费用。内容包括：

（1）计时工资或计件工资是指按计时工资标准和工作时间或对已做工作按计件单价支付给个人的劳动报酬。

（2）奖金是指对超额劳动和增收节支支付给个人的劳动报酬。如节约奖、劳动竞赛奖等。

（3）津贴补贴是指为了补偿职工特殊或额外的劳动消耗和因其他特殊原因支付给个人的津贴，以及为了保证职工工资水平不受物价影响支付给个人的物价补贴。如流动施工津贴、特殊地区施工津贴、高温（寒）作业临时津贴、高空津贴等。

（4）加班加点工资是指按规定支付的在法定节假日工作的加班工资和在法定日工作时间外延时工作的加点工资。

（5）特殊情况下支付的工资是指根据国家法律、法规和政策规定，因病、工伤、产假、计划生育假、婚丧假、事假、探亲假、定期休假、停工学习、执行国家或社会义务等原因按计时工资标准或计时工资标准的一定比例支付的工资。

2. 材料费

材料费指施工过程中耗费的原材料、辅助材料、构配件、零件、半成品或成品、工程设备的费用。内容包括：

（1）材料原价是指材料、工程设备的出厂价格或商家供应价格。

（2）运杂费是指材料、工程设备自来源地运至工地仓库或指定堆放地点所发生的全部费用。

（3）运输损耗费是指材料在运输装卸过程中不可避免的损耗。

（4）采购及保管费是指为组织采购、供应和保管材料、工程设备的过程中所需要的各项费用。包括采购费、仓储费、工地保管费、仓储损耗。

工程设备是指构成或计划构成永久工程一部分的机电设备、金属结构设备、仪器装置及其他类似的设备和装置。

3. 施工机具使用费

施工机具使用费指施工作业所发生的施工机械、仪器仪表使用费或其租赁费。

（1）施工机械使用费以施工机械台班耗用量乘以施工机械台班单价表示，施工机械台班单价应由下列七项费用组成：

① 折旧费指施工机械在规定的使用年限内，陆续收回其原值的费用。

② 大修理费指施工机械按规定的大修理间隔台班进行必要的大修理，以恢复其正常功能所需的费用。

③ 经常修理费指施工机械除大修理以外的各级保养和临时故障排除所需的费用。包括为保障机械正常运转所需替换设备与随机配备工具附具的摊销和维护费用，机械运转中日常保养所需润滑与擦拭的材料费用及机械停滞期间的维护和保养费用等。

④ 安拆费及场外运费安拆费指施工机械（大型机械除外）在现场进行安装与拆卸所需的人工、材料、机械和试运转费用以及机械辅助设施的折旧、搭设、拆除等费用；场外运费指施工机械整体或分体自停放地点运至施工现场或由一施工地点运至另一施工地点的运输、装卸、辅助材料及架线等费用。

⑤ 人工费指机上司机（司炉）和其他操作人员的人工费。

⑥ 燃料动力费指施工机械在运转作业中所消耗的各种燃料及水、电等。

⑦ 税费指施工机械按照国家规定应缴纳的车船使用税、保险费及年检费等。

（2）仪器仪表使用费是指工程施工所需使用的仪器仪表的摊销及维修费用。

4. 企业管理费

企业管理费指建筑安装企业组织施工生产和经营管理所需的费用。内容包括：

（1）管理人员工资是指按规定支付给管理人员的计时工资、奖金、津贴补贴、加班加点工资及特殊情况下支付的工资等。

（2）办公费是指企业管理办公用的文具、纸张、账表、印刷、邮电、书报、办公软件、现场监控、会议、水电、烧水和集体取暖降温（包括现场临时宿舍取暖降温）等费用。

（3）差旅交通费是指职工因公出差、调动工作的差旅费、住勤补助费，市内交通费和误餐补助费，职工探亲路费，劳动力招募费，职工退休、退职一次性路费，工伤人员就医路费，工地转移费以及管理部门使用的交通工具的油料、燃料等费用。

（4）固定资产使用费是指管理和试验部门及附属生产单位使用的属于同定资产的房屋、设备、仪器等的折旧、大修、维修或租赁费。

（5）工具用具使用费是指企业施工生产和管理使用的不属于同定资产的工具、器具、家具、交通工具和检验、试验、测绘、消防用具等的购置、维修和摊销费。

（6）劳动保险和职工福利费是指由企业支付的职工退职金、按规定支付给离休干部的经费，集体福利费、夏季防暑降温、冬季取暖补贴、上下班交通补贴等。

（7）劳动保护费是企业按规定发放的劳动保护用品的支出。如工作服、手套、防暑降温饮料以及在有碍身体健康的环境中施工的保健费用等。

（8）检验试验费是指施工企业按照有关标准规定，对建筑以及材料、构件和建筑安装物进行一般鉴定、检查所发生的费用，包括自设试验室进行试验所耗用的材料等费用。不包括新结构、新材料的试验费，对构件做破坏性试验及其他特殊要求检验试验的费用和建设单位委托检测机构进行检测的费用，对此类检测发生的费用，由建设单位在工程建设其他费用中列支。但对施工企业提供的具有合格证明的材料进行检测不合格的，该检测费用由施工企业支付。

（9）工会经费是指企业按《工会法》规定的全部职工工资总额比例计提的工会经费。

（10）职工教育经费是指按职工工资总额的规定比例计提，企业为职工进行专业技术和职业技能培训，专业技术人员继续教育、职工职业技能鉴定、职业资格认定以及根据需要对职工进行各类文化教育所发生的费用。

（11）财产保险费是指施工管理用财产、车辆等的保险费用。

（12）财务费：是指企业为施工生产筹集资金或提供预付款担保、履约担保、职工工资支付担保等所发生的各种费用。

（13）税金是指企业按规定缴纳的房产税、车船使用税、土地使用税、印花税等。

（14）其他包括技术转让费、技术开发费、投标费、业务招待费、绿化费、广告费、公证费、法律顾问费、审计费、咨询费、保险费等。

5. 利润

利润指施工企业完成所承包工程获得的盈利。

6. 规费

规费指按国家法律、法规规定，由省级政府和省级有关权力部门规定必须缴纳或计取的费用。包括：

（1）社会保险费

① 养老保险费是指企业按照规定标准为职工缴纳的基本养老保险费。

② 失业保险费是指企业按照规定标准为职工缴纳的失业保险费。

③ 医疗保险费是指企业按照规定标准为职工缴纳的基本医疗保险费。

④ 生育保险费是指企业按照规定标准为职工缴纳的生育保险费。

⑤ 工伤保险费是指企业按照规定标准为职工缴纳的工伤保险费。

（2）住房公积金是指企业按规定标准为职工缴纳的住房公积金。

（3）工程排污费是指按规定缴纳的施工现场工程排污费。

其他应列而未列入的规费，按实际发生计取。

7. 税金

税金指国家税法规定的应计入建筑安装工程造价内的营业税、城市维护建设税、教育费附加以及地方教育附加。

二、按造价形式划分工程造价项目

市政与园林工程费按照工程造价形式由分部分项工程费、措施项目费、其他项目费、规费、税金组成，分部分项工程费、措施项目费、其他项目费包含人工费、材料费、施工机具使用费、企业管理费和利润，如图12-2所示。

1. 分部分项工程费

分部分项工程费指各专业工程的分部分项工程应予列支的各项费用。

（1）专业工程是指按现行国家计量规范划分的房屋建筑与装饰工程、仿古建筑工程、通用安装工程、市政工程、园林绿化工程、矿山工程、构筑物工程、城市轨道交通工程、爆破工程等各类工程。

（2）分部分项工程指按现行国家计量规范对各专业工程划分的项目。如房屋建筑与装饰工程划分的土石方工程、地基处理与桩基工程、砌筑工程、钢筋及钢筋混凝土工程等。

各类专业工程的分部分项工程划分见现行国家或行业计量规范。

2. 措施项目费

措施项目费指为完成建设工程施工，发生于该工程施工前和施工过程中的技术、生活、安全、环境保护等方面的费用。内容包括：

（1）安全文明施工费

① 环境保护费是指施工现场为达到环保部门要求所需要的各项费用。

② 文明施工费是指施工现场文明施工所需要的各项费用。

③ 安全施工费是指施工现场安全施工所需要的各项费用。

④ 临时设施费是指施工企业为进行建设工程施工所必须搭设的生活和生产用的临时建筑物、构筑物和其他临时设施费用。包括临时设施的搭设、维修、拆除、清理费或摊销费等。

（2）夜间施工增加费是指因夜间施工所发生的夜班补助费、夜间施工降效、夜间施工

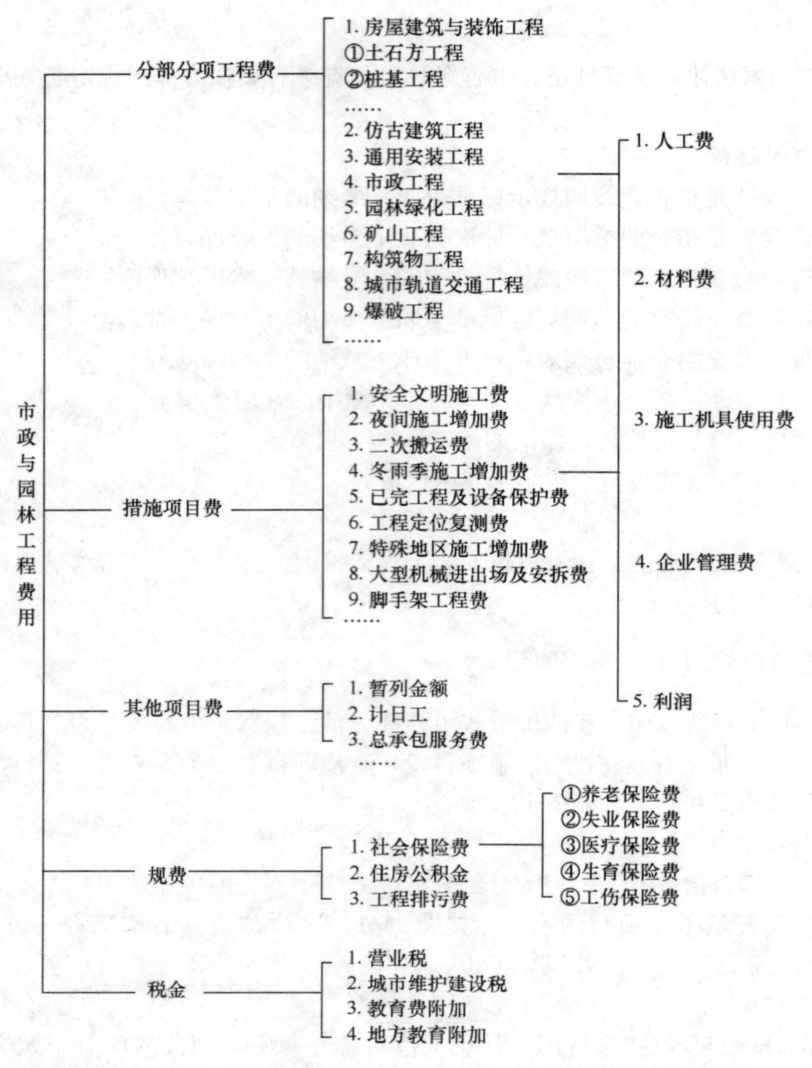

图 12-2　市政与园林工程费用项目组成（按造价形式划分）

照明设备摊销及照明用电等费用。

（3）二次搬运费是指因施工场地条件限制而发生的材料、构配件、半成品等一次运输不能到达堆放地点，必须进行二次或多次搬运所发生的费用。

（4）冬雨季施工增加费是指在冬季或雨季施工需增加的临时设施、防滑、排除雨雪，人工及施工机械效率降低等费用。

（5）已完工程及设备保护费是指竣工验收前，对已完工程及设备采取的必要保护措施所发生的费用。

（6）工程定位复测费是指工程施工过程中进行全部施工测量放线和复测工作的费用。

（7）特殊地区施工增加费是指工程在沙漠或其边缘地区、高海拔、高寒、原始森林等特殊地区施工增加的费用。

（8）大型机械设备进出场及安拆费是指机械整体或分体自停放场地运至施工现场或由一个施工地点运至另一个施工地点，所发生的机械进出场运输及转移费用及机械在施工现场进行安装、拆卸所需的人工费、材料费、机械费、试运转费和安装所需的辅助设施的费用。

（9）脚手架工程费是指施工需要的各种脚手架搭、拆、运输费用以及脚手架购置费的摊销（或租赁）费用。

措施项同及其包含的内容详见各类专业工程的现行国家或行业计量规范。

3. 其他项目费

（1）暂列金额是指建设单位在工程量清单中暂定并包括在工程合同价款中的一笔款项。用于施工合同签订时尚未确定或者不可预见的所需材料、工程设备、服务的采购，施工中可能发生的工程变更、合同约定调整因素出现时的工程价款调整以及发生的索赔、现场签证确认等的费用。

（2）计日工是指在施工过程中，施工企业完成建设单位提出的施工图纸以外的零星项目或工作所需的费用。

（3）总承包服务费是指总承包人为配合、协调建设单位进行的专业工程发包，对建设单位自行采购的材料、工程设备等进行保管以及施工现场管理、竣工资料汇总整理等服务所需的费用。

4. 规费

规费定义同本节“按费用构成要素划分工程造价项目”中第 6 条。

5. 税金

税金定义同本节“按费用构成要素划分工程造价项目”中第 7 条。

第三节　市政与园林工程费用参考计算

一、各费用构成要素参考计算

1. 人工费

$$人工费=\sum(工日消耗量\times日工资单价) \tag{12-1}$$

$$日工资单价=\frac{生产工人平均月工资(计时计件)+平均月(奖金+津贴补贴+特殊情下支付的工资)}{年平均每月法定工作日} \tag{12-2}$$

注：公式(12-1)主要适用于施工企业投标报价时自主确定人工费，也是工程造价管理机构编制计价定额确定定额人工单价或发布人工成本信息的参考依据。

$$人工费=\sum(工程工日消耗量\times日工资单价) \tag{12-3}$$

日工资单价是指施工企业平均技术熟练程度的生产工人在每工作日（国家法定工作时间内）按规定从事施工作业应得的日工资总额。

工程造价管理机构确定日工资单价应通过市场调查、根据工程项目的技术要求，参考实物工程量人工单价综合分析确定，最低日工资单价不得低于工程所在地人力资源和社会保障部门所发布的最低工资标准的：普工 1.3 倍、一般技工 2 倍、高级技工 3 倍。

工程计价定额不可只列一个综合工日单价，应根据工程项目技术要求和工种差别适当划分多种日人工单价，确保各分部工程人工费的合理构成。

注：公式（12-3）适用于工程造价管理机构编制计价定额时确定定额人工费，是施工企业投标报价的参考依据。

2. 材料费

（1）材料费：

$$材料费 = \sum(材料消耗量 \times 材料单价) \tag{12-4}$$

$$材料单价 = \{(材料原价 + 运杂费) \times [1 + 运输损耗率(\%)]\} \times [1 + 采购保管费率(\%)] \tag{12-5}$$

（2）工程设备费：

$$工程设备费 = \sum(工程设备量 \times 工程设备单价) \tag{12-6}$$

$$工程设备单价 = (设备原价 + 运杂费) \times [1 + 采购保管费率(\%)] \tag{12-7}$$

3. 施工机具使用费

（1）施工机械使用费：

$$施工机械使用费 = \sum(施工机械台班消耗量 \times 机械台班单价) \tag{12-8}$$

$$机械台班单价 = 台班折旧费 + 台班大修费 + 台班经常修理费 + 台班安拆费及场外运费 + 台班人工费 + 台班燃料动力费 + 台班车船税费 \tag{12-9}$$

注：工程造价管理机构在确定计价定额中的施工机械使用费时，应根据《建筑施工机械台班费用计算规则》结合市场调查编制施工机械台班单价。施工企业可以参考工程造价管理机构发布的台班单价，自主确定施工机械使用费的报价，如租赁施工机械，公式为：施工机械使用费 = Σ（施工机械台班消耗量 × 机械台班租赁单价）

（2）仪器仪表使用费：

$$仪器仪表使用费 = 工程使用的仪器仪表摊销费 + 维修费 \tag{12-10}$$

4. 企业管理费费率

（1）以分部分项工程费为计算基础：

$$企业管理费费率(\%) = \frac{生产工人年平均管理费}{年有效施工天数 \times 人工单价} \times 人工费占分部分项目工程费比例(\%) \tag{12-11}$$

（2）以人工费和机械费合计为计算基础：

$$企业管理费费率(\%) = \frac{生产工人年平均管理费}{年有效施工天数 \times (人工单价 + 每一工日机械使用费)} \times 100\% \tag{12-12}$$

（3）以人工费为计算基础：

$$企业管理费费率(\%) = \frac{生产工人年平均管理费}{年有效施工天数 \times 人工单价} \times 100\% \tag{12-13}$$

注：上述公式适用于施工企业投标报价时自主确定管理费，是工程造价管理机构编制计价定额确定企业管理费的参考依据。

工程造价管理机构在确定计价定额中企业管理费时，应以定额人工费或（定额人工费 + 定额机械费）作为计算基数，其费率根据历年工程造价积累的资料，辅以调查数据确定，列入分部分项工程和措施项目中。

5. 利润

（1）施工企业根据企业自身需求并结合建筑市场实际自主确定，列入报价中。

（2）工程造价管理机构在确定计价定额中利润时，应以定额人工费或（定额人工费+定额机械费）作为计算基数，其费率根据历年工程造价积累的资料，并结合建筑市场实际确定，以单位（单项）工程测算，利润在税前建筑安装工程费的比重可按不低于5%且不高于7%的费率计算。利润应列入分部分项工程和措施项目中。

6. 规费

（1）社会保险费和住房公积金：社会保险费和住房公积金应以定额人工费为计算基础，根据工程所在地省、自治区、直辖市或行业建设主管部门规定费率计算。

$$\text{社会保险费和住房公积金} = \sum(\text{工程定额人工费} \times \text{社会保险费和住房公积金费率}) \tag{12-14}$$

式中：社会保险费和住房公积金费率可以每万元发承包价的生产工人人工费和管理人员工资含量与工程所在地规定的缴纳标准综合分析取定。

（2）工程排污费：工程排污费等其他应列而未列入的规费应按工程所在地环境保护等部门规定的标准缴纳，按实计取列入。

7. 税金

税金计算公式：

$$\text{税金} = \text{税前造价} \times \text{综合税率}(\%) \tag{12-15}$$

综合税率：

（1）纳税地点在市区的企业：

$$\text{综合税率}(\%) = \frac{1}{1-3\% - (3\% \times 7\%) - (3\% \times 3\%) - (3\% \times 2\%)} - 1 \tag{12-16}$$

（2）纳税地点在县城、镇的企业：

$$\text{综合税率}(\%) = \frac{1}{1-3\% - (3\% \times 5\%) - (3\% \times 3\%) - (3\% \times 2\%)} - 1 \tag{12-17}$$

（3）纳税地点不在市区、县城、镇的企业：

$$\text{综合税率}(\%) = \frac{1}{1-3\% - (3\% \times 1\%) - (3\% \times 3\%) - (3\% \times 2\%)} - 1 \tag{12-18}$$

（4）实行营业税改增值税的，按纳税地点现行税率计算。

二、市政与园林工程计价参考计算

1. 分部分项工程费

$$\text{分部分项工程费} = \sum(\text{分部分项工程量} \times \text{综合单价}) \tag{12-19}$$

式中：综合单价包括人工费、材料费、施工机具使用费、企业管理费和利润以及一定范围的风险费用（下同）。

2. 措施项目费

（1）国家计量规范规定应予计量的措施项目，其计算公式为：

$$\text{措施项目费} = \sum(\text{措施项目工程量} \times \text{综合单价}) \tag{12-20}$$

（2）国家计量规范规定不宜计量的措施项目计算方法如下：

① 安全文明施工费：

$$安全文明施工费 = 计算基数 \times 安全文明施工费费率(\%) \quad (12\text{-}21)$$

计算基数应为定额基价（定额分部分项工程费 + 定额中可以计量的措施项目费）、定额人工费或（定额人工费 + 定额机械费），其费率由工程造价管理机构根据各专业工程的特点综合确定。

② 夜间施工增加费：

$$夜间施工增加费 = 计算基数 \times 夜间施工增加费费率(\%) \quad (12\text{-}22)$$

③ 二次搬运费：

$$二次搬运费 = 计算基数 \times 二次搬运费费率(\%) \quad (12\text{-}23)$$

④ 冬雨季施工增加费：

$$冬雨季施工增加费 = 计算基数 \times 冬雨季施工增加费费率(\%) \quad (12\text{-}24)$$

⑤ 已完工程及设备保护费：

$$已完工程及设备保护费 = 计算基数 \times 已完工程及设备保护费费率(\%) \quad (12\text{-}25)$$

上述②～⑤项措施项目的计费基数应为定额人工费或（定额人工费 + 定额机械费），其费率由工程造价管理机构根据各专业工程特点和调查资料综合分析后确定。

3. 其他项目费

（1）暂列金额由建设单位根据工程特点，按有关计价规定估算，施工过程中由建设单位掌握使用、扣除合同价款调整后如有余额，归建设单位。

（2）计日工由建设单位和施工企业按施工过程中的签证计价。

（3）总承包服务费由建设单位在招标控制价中根据总包服务范围和有关计价规定编制，施工企业投标时自主报价，施工过程中按签约合同价执行。

4. 规费和税金

建设单位和施工企业均应按照省、自治区、直辖市或行业建设主管部门发布标准计算规费和税金，不得作为竞争性费用。

三、相关问题的说明

（1）各专业工程计价定额的编制及其计价程序，均按上述计算方法实施。

（2）各专业工程计价定额的使用周期原则上为 5 年。

（3）工程造价管理机构在定额使用周期内，应及时发布人工、材料、机械台班价格信息，实行工程造价动态管理，如遇国家法律、法规、规章或相关政策变化以及建筑市场物价波动较大时，应适时调整定额人工费、定额机械费以及定额基价或规费费率，使建筑安装工程费能反映建筑市场实际。

（4）建设单位在编制招标控制价时，应按照各专业工程的计量规范和计价定额以及工程造价信息编制。

（5）施工企业在使用计价定额时除不可竞争费用外，其余仅作参考，由施工企业投标时自主报价。

第四节　市政与园林工程计价程序

建设单位工程招标控制价计价程序见表 12-3。

表 12-3　建设单位工程招标控制价计价程序

工程名称：　　　　　　　　　　　　　　　　标段：

序号	内　　容	计算方法	金额（元）
1	分部分项工程费	按计价规定计算	
1.1			
1.2			
1.3			
1.4			
1.5			
2	措施项目费	按计价规定计算	
2.1	其中：安全文明施工费	按规定标准计算	
3	其他项目费	按计价规定计算	
3.1	其中：暂列金额	按计价规定计算	
3.2	其中：专业工程暂估价	按计价规定计算	
3.3	其中：计日工	按计价规定计算	
3.4	其中：总承包服务费	按计价规定计算	
4	规费	按规定标准计算	
5	税金（扣除不列入计税范围的工程设备金额）	（1+2+3+4）×规定税率	
招标控制价合计=1+2+3+4+5			

施工企业工程投标报价计价程序见表 12-4。

表 12-4　施工企业工程投标报价计价程序

工程名称：　　　　　　　　　　　　　　　　标段：

序号	内　　容	计算方法	金额（元）
1	分部分项工程费	自主报价	
1.1			
1.2			
1.3			
1.4			
1.5			
2	措施项目费	自主报价	
2.1	其中：安全文明施工费	按规定标准计算	

续表

序号	内　容	计算方法	金额（元）
3	其他项目费		
3.1	其中：暂列金额	按招标文件提供金额计列	
3.2	其中：专业工程暂估价	按招标文件提供金额计列	
3.3	其中：计日工	自主报价	
3.4	其中：总承包服务费	自主报价	
4	规费	按规定标准计算	
5	税金（扣除不列入计税范围的工程设备金额）	(1+2+3+4)×规定税率	
投标报价合计=1+2+3+4+5			

竣工结算计价程序见表12-5。

表12-5　竣工结算计价程序

工程名称：　　　　　　　　　　　　　　标段：

序号	内　容	计算方法	金额（元）
1	分部分项工程费	按合约约定计算	
1.1			
1.2			
1.3			
1.4			
1.5			
2	措施项目费	按合约约定计算	
2.1	其中：安全文明施工费	按规定标准计算	
3	其他项目费		
3.1	其中：暂列金额	按合约约定计算	
3.2	其中：专业工程暂估价	按计日工签证计算	
3.3	其中：计日工	按合约约定计算	
3.4	其中：总承包服务费	按发承包双方确认数额计算	
4	规费	按规定标准计算	
5	税金（扣除不列入计税范围的工程设备金额）		
投标报价合计=1+2+3+4+5			

第十三章　工程预算审核

第一节　预算差错现象及原因

施工单位编制的工程预算，难免会发生一些差错。造成预算差错的原因，一种是有意的，另一种是无意的。有意造成预算差错是施工单位为了获取高额利润，授意编制人员在预算编制中作假、算大、多算，俗称“掺水分”；无意造成预算差错是预算编制人员的业务水平较低，有些较复杂的项目算不清。

常见预算差错现象如下：

1. 分部分项子目列错

分部分项子目的名称未按定额规定列详细，有重项或漏项。重项是原来应该是一个子目而列成两个子目；漏项是应该列上的子目却没有列上。

造成分部分项子目列错的原因是：没有详细看清楚施工图纸，甚至没有看懂；对定额分项子目不熟悉；没有看清各分部分项的工作内容；列分部分项子目时故意“作假”或匆匆忙忙、疏忽大意。

2. 工程量算错

工程量算错有两种情况：一种是计算数字上的错误；另一种是工程量的计量单位与定额表上所示计量单位不相符，如定额表上所示计量单位为 $10m^3$，工程量计算数字是 $560m^3$，应在工程量计算表上的工程数量项中填56，计量单位项填 $10m^3$。如果在工程数量项中填560，则工程量就扩大了10倍。

造成工程量算错的原因是：没有看清施工图纸上所示具体尺寸；套用的计算公式不对；工程量计算过程中弄错数据；不注意定额表上所示计量单位；故意冒算工程量。

3. 单价套错

在计取分部分项子目的人工费单价、材料费单价、机械费单价时没有套对定额，以致于这三种费用的合价也算错。

造成分部分项子目三种费用单价套错的原因是：对定额不熟悉；故意套用费用较高的单价。

4. 费率取错

在计取间接费费率、利润率、税率时，没有按规定计取，越级计取，套大不套小。

造成费率取错的原因是：对当地执行的费用定额不熟悉，甚至不会计取；故意计取高费率。

5. 各项费用计算差错

对于直接费、间接费、利润、税金等各项费用，在计算数字上有差错，以致影响到整个工程总造价有错误。

造成各项费用计算差错的原因是：运算过程中疏忽大意；直接费汇总时有漏项现象；乘费率时弄错小数点。

第二节　预算审核方法

施工单位编制好工程预算应交给建设单位进行审核。建设单位接到工程预算后，应组织有关人员进行仔细审核，决不可敷衍了事。因为工程预（决）算是结算工程款的主要依据，建设单位如不警惕，将直接影响经济效益。

常用工程预算审核方法有以下几种，建设单位可根据具体情况任选其一。

1. 全面审核法

建设单位在不参考施工单位编制工程预算的情况下，另按施工图纸及定额编制一份工程预算，并与施工单位工程预算相对比，主要对比分部分项工程名称及其工程量。两本预算上分部分项工程名称如有不同，则要研究一下到底是哪一方列错了分部分项名称。同一分部分项工程的工程量应该是一样的，若两者工程量相差不到2%，则认为是算对了，如两者工程量相差较大，则要重新计算。分部分项工程名称及其工程量对比完后，再对比直接费、间接费、利润及税金等。若某项费用两者相差较大，则该项费用要重新计算，确定正确的费用。最后再对比工程总造价。

采用全面审核法审核工程预算，要求建设单位拥有编制工程预算的人才，人才的技术职称应达到经济师或工程师级。重编一份工程预算要费一定时间，要求建设单位最迟在工程开工前一个月接到施工单位的工程预算。

2. 重点审核法

建设单位不另编制工程预算，在施工单位的工程预算中挑工程量大、单价高的分部分项工程，计算其工程量、人工费、材料费及机械费。建设单位计算出来的数值与施工单位的工程预算数值对比，如两者数值差异较大，应再仔细重算一遍，看究竟是哪里算错了。

采用重点审核法审核工程预算，要求建设单位拥有懂工程预算的人才，对于工程中主要项目能够算得出其工程量及各项费用，人才的技术职称至少是助理级。这种审核法只审重点项目，不审次要项目，一旦次要项目中有问题就发现不了。

3. 抽签审核法

建设单位不另编工程预算。按施工单位编制的工程预算中各分部分项工程的序号，做许多签，然后像摸彩票一样，抽出几个签（抽签数不少于总签数的35%），按签上所写的序号，去审核该序号的分部分项工程名称及其工程量；人工费、材料费、机械费单价等。

采用抽签审核法的偶然性较大，被抽中的不一定是重点项目，重点项目中如有问题则难以发现。这种审核方法一般不予采用。

4. 委托审核法

当建设单位无人可以担当工程预算审核工作时，建设单位可将施工单位编制的工程预算，送到当地的建设工程咨询服务部门或审计事务所，委托他们进行工程预算审核，由他们审核后提出质疑问题，建设单位再将这些质疑问题与施工单位协商解决。建设单位将工程预算的审核委托出去，应付给承接预算审核的单位一定的审核服务费。

建设单位在工程预算审核中发现的质疑问题，应与施工单位联系，找一个合适时机及地点，双方有关人员逐条讨论研究或计算，纠正工程预算中存在的差错，剔除工程预算中虚假部分。工程预算经施工单位改正错误后，建设单位应再看一遍，认为已改正错误，方可在工程预算书上签字认可。

附录

附录一

土壤及岩石（普氏）分类表

定额分类	普氏分类	土壤及岩石名称	天然湿度下平均密度（kg/m^3）	极限压碎强度（kg/cm^2）	用轻钻孔机钻进1m耗时（min）	开挖方法及工具	紧固系数 f
一、二类土壤	Ⅰ	砂	1500			用尖锹开挖	0.5～0.6
		砂壤土	1600				
		腐植土	1200				
		泥炭	600				
	Ⅱ	轻壤土和黄土类土	1600			用锹开挖并少数用镐开挖	0.6～0.8
		潮湿而松散的黄土，软的盐渍土和碱土	1600				
		平均15mm以内的松散而软的砾石	1700				
		含有草根的密实腐植土	1400				
		含有直径在30mm以内根类的泥炭和腐植土	1100				
		掺有卵石、碎石和石屑的砂和腐植土	1650				
		含有卵石或碎石杂质的胶结成块的填土	1750				
		含有卵石、碎石和建筑料杂质的砂壤土	1900				
三类土壤	Ⅲ	肥黏土其中包括石炭纪和侏罗纪的黏土和冰黏土	1800			用尖锹并同时用镐开挖（30%）	0.81～1.0
		重壤土、粗砾石、粒径为15～40mm的碎石和卵石	1750				
		干黄土和掺有碎石和卵石的自然含水量黄土	1790				
		含有直径大于30mm根类的腐植土或泥炭	1400				
		掺有碎石或卵石和建筑碎料的土壤	1900				
四类土壤	Ⅳ	含碎石重黏土，其中包括侏罗纪和石炭纪的硬黏土	1950			用尖锹并同时用镐和撬棍开挖（30%）	1.0～1.5
		含有碎石，卵石、建筑碎料和重达25kg的顽石（总体积10%以内）等杂质的肥黏土和重壤土	1950				
		冰碛黏土，含有重量在50kg以内的巨砾，其含量为总体积10%以内	2000				
		泥板岩	2000				
		不含或含有重量达10kg的顽石	1950				
松石	Ⅴ	含有重量在50kg以内的巨砾（占体积10%以上）的冰碛石	2100	小于200	小于3.5	部分用手凿工具，部分用爆破开挖	1.5～2.0
		矽藻岩和软白垩岩	1800				
		胶结力弱的砾岩	1900				
		各种不坚实的片岩	2600				
		石膏	2200				
次坚石	Ⅵ	凝灰岩和浮石	1100	200～400	3.5	用风镐和爆破法开挖	2～4
		松软多孔和裂隙严重的石灰岩和介质石灰岩	1200				
		中等硬变的片岩	2700				
		中等硬变的泥灰岩	2300				

续表

定额分类	普氏分类	土壤及岩石名称	天然湿度下平均密度（kg/m^3）	极限压碎强度（kg/cm^2）	用轻钻孔机钻进1m耗时（min）	开挖方法及工具	紧固系数 f
次坚石	Ⅶ	石灰石胶结的带有卵石和沉积岩的砾石 风化的和有大裂缝的黏土质砂岩 坚实的泥板岩 坚实的泥灰岩	2200 2000 2800 2500	400~600	6.0	用爆破方法开挖	4~6
	Ⅷ	砾质花岗岩 泥灰质石灰岩 黏土质砂岩 砂质云片石 硬石膏	2300 2300 2200 2300 2900	600~800	8.5	用爆破方法开挖	6~8
普坚石	Ⅸ	严重风化的软弱的花岗岩、片麻岩和正长岩 滑石化的蛇纹岩 致密的石灰岩 含有卵石、沉积岩的碴质胶结和砾石 砂岩 砂质石灰质片岩 菱镁矿	2500 2400 2500 2500 2500 2500 3000	800~1000	11.5	用爆破法开挖	8~10
	Ⅹ	白云岩 坚固的石灰岩 大理岩 石灰岩质胶结的致密砾石 坚固砂质片岩	2700 2700 2700 2600 2600	1000~1200	15.0	用爆破方法开挖	10~12
特坚石	Ⅺ	粗花岗岩 非常坚硬的白云岩 蛇纹岩 石灰质胶结的含有火成岩之卵石的砾石 石英胶结的坚固砂岩 粗粒正长岩	2800 2900 2600 2800 2700 2700	1200~1400	18.5	用爆破方法开挖	12~14
	Ⅻ	具有风化痕迹的安山岩和玄武岩 片麻岩 非常坚固的石灰岩 硅质胶结的含有火成岩之卵石的砾岩 粗石岩	2700 2600 2900 2900 2600	1400~1600	22.0	用爆破法开挖	10~16
	ⅩⅢ	中粒花岗岩 坚固的片麻岩 辉绿岩 玢岩 坚固的粗石岩 中粒正长岩	3100 2800 2700 2500 2800 2800	1600~1801 1600~1800	27≸5 27.5	用爆破方法开挖	16~18
	ⅩⅣ	非常坚固的细粒花岗岩 花岗岩麻岩 闪长岩 高硬高的石灰岩 坚固的玢岩	3300 2900 2900 3100 2700	1800~2000	32.5	用爆破方法开挖	18~20
	ⅩⅤ	安山岩，玄武岩，坚固的角页岩 高硬度的辉绿岩和闪长岩 坚固的辉长岩和石英岩	3100 2900 2800	2000~2500	46.0	用爆破法开挖	20~25
	ⅩⅥ	拉长玄武岩和橄榄玄武岩 特别坚固的辉长辉绿岩，石英石和玢岩	3300 3000	>2500	>60	用爆破法开挖	>25

附录二

打拔桩土壤级别划分表

土壤级别	鉴别方法									说明
	砂夹层情况			土壤物理,力学性能					每10m纯平均沉桩时间(min)	
	砂层连续厚度(m)	砂粒种类	砂层中卵石含量(%)	孔隙比	天然含水量(%)	压缩系数	静力触探值	动力触探击数		
甲级土				>0.8	>30	>0.03	<30	<7	15以内	桩经机械作用易沉入的土
乙级土	<2	粉细砂		0.6~0.8	25~30	0.02~0.03	30~60	7~15	25以内	土壤中夹有较薄的细砂层,桩经机械作用易沉入的土
丙级土	>2	中粗砂	>15	<0.6		<0.02	>60	<15	25以外	土壤中夹有较厚的粗砂层或卵石层,桩经机械作用较难沉入的土

注:如遇丙级土时,按乙级土的人工及机械乘以系数1.43。

附录三　混凝土、砌筑砂浆配合比表

说明:附表中各种材料用量仅供参考,各省、自治区、直辖市可按当地配合比情况,确定材料用量。

现浇混凝土配合比

单位:m^3

项目	单位	碎石(最大粒径:15mm)				
		混凝土强度等级				
		C20	C25	C30	C35	C40
42.5级水泥	kg	418	473			
52.5级水泥	kg			445	504	
62.5级水泥	kg					477
中砂	kg	663	643	650	631	641
5~15碎石	kg	1168	1132	1144	1111	1129
水	kg	230	230	230	230	230

续表

项目	单位	碎石(最大粒径:25mm)混凝土强度等级			
		C15	C20	C25	C30
42.5级水泥	kg	323	381	431	482
52.5级水泥	kg				
62.5级水泥	kg				
中砂	kg	746	665	647	591
5~25碎石	kg	1025	1224	1191	1191
水	kg	210	210	210	210

项目	单位	碎石(最大粒径:25mm)混凝土强度等级			
		C35	C40	C45	C50
42.5级水泥	kg				
52.5级水泥	kg	460	501		
62.5级水泥	kg			470	503
中砂	kg	636	585	595	584
5~25碎石	kg	1171	1178	1200	1177
水	kg	210	210	210	210

项目	单位	碎石(最大粒径:40mm)混凝土强度等级			
		C7.5	C10	C15	C20
42.5级水泥	kg	230	253	299	353
中砂	kg	832	822	741	641
5~40碎石	kg	1233	1219	1249	1290
水	kg	190	190	190	190

项目	单位	碎石(最大粒径:40mm)混凝土强度等级					
		C25	C30	C35	C40	C45	C50
42.5级水泥	kg	399	447	501			
52.5级水泥	kg				464	603	
62.5级水泥	kg						466
中砂	kg	625	570	553	565	553	564
5~40碎石	kg	1259	1262	1224	1250	1222	1248
水	kg	190	190	190	190	190	190

项目	单位	碎石(最大粒径:70mm)混凝土强度等级		
		C7.5	C10	C15
42.5级水泥	kg	206	227	268
中砂	kg	763	755	676
5~70碎石	kg	1343	1330	1363
水	kg	170	170	170

预制混凝土配合比

单位:m³

项　　目	单　位	碎石(最大粒径:15mm)					
		混凝土强度等级					
		C20	C25	C30	C35	C40	C45
42.5 级水泥	kg	400	452				
52.5 级水泥	kg			434	482		
62.5 级水泥	kg					456	493
中　　砂	kg	674	654	661	643	653	602
5～15 碎石	kg	1186	1152	1164	1132	1149	1160
水	kg	220	220	220	220	220	220

项　　目	单　位	碎石(最大粒径:25mm)						
		混凝土强度等级						
		C20	C25	C30	C35	C40	C45	C50
42.5 级水泥	kg	362	401	459				
52.5 级水泥	kg				437	477		
62.5 级水泥	kg						447	479
中　　砂	kg	675	658	603	648	597	607	596
5～25 碎石	kg	1243	1211	1214	1193	1202	1222	1201
水	kg	200	200	200	200	200	200	200

项　　目	单　位	碎石(最大粒径:40mm)						
		混凝土强度等级						
		C20	C25	C30	C35	C40	C45	C50
42.5 级水泥	kg	335	378	424	474			
52.5 级水泥	kg					440	476	
62.5 级水泥	kg							442
中　　砂	kg	650	635	581	565	576	564	575
5～40 碎石	kg	1810	1280	1286	1250	1274	1248	1276
水	kg	180	180	180	180	180	180	180

水下混凝土配合比

单位:m³

项　　目	单　位	碎石(最大粒径:40mm)				
		水下混凝土强度等级				
		C20	C25	C30	C35	C40
42.5 级水泥	kg	427	483			
52.5 级水泥	kg			465		
62.5 级水泥	kg				451	488
中　　砂	kg	789	764	773	779	762
5～40 碎石	kg	1033	1001	1012	1020	998
水	kg	230	230	230	230	230
木　　钙	kg	1.07	1.21	1.16	1.13	1.22

泵送商品混凝土配合比表 单位 m^3

项目	单位	碎石(最大粒径:15mm)				
		混凝土强度等级				
		C20	C25	C30	C35	C40
42.5 级水泥	kg	409	466			
52.5 级水泥	kg			445	498	
62.5 级水泥	kg					473
木钙	kg	1.02	1.17	1.11	1.25	1.18
中砂	kg	819	793	802	778	790
5~15 碎石	kg	1029	963	1008	978	923
水	kg	230	230	230	230	230

项目	单位	碎石(最大粒径:25mm)				
		混凝土强度等级				
		C20	C25	C30	C35	C40
42.5 级水泥	kg	376	429	479		
52.5 级水泥	kg				458	500
木钙	kg	0.94	1.07	1.20	1.15	1.25
中砂	kg	881	856	832	842	822
5~25 碎石	kg	1021	992	964	976	953
水	kg	210	210	210	210	210

项目	单位	碎石(最大粒径:40mm)				
		混凝土强度等级				
		C20	C25	C30	C35	C40
42.5 级水泥	kg	351	400	446		
52.5 级水泥	kg				427	466
木钙	kg	0.08	1.00	1.12	1.07	1.16
中砂	kg	940	916	893	902	883
5~40 碎石	kg	1005	979	954	965	944
水	kg	190	190	190	190	190

沥青混凝土路面配合比

编号	名称	规格	矿料配合比(%)					沥青用量(%)外加	单位重量(t/m^3)
			碎石 10~30mm	碎石 5~20mm	碎石 2~10mm	粗砂	矿粉		
1	粗粒式沥青碎石	LS-30	58	—	25	17	—	3.2±5	2.28
2	粗粒式沥青混凝土	LH-30	35	—	24	36	5	4.2±5	2.36
3	中粒式沥青混凝土	LS-20	—	38	29	28	5	4.3±5	2.35
4	细粒式沥青混凝土	LH-10	—	—	48	44	8	5.1±5	2.30

水泥混凝土路面配合比 计量单位:m^3

编号	混凝土强度等级	水泥强度等级	水泥(kg)	中粗砂(kg)	碎石 3.5~8.0cm (kg)	碎石 1.0~3.0cm (kg)	碎石 0.5~2.0cm (kg)	塑化剂(%)	加气剂(%)	水(kg)
1	C20	42.5	330	564	849	212	354	3	0.5	151

砌筑砂浆配合比

单位 m^3

项目	单位	水泥砂浆			
		砂浆强度等级			
		M10	M7.5	M5.0	N2.5
42.5级水泥	kg	286	237	188	138
中砂	kf	1515	1515	1515	1515
水	kg	220	220	220	220

项目	单位	水泥混合砂浆			
		砂浆强度等级			
		M10	M7.5	M5.0	N2.5
42.5级水泥	kg	265	212	156	95
中砂	kg	1515	1515	1515	1515
石灰膏	m^3	0.06	0.07	0.08	0.09
水	kg	400	400	400	600

附录四

钢筋理论重量表

直径(mm)	断面积(cm^2)	重量(kg/m)	直径(mm)	断面积(cm^2)	重量(kg/m)
3	0.071	0.056	13	1.327	1.042
4	0.126	0.099	14	1.539	1.210
5	0.196	0.154	15	1.767	1.387
5.5	0.238	0.187	16	2.011	1.578
6	0.283	0.222	18	2.545	1.995
6.5	0.332	0.261	19	2.835	2.226
7	0.385	0.302	20	3.142	2.466
8	0.503	0.395	22	3.801	2.984
9	0.636	0.499	25	4.909	3.853
10	0.789	0.617	28	6.158	4.834
12	1.131	0.888	32	8.043	6.315

参考文献

[1] 中华人民共和国住房和城乡建设部. 建设工程工程量清单计价规范 GB 50500—2013[S]. 北京：中国计划出版社，2013.

[3] 中华人民共和国住房和城乡建设部. 市政工程工程量计算规范 GB 50857—2013[S]. 北京：中国计划出版社，2013.

[4] 中华人民共和国住房和城乡建设部. 园林工程工程量计算规范 GB 50858—2013[S]. 北京：中国计划出版社，2013.

[5] 中华人民共和国住房和城乡建设部. 建设工程计价计量规范辅导[M]. 北京：中国计划出版社，2013.

[6] 中华人民共和国住房和城乡建设部，财政部. 建筑安装工程费用项目组成　建标[2013]44 号[M]. 北京：中国计划出版社，2013.

[7] 法制出版社. 中华人民共和国招标投标法实施条例[国务院令(第 613 号)][M]. 北京：中国法制出版社，2012.